程序员的制胜技

Street Coder

[土] 塞达特 · 卡帕诺格鲁
(Sedat Kapanoğlu)　著

谈楚渝　译

人 民 邮 电 出 版 社
北 京

图书在版编目（CIP）数据

程序员的制胜技 / （土）塞达特·卡帕诺格鲁著 ；谈楚渝译. -- 北京 : 人民邮电出版社, 2023.9
ISBN 978-7-115-61156-7

Ⅰ. ①程… Ⅱ. ①塞… ②谈… Ⅲ. ①程序设计 Ⅳ. ①TP311.1

中国国家版本馆CIP数据核字(2023)第024071号

版权声明

◆ 著　　[土] 塞达特·卡帕诺格鲁（Sedat Kapanoğlu）
译　　谈楚渝
责任编辑　李　瑾
责任印制　王　郁　焦志炜

◆ 人民邮电出版社出版发行　北京市丰台区成寿寺路 11 号
邮编　100164　电子邮件　315@ptpress.com.cn
网址　https://www.ptpress.com.cn
北京市艺辉印刷有限公司印刷

◆ 开本：800×1000　1/16
印张：15.5　　2023 年 9 月第 1 版
字数：320 千字　　2023 年 9 月北京第 1 次印刷
著作权合同登记号　图字：01-2022-1262 号

定价：79.80 元

读者服务热线：(010)81055410　印装质量热线：(010)81055316
反盗版热线：(010)81055315
广告经营许可证：京东市监广登字 20170147 号

内容提要

本书专注于介绍项目开发领域的实战方法和高效范式，共 9 章，从预备理论知识开始，按照业务开发的真实流程详细阐述开发中的经验误区，并结合实际的.NET 和 C#代码，给出经过大量项目检验的解决方案。

本书绝对不是市面上随处可见的技术手册。作者用他独特的幽默感和数十年的软件开发经验，将软件开发的实战故事一一道来。

正如作者所言，无论你是非科班出身的开发者，还是已经入行几年的开发“上道人”，本书都能对你有所裨益。

译者介绍

这里本该有一份详细、绝妙的译者介绍，
可惜空白太小了。

译者序

说来奇怪，在翻译工作还没完成，甚至是刚刚开始的时候，我就在心底写好了译者序。可当心里的腹稿变成文字的时候，如释重负的感觉当然有，但更多的感觉是，这一刻我等待得太久了。

可临了给自己一个表达的空间时，忽又觉得千言万语，停于笔端。全部的念想都只化为希望自己所做的这些工作能够对得起这些文字，对得起读者，就足够了。至于更多的话，也只是对原作的无关注脚而已。

我一直很喜欢王小波的一句话："一个人只拥有此生此世是不够的，他还应该拥有诗意的世界。"对我来说，翻译，以及了解新领域的开发知识，就是在向这个诗意的广阔世界前进。希望读者通过阅读、学习、工作也同样能够到达这个世界。用本书作者的话来说，就是"in zone"。

本书介绍的相关经验和知识都是作者由真实开发工作得来的，是接地气的，是为了尽可能高效解决问题而存在的。有些观点的激进程度或许会超出你的想象，例如推荐你重复造轮子、不要使用注释、不要修复 bug 等（一系列初看必定能在社区里激起波澜的标题），但相信我，去仔细看看相关标题下的文字，你一定会有一种拨云见日的感觉。期待你大呼过瘾。

在你开始阅读本书之前，我还有一些提醒要给到你。由于语言环境的差异，本书存在大量的英语语境的"包袱"和引用。这些东西在中文互联网中或许早就有中文演绎的版本，可能让你猛然发现，原来其出处竟然是在这里。对你来说这或许是一个全新的发现。希望读者在阅读的时候，能够善用搜索工具去了解其相关背景知识。编程语言本身就是一种舶来品，勇于进入英语语境的圈子里，对你的开发之路会大有好处。也希望我能借本书带你开启一扇你之前无暇顾及的门。

本书的翻译风格尽可能地还原原著的文风，有些内容为了追求还原，可能会较贴近于直译，这实属妥协之举。

耐心看完本书，你一定会有所收获。

感谢我的家人，在我翻译本书的这段时间里，能够体谅我的繁忙，在许多我想要拖延的时刻，给予我鼓励，让我继续下去，谢谢你们。

感谢人民邮电出版社编辑李瑾、郭媛，没有你们的细心审校和耐心沟通，翻译工作的推进不会这么顺利，翻译成果也不会有保障。

感谢杨源、夏世桐、binghe2402，感谢你们点睛的翻译修改意见。

由于译者翻译经验和水平有限，译本难免存在疏漏及不妥之处，敬请各位读者斧正。

你可以通过微信 hacksamurai 找到我，期待与你的交流。

谈楚渝

序

作为非科班出身的程序员，我尝试过（除读书之外的）各种方法让自己变得更专业。例如，随意塞几个数字到内存中，看看除了计算机运行中止之外还会发生什么；在烟味弥漫的办公室里熬夜加班；高中时，偷偷在大学实验室工作，直至午夜才溜出校园；阅读二进制文件，只盼着那些字节码能让我醍醐灌顶，理解代码如何运行；文档缺失时，背下操作码，挨个尝试可能的参数组合，寻找某个函数的正确输入。

2013 年，我的朋友阿齐兹·凯迪（Aziz Kedi）在伊斯坦布尔开着一家书店，他约我写一本书，内容是我的软件开发经验。那是我第一次考虑写与我专业相关的书。但没过多久他就关了书店，搬去伦敦生活，于是我也只能作罢。

但我一直在想：我可以给那些刚入职场的新人写一本书，让他们能够在拓宽视野的同时，弥补经验不足。新人对于软件开发的理解往往来自他们学过的课程、既有观念和他人的实践经验。新入行的程序员自然会视之前积累的知识为核心投资，不舍得弃而不顾。

某一天，我决定慢慢写这么一本书。我给这本还没写出来的书命名为 *Street Coder*，并开始写下那些能帮助新手开发者工作更轻松的零碎点子。这些点子不必是最佳实践——只要你不反对，它们甚至可以是糟糕实践。只要能帮到开发人员更好地思考面临的难题就足够了。文档里写了不少内容，后来我就将它抛诸脑后了。不过有一天，我接到一通来自伦敦的电话。

这次不是阿齐兹·凯迪。他大概正忙着写剧本吧。我相信我写这段文字时，他也还在写另一套剧本呢。来电的是 Manning 出版社的安迪·沃尔德伦（Andy Waldron）。他问我："您想写本什么书？"一开始我没什么想法，于是打算反问他，给自己争取一点时间："您是怎么想的？"我咕哝了几句，然后忽然反应过来，想起之前我做的那些笔记。

本书内容来自我在专业软件开发世界中学到的东西。踩过许多坑之后，我获得了一种务实、接地气的观念——把软件开发当作一门手艺来对待。本书传达了我因这些经历而产生的变化，应能帮助你取得事业上的领先优势。

致谢

没有我的妻子京于兹（Günyüz），就不会有本书。在我忙着写作的时候，她挑起了所有担子。谢谢你，宝贝，我爱你。

感谢安迪・沃尔德伦，是你激发了我的创作热情。这段创作经历算得上有意思。即便我曾经因为你偷偷溜进我家改我的稿子而指责你，但你的确很有耐心且善解人意。我欠你一杯酒，安迪。

感谢我的内容编辑托尼・阿里托拉（Toni Arritola），我所有关于编程图书的写作知识都是从你那里学来的。感谢贝姬・惠特尼（Becky Whitney），你总是很有耐心，就算对我书中那些一团糟的部分也能保持好脾气。我得申明，那些都是安迪写的！真的！

感谢我的技术审校弗朗西丝・布翁滕波（Frances Buontempo），你给我的技术反馈是那么到位。同样也感谢奥兰多・门德斯・莫拉莱斯（Orlando Mendez Morales），是你让我敢对书里的代码能够正常运行“打包票”。

感谢我的朋友穆拉特・吉尔金（Murat Girgin）和沃尔坎・塞维姆（Volkan Sevim）。本书还未成形的初稿是你们最早帮我审校的。记得你们还向我保证：如果读者认识我的话，那些书里的笑话一定能逗得他们笑出声来。

感谢计算机科学家唐纳德・克努特（Donald Knuth）允许我在书里引用你的作品。能得到你的回应，哪怕只是一个“好”字，我也倍感幸运。同样还得向弗雷德・布鲁克斯（Fred Brooks）说声谢谢，是你提醒我版权法里有合理使用的相关条款，不用为此每天打电话来请求许可，也同样不需要在凌晨 3 点闯入你家，把警察都招过来。哎，别急，弗雷德，我这就走！也感谢莱昂・班布里克（Leon Bambrick）让我没顾虑地在书里引用你的文字。

感谢 MEAP 的读者们，尤其是吉哈特・伊玛莫格鲁（Cihat Imamoglu）。虽然我跟你没有私人交情，但你还是给了我这么多深刻的反馈。当然，也感谢 Manning 出版社参与本书出版的编辑们：Adail Retamal, Alain Couniot, Andreas Schabus, Brent Honadel, CameronPresley, Deniz Vehbi, Gavin Baumanis, Geert Van Laethem, Ilya Sakayev, Janek

LópezRomaniv, Jeremy Chen, Jonny Nisbet, Joseph Perenia, Karthikeyarajan Rajendran,Kumar Unnikrishnan, Marcin Sęk, Max Sadrieh, Michael Rybintsev, Oliver Korten,Onofrei George, Orlando Méndez Morales, Robert Wilk, Samuel Bosch, SebastianFelling, Tiklu Ganguly, Vincent Delcoigne, and Xu Yang。本书因为有你们的建议才变得更好。

最后，我想感谢我的父亲，是你教会我“自己制作玩具”。[①]

① 这里的“玩具”可以理解为一种象征，表示解决问题、创新和自主探索的能力。——译者注

关于本书

本书力图通过解决有名的范式、讲解反模式、提供一些看上去不是那么完美但依然能在实际工作中大有用处的实践经验等方式，填补软件开发工程师专业经验之不足。本书的目标是用质疑和实践的思维模式武装你的头脑，让你懂得，除了上网搜索和动手输入之外，创造软件还需要付出其他代价。除此以外，本书还会介绍一些能让你节省时间的日常操作。总的来说，本书的目标是成为固有观点的“破局者”。

谁该读本书？

那些非科班出身、还需要加深对软件开发范式和最佳实践理解的编程新人，以及有几年经验的程序员，是本书的目标读者。本书例子使用 C#和.NET，熟悉它们会对你的阅读有所帮助，但是本书会做到尽量不受编程语言和框架的影响。

本书框架：路线图

■ 第 1 章介绍了实战程序员的概念，即具备专业经验的开发者，并阐述能帮助你成为这种人的要素。

■ 第 2 章讨论了理论在实际软件开发中的重要性，以及你为什么应该关注数据结构和算法。

■ 第 3 章阐述了在许多情况下，有些反模式或坏实践实际上有其用武之地，甚至在很多情形下比其他方案更为适用。

■ 第 4 章介绍了单元测试的神秘世界。虽然看起来它在项目开始时才显得比较有用，但确实能帮你减少代码量和工作量。

■ 第 5 章讨论了重构技术，探讨如何轻松安全地进行重构，以及何时避免重构。

■ 第 6 章介绍了一些基本的安全概念和技术，并展示了针对最常见攻击的防御措施。

- 第 7 章展示了一些行之有效的优化技术，建议过早优化，并提供了一种解决性能问题的有效方法。
- 第 8 章介绍了使代码可扩展性更强的技术，讨论了并行机制及其对性能和响应能力的影响。
- 第 9 章介绍了处理缺陷和报错的最佳实践，具体表现为鼓励不处理报错，并给出了编写容错代码的技术。

关于本书代码

本书包含的大部分代码用于说明概念，所以可能缺少在实际项目中的实现细节。异步社区提供了几个项目的完整代码，你可以在本地运行它们并进行试验。其中有一个例子比较特别，因为这个例子迁移自.NET 框架。对于特定项目，在非 Windows 操作系统的计算机上可能无法直接创建。本书对其他平台的替代解决方案文件同样放在配套资源中，因此，请放心，正常运行代码没有问题。

本书包含许多源代码的例子，有些是列出编号的代码清单，有些是普通文本。在这两种情况下，源代码都用等宽字体，这样可以将其与正文分开。有时，部分代码会被隐藏起来，以突出显示与前面步骤不同的代码，例如当一个新功能被添加到现有代码行时。在许多情况下，原始源代码已被重新格式化。我们添加了换行符并重新修改了缩进，以适应书中可用的页面空间，但在极少数情况下，即使这样做空间也不够，便在清单中使用行延续标记（➥）。此外，在文本中描述代码时，源代码中的注释通常会从代码中删除。部分代码清单有注释。

关于作者

塞达特·卡帕诺格鲁（Sedat Kapanoğlu），一名自学成才的软件开发工程师，来自土耳其的埃斯基谢希尔。他曾入职美国华盛顿州西雅图的微软公司，担任 Windows 核心操作系统工程师。

塞达特是其家中 5 个孩子里最小的。他的父母是从南斯拉夫移民到土耳其的波斯尼亚人。

塞达特创建了土耳其最受欢迎的社交平台——酸字典（Ekşi Sözlük）。在 20 世纪 90 年代，他活跃于土耳其的 demoscence，这是一个国际数字艺术社区，其主题是利用代码生成图形和音乐。

关于封面插图

本书封面人物头像插图的名称为“Lépero”，意思是“流浪汉”。这幅插图摘自《墨西哥的民事、军事和宗教服装》（*Trajes civiles, militaresy religiosos de México*），这本书出版于1828年，作者是克劳迪奥·利纳蒂（Claudio Linati，1708—1832）。利纳蒂是一位意大利画家和石印师，他在墨西哥制作了第一台石印印刷机。这本书描述了墨西哥社会的民事、军事和宗教服饰，是最早印刷的关于墨西哥的彩版书之一，也是第一本由外国人编写的关于墨西哥人的书。该书包括 48 幅手工着色的石版画，并对每幅版画进行了简要描述。书中丰富多样的画作生动地提醒我们，200 年前，墨西哥的城镇、村庄和社区在文化上是多么与众不同。那时人们彼此隔绝，说着不同的方言。无论在城市还是乡村，只要看人们的衣着，就很容易看出他们住在哪里、从事什么职业及过着什么样的生活。

后来，着装方式发生了变化，而当时那种非常丰富的地区多样性也逐渐消失。现在从着装上很难区分不同大陆的居民，更不用说那些不同城镇或地区的居民了。也许我们用文化的多样性换来了更加多样化的个人生活——快节奏的科技生活。

在计算机图书封面千篇一律的时代，Manning 出版社用图书的封面，通过像这样的收藏插图重现了两个世纪前各地精彩、丰富的生活，来表达计算机行业的创造性和主动性。

资源与支持

资源获取

本书提供如下资源：

- 本书源代码；
- 本书思维导图；
- 异步社区 7 天 VIP 会员。

要获得以上资源，您可以扫描下方二维码，根据指引领取。

提交勘误信息

作者和编辑尽最大努力来确保书中内容的准确性，但难免会存在疏漏。欢迎您将发现的问题反馈给我们，帮助我们提升图书的质量。

当您发现错误时，请登录异步社区（https://www.epubit.com），按书名搜索，进入本书页面，点击“发表勘误”，输入错误信息，点击“提交勘误”按钮即可（见下图）。本书的作者和编辑会对您提交的错误信息进行审核，确认并接受后，您将获赠异步社区的 100 积分。积分可用于在异步社区兑换优惠券、样书或奖品。

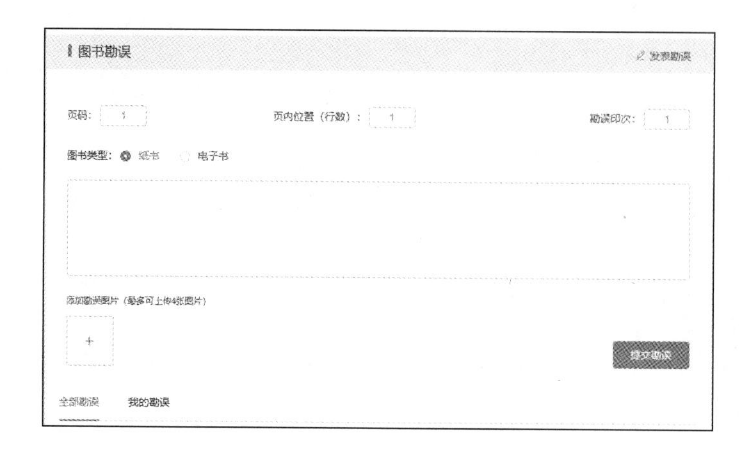

与我们联系

我们的联系邮箱是 contact@epubit.com.cn。

如果您对本书有任何疑问或建议，请您发邮件给我们，并请在邮件标题中注明本书书名，以便我们更高效地做出反馈。

如果您有兴趣出版图书、录制教学视频，或者参与图书翻译、技术审校等工作，可以发邮件给我们。

如果您所在的学校、培训机构或企业，想批量购买本书或异步社区出版的其他图书，也可以发邮件给我们。

如果您在网上发现有针对异步社区出品图书的各种形式的盗版行为，包括对图书全部或部分内容的非授权传播，请您将怀疑有侵权行为的链接发邮件给我们。您的这一举动是对作者权益的保护，也是我们持续为您提供有价值的内容的动力之源。

关于异步社区和异步图书

“异步社区”（www.epubit.com）是由人民邮电出版社创办的 IT 专业图书社区，于 2015 年 8 月上线运营，致力于优质内容的出版和分享，为读者提供高品质的学习内容，为作译者提供专业的出版服务，实现作者与读者在线交流互动，以及传统出版与数字出版的融合发展。

“异步图书”是异步社区策划出版的精品 IT 图书的品牌，依托于人民邮电出版社在计算机图书领域 30 余年的发展与积淀。异步图书面向 IT 行业以及各行业使用 IT 的用户。

目录

第1章 初入行当

本章主要内容：

- 行业现状。
- 谁是实战程序员？
- 现代软件开发面临的问题。
- 如何用实战手段解决你手头的难题。

其实我真的够幸运，在20世纪80年代就编写了我的第一个程序。我只需要打开计算机，花1秒钟时间，写两行代码，输入RUN。哇！整个屏幕铺满了我的名字。我立即被代码的威力震撼到了。两行代码就这么厉害，如果我写4行、写6行，甚至写20行代码呢！多巴胺在我9岁的大脑里喷涌，横冲直撞。就在那一刻，我想我算是迷上了编程。

如今的软件开发比当初复杂几个数量级。20世纪80年代，用户交互简单到只有“按任意键继续”，而且人们时不时还会纠结“任意键”在哪里。没有窗口设计，没有鼠标，没有网页，也没有用户界面设计，没有什么库、框架、内存管理，更别提移动端设备了，统统都没有，有的只是命令集和不能改动的硬件配置。如今这种“质朴”已不复存在。

我们建立这些层次的抽象是有原因的，没有人是“受虐狂”（Haskell[①]程序员除外）。我们如是安排那些抽象层级，因为只有这样做才能达到当今软件标准的要求。编程不再只是在屏幕上铺满你的名字，还得用正确的字体写出名字，而且放在窗口里，让它能够

---

① Haskell是一门很深奥的编程语言，它融入了许多仍处于学术论文阶段的特性。

随着窗口被鼠标拖拽、调整大小。你的程序还得有“颜值”，复制和粘贴功能也不能少，说不定还得把要显示的名字存储在数据库甚至云端。在屏幕上铺满你的名字再也没那么有意思了。

还好，我们有办法去应付这种复杂性：读大学，参加黑客马拉松比赛，参加训练营，学习网课，使用小黄鸭调试法。

提示

小黄鸭调试（rubber duck debugging）法，算得上一种“高深秘术”，你跟一只“小黄鸭”聊你写的程序，从而找到编程难题的解决方法。关于这种方法的详情，我会在之后的调试章节中详谈。

我们得充分利用这些方法，但是想要仅仅依靠这些方法，就能在竞争激烈、标准严苛的软件开发行业站稳脚跟，还是差点意思。

1.1 在实战中，什么最重要？

专业软件开发行业还是相当神秘的。你打电话催甲方付款，催了好几个月，他们每次都会信誓旦旦地说过几天就给你；有的老板一分钱都没给过，还拉着你“画饼”说一赚到钱就会付给你；当你操起调试器时，有些 bug 却消失无踪了；有的团队根本不用源代码管理工具。对，就这么吓人。但你不得不面对这些现实。

毋庸置疑的是，工作产出相当重要。通常没有人会真的关注你的那些优雅设计、精妙算法，或者是高质量代码。他们关心的只是你能在规定的时间里出多少活。其实，良好设计、精妙算法和优质代码可能会为产出带来极大的正面影响，很多程序员都没意识到这点。相反，这些事情常会被程序员当作追赶截止日期（deadline，DDL）路上的“绊脚石”。这种思维会让人变成一个得过且过、戴上了脚镣的僵尸。

不过还是有人真的关心你的代码质量的——你的同事。他们才不想优化、维护你的代码，只盼着你的代码能够运行，并且容易理解、维护简单。这是你的分内之事，因为当这份代码被提交到存储库后，就成了所有人共有的代码。团队的总产出要比团队中的任何一个人的产出都重要。如果你写的代码很差劲，就是在拖整个团队的后腿。你的糟糕代码会影响整个团队，拖慢团队进度，甚至可能毁掉整个产品，最后这个“胎死腹中”的产品会成为你职业生涯中的污点。

从零开始写代码时，首先要有一个粗略的想法，其次是设计。这也是为什么说设计非常重要的原因。好的设计不一定非得摆在台面上，也可以保存在你的脑海里。你总是会遇到这样的人：他们对设计这件事不屑一顾，由着性子去写代码。对于这些人，我只能说他们不懂得珍惜自己的时间。

好设计模式或好算法能提升你的产出。不能提升产出的东西就是没用的东西。几乎一切都可以被赋予货币价值，所以你的一切行为都能够用产出来衡量其价值。

你当然可以用糟糕代码来获得高产出，但仅限于项目不需要进行产品迭代的情况。当你的客户想更改需求的时候，你却只能维护“屎山”（糟糕的代码）。在后文，我会举一些相关的例子，这些例子能让你在给自己“挖坑”时幡然醒悟，然后悬崖勒马。

1.2 谁是实战程序员？

微软在招聘时通常招两种人：计算机科学专业的应届毕业生和在软件开发领域拥有丰富经验的业界专家。

自学成才的程序员也好，计算机科学专业出身的人也罢，都常常在自己的职业生涯伊始忽视了一件事——行规，即某个行业里最重要的知识精华。非科班出身的程序员虽然之前可能会有一些试错经验，但是总归缺少理论学习和理论在日常编程工作中的正确运用经验。而大学毕业生，虽然理论知识丰富，但是缺乏实践，有时也缺乏对自己所学知识的质疑态度。这两种人开展事业的不同途径如图 1.1 所示。

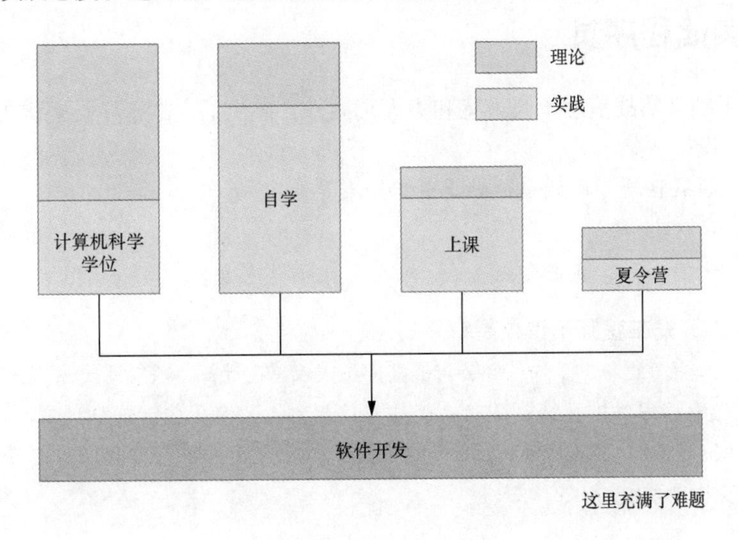

图 1.1 开展事业的不同途径

在学校里学习的那套体现不出正确的优先级。在学校里，你不是根据知识的重要性来学习，而是跟着人家设计的路径来学习。你不会知道，某些知识在竞争激烈的行业中会有多大用处。时间不等人，按部就班地顺着时间线学习是不现实的——“黄花菜都凉了”。即便是使用世界上最好的框架，但只要有一个 bug，你一整个星期的努力就全都打了水漂。客户需求的反复无常，可能会造成你巧妙的设计难以为继。本来想着通过复制、粘贴来重构代码，但实际情况是你仅仅修改一个配置参数值就会影响另外 15 处代码。

经过长时间的积累，你逐渐有了处理模糊性与复杂性的能力。非科班程序员学会了有用的算法；科班出身的那批人也体会到，再好的理论在实践中也常常会有不管用的情况。

所谓实战程序员，他们所拥有的那些业界经验，都是被提出无理要求的老板“折磨”出来的——这种老板想让人一个早上就完成一个星期的工作量。他们会将所有代码在多种存储介质上同时备份，这做法也是来自他们在几千行代码丢失、一切从头开始后吸取到的惨痛教训。他们可是见过机房里的爆炸激光[①]的，因为有人直接部署了一段未经测试的代码。他们不得不在机房门口与运维人员争吵，希望能修正生产环境。他们也曾尝试自行实现源代码压缩功能，结果把所有内容都压缩成了一个字节，这个字节的值还是255。想必能够发明相应解压方法的人还没出生。

或许你刚刚毕业，还在投着简历寻找工作；或许你对编程正着迷，但还不知道未来在哪里，以后迎接自己的将是什么；或许你走出了培训班，正期待着工作机会，但你并不清楚你与他人的知识水平有多大差距；抑或是你自学了一门编程语言，又不确定自己的劣势在哪。朋友，欢迎你来进行实战。

1.3 杰出实战程序员

除了拥有实战信念、荣誉感和为人真诚外，杰出的实战程序员还得拥有以下特质。

- 懂得质疑。
- 结果驱动（也就是 HR 口中的结果导向）。
- 高产出。
- 化繁为简、直击要点。

好的软件开发工程师不仅仅是程序员

成为一名靠得住的工作伙伴要求的技能不仅仅是在计算机前编写代码，还需要善于沟通，能够提出有建设性的反馈，同时也能虚心接受别人的意见。就连林纳斯·托瓦兹（Linus Torvalds）[②]也承认应该增强自己的沟通技巧。然而这些东西不在本书里。去交些朋友吧！你会在社交当中学到的。

1.3.1 懂得质疑

一个懂得质疑的人常常会自省，并质疑那些被广为接受的观点，而对这些观点的解

① 这里作者用了《银翼杀手》作品里的一个桥段，原书中的 C-beams，是铯射线束的缩写，这是一种用于太空战斗的粒子束武器。作者使用这个夸张的意象来代表机房里出现的燃烧和元器件烧坏景象。——译者注

② 他是 Linux 操作系统和 Git 源代码控制软件的创建者。他秉持着这么一种观点：如果参与你项目的志愿者在技术上出错了，那么骂他们一顿也是可以的。

构能够让你看得更清楚。

很多图书、软件开发专家，包括斯拉沃伊·日热克（SlavojŽižek）[①]都强调过懂得批判和具有好奇心的重要性，但是，他们几乎没有给你一点实在的东西，让你能够将它们运用到实际工作中去。在本书里你可以看到很多有名的技术，还有一些最佳实践的例子，你也会看到为什么它们没有所声称的那么有效。

批评一门技术并不代表这门技术没有用处。技术批评能扩大你的眼界，让你能够鉴别出在某些应用场景中更合用的技术。

本书的目标并不是全面介绍每一种编程技术，而是给你一种视角去了解怎么样对待那些最佳实践，然后根据它们的优缺点排个顺序，并且通过这些优缺点来权衡利弊。

1.3.2 结果驱动

你当然可以说你是世界上最好的程序员，对于软件开发当中的复杂问题能有自己的见解，也可以自豪地说你为代码做了最好的设计。但是，如果不能产品交付，这些就都是空话。

根据芝诺（Zeno）[②]的悖论，你如果想要到达终点，就必须先到达这个路程的一半。这是一个悖论，是因为你到达一半之前必须到达那一半路程中的一半，以此类推，这会让你哪里都去不了。根据芝诺悖论衍生出的观点：要做出一个正式产品，就必须达成开发周期中的各个节点和里程碑，否则最终目标不可能实现。以结果为导向，意味着以里程碑为导向，以进展为导向。

> “为什么说一个项目会推迟一年？……一天推迟一点呗。”
>
> ——弗雷德·布鲁克斯（Fred Brooks），《人月神话》

为了得到结果可能意味着牺牲代码的质量、优雅性和技术追求。重要的是，你要时刻反思自己在做什么，为了谁在做。

牺牲代码的质量并不意味着牺牲产品的质量，如果你测试得当，并且需求写得非常明确，你甚至可以用 PHP[③]去写。嗯，这可能有点不给面子，但是你在未来会尝到苦头，因为糟糕代码最终会“反噬”你。这可能就叫“代码现世报”。

你在本书后面部分学到的部分技巧会帮你做出好决策，得到圆满结果。

---

① 他是一名现代哲学家，他有一个毛病，就是喜欢批判这世间的一切事物，没有例外。

② 芝诺是一个生活在几千年前的古希腊人，他喜欢问一些悲观的问题，自然而然，不讨喜的他一本作品都没有流传下来。

③ PHP 发明之初是为了证明不设计一门编程语言也能完成工作，据我所知，虽然 PHP 经过这么多年的发展，但还是常常出现在各种编程语言笑话里。当然，现在它是一门出色的编程语言，但还是得优化自己的形象。

1.3.3 高产出

提升开发速度的关键是经验、清晰的需求，以及机械键盘。哈哈，开个玩笑。与此相反，机械键盘几乎不会对你的开发速度有任何帮助，它们只是看起来很酷而已。不过，在打扰别人方面，它倒是可以为你助力。事实上，我完全不认为打字速度快可以提升开发速度。你对于自己打字速度的自信，倒是可能会使得你写出一些画蛇添足的代码。

有些技术是可以从别人的经验和“血泪史”当中学到的。在本书中，你将看到这样的例子。你学到的那些本领能让你写出更简练的代码，更快做出决定，这会尽可能让你少背一些“技术债”，并且会避免你以后花好多天来努力搞明白半年前你写的代码到底是一堆什么东西。

1.3.4 接受复杂性和模糊性

复杂性是可怕的，但是模糊性更可怕，因为它甚至会让你不知道该怕到什么程度，于是就更害怕了。

如何处理模糊性，是微软招聘人员时面试的核心问题之一。在面试中经常会涉及一些假设性的问题，比如说在纽约有多少间小提琴维修店；洛杉矶有多少个加油站；或者总统有多少位特勤人员，他们的任务是什么，时间表是怎么样的，请在白宫的地图上列出他们的名字并标注其行动路线；等等。

解决这种问题有一些小技巧。先厘清你在这种问题上获取到的所有信息，然后根据这些信息想出一个大致区间。比如说你可以先从纽约市的人口入手，推测其中拉小提琴的人大概有多少。这些信息会让你对市场规模有概念，了解到市场能有多大竞争空间。

类似地，当你遇到一些包含未知数的问题时，比如说预估开发某功能需要多长时间，你就可以通过已知信息来尽可能缩小结果的估计范围。你可以“榨干”自身所长，利用所假之物，将那些模棱两可的部分减到最少。

有趣的是，处理复杂问题的方法也是类似的。可以将那些看起来复杂到无法入手的问题，分解为一个个更便于管理、复杂度更低、更简单的小问题。

你的思路越清晰，就越能解决未知的问题。接下来你在本书中学到的技巧，可用于理清一些事情，并使你在面对模糊性和复杂性方面更有信心。

1.4 现代软件开发存在的问题

除了不断增加的复杂性，抽象层次越堆越高，Stack Overflow 渐渐失了水准之外，现代软件开发还存在着以下这些问题。

- 技术繁多：如此之多的编程语言，不可胜数的框架，层出不穷的库。npm（Node.js 框架的包管理软件）中甚至有一个名字叫“left-pad”的库，其作用仅仅是给字符串末尾添加空白字符。

- 现代软件开发由范式驱动：这导致了软件开发的保守主义。在很多程序员眼里，编程语言、最佳实践、设计模式、算法和数据结构好像远古异族遗迹一样神秘，摸不着其中的原理。
- 科技黑箱：就像汽车，之前人们还可以靠自己来修理，如今发动机越来越高级，引擎的金属盖如同盖在法老坟墓之上，谁要打开它，就会被诅咒。软件开发如出一辙。虽然现在几乎所有的东西都是开源的，但是20世纪90年代之后，软件的复杂性成倍增长，我觉得如今的技术比二进制代码的逆向工程还要难懂。
- 代码开销：我们拥有了远超所需的资源，人们不再关心代码开销。现在你还需要写一个简单的聊天软件吗？把它集成到成熟的浏览器框架里会比较省事，而且没人会为了软件消耗以吉字节计的内存而心疼，何乐而不为呢？
- 自扫门前雪：程序员只关注自己的技术栈，对支撑这些技术栈的知识漠不关心。这也情有可原：饭都吃不上，哪有时间去学习呢？我把这叫作“开发者的吃饭难题”。也正是由于受自身知识所限，那些会影响他们产品的因素同样被忽略了。网页开发者通常对网页底层网络协议一头雾水，只能忍受网页加载延迟。因为他们不知道其中的技术细节，比如说不必要的长证书链会拖慢网页的加载速度。
- 憎恶重复：多亏了人家教给我们的范式，大家对那些无需技巧的工作（比如重复工作或复制、粘贴）毫无热情。你必须得找到 DRY[1]的解决方案。这种观念会让你怀疑自己和自己的能力，从而影响你的生产力。

npm 和 left-pad 的故事

在过去的 10 年里，npm 成了事实上的 JavaScript 包生态系统。人们可以向生态系统贡献自己的包，其他的包也可以使用它们，这降低了开发大型项目的难度。阿泽尔·科丘卢（Azer Koçulu）就是开发者之一。left-pad 是他为 npm 生态系统贡献的 250 个软件包中的一个。它只有一个功能：将空格附加到字符串上，以确保字符串的大小始终是固定的。这个操作轻而易举。

有一天，他收到 npm 的一封电子邮件，说他们已经删除了他的一个名为 kik 的包，因为他们收到了一家同名公司的投诉。npm 决定删除阿泽尔的包，并将名称的使用权交给那家公司。这惹怒了阿泽尔，一气之下他删除了他贡献的所有包，包括 left-pad。但问题是，前文也提到了，世界有数百个大型项目直接或间接地使用了这个包。他的这个行为导致受波及的所有项目都停止了。这是一场大灾难，也让人对平台的信任打了问号。

我讲这个故事的意思是，软件开发世界中充满了你不愿意看到的意外。

在本书里，我对这些问题给出了解决方案，也会详细讨论一些你也许会认为无聊的

---

[1] 即 don’t repeat yourself 的缩写。这是一种迷信，好像如果有人重复写某段代码，而不是把它封装到一个函数里面，这个人就会立马变成一只青蛙。

核心概念。我还会推荐你优先考虑实用性和简洁性，勇敢地拒绝一些长期以来的“金科玉律”，更重要的是，凡事要质疑、反思，这是有价值的。

1.4.1 技术繁多

由于“银弹”谬论，我们总在不断追求最佳技术。我们认为总有一种技术可以将生产力提高好几个数量级。但是，当然没有。打个比方，Python 是一种解释型语言，不需要编译 Python 代码，就可以立即运行。更方便的一点是，Python[1]中不需要为声明的变量指定类型，这使得写代码更快。那么，Python 比 C#更好吗？不一定。

因为你不用花时间进行类型声明来注释代码和编译，对代码当中出现的问题就会直接错过了。这就是说你只能在测试时或上线到生产环境中才发现它们，这要比顺手编译付出的代价高得多。大多数技术都是权衡利弊，找出折中的方案，而不是生产力的助推火箭。提高效率靠的是你对这项技术的熟悉程度和应用技巧，而不是你使用的技术本身。当然，有更好的技术，但它们很少能带来数量级上的效率提升。

1999 年，我正想着着手开发我的第一个交互式网站，那时我完全不知道如何编写一个 Web 应用程序。按常理，我应该首先尝试找到最好的技术，那就意味着我要自学 VB Script 或 Perl。相反，我使用了当时我最熟悉的语言：Pascal。这是被认为最不适合 Web 应用开发的语言之一，但我用它成功运行了 Web 应用程序。当然，它肯定也有很多问题，比如每次这个应用程序挂起时，这个进程依然会停留在加拿大机房的某台服务器的内存里。然后用户就得给服务提供商打电话，让他们重启那台物理服务器。总而言之，Pascal 让我在短时间内就搭好了原型，我对它很满意。你看，我并没有花几个月的时间去学习然后再开发我预想的网站，而是仅仅花了不到三个小时的时间就编程完成并发布代码。

在后文中，我会介绍一些让你能更高效地利用你所拥有的工具的方法。

1.4.2 遍阅范式

我最早接触到的编程范式是 20 世纪 80 年代的面向过程编程，结构化编程里没有 goto，没有血汗，也没有悔恨的泪水，而是由结构化的代码块（比如函数或者循环）组成的。这种设计让代码更容易维护和阅读，同时还不牺牲性能。也是因为结构化编程，我开始对 Pascal 和 C 语言产生了兴趣。

大约过了 5 年，我又接触到另一种编程范式——面向对象编程，或者叫作 OOP（object-oriented programming）。我记得那个时候，数不清的计算机相关杂志铺天盖地地宣传着它。在用面向过程编程之后，怎么样把程序写得更好，变成了一件大事。

在 OOP 之后，我以为至少要每过 5 年才能出现一种新范式，没承想，新范式的出

① Python 是那些想推广使用空格缩进的人包装出来的实用编程语言。

现比这还要频繁。在 20 世纪 90 年代，Java 和 JavaScript 网络脚本与函数式编程出现了，即时编译（just-in-time compilation，JIT compilation）[①]随之成了主流。截至 90 年代末，函数式编程慢慢进入了主流编程领域。

时间来到千禧年，在这几十年里，多层架构的应用（n-tier application）越来越多，如胖客户端，瘦客户端，泛型，MVC、MWM 和 MVP。随着可信、面向未来及最终的响应式编程（reactive programming）出现，异步编程也开始迅猛发展。类似 LINQ 那样拥有模式匹配和不变性概念的函数式编程语言进入主流语言之列，风靡一时的新词层出不穷。

讲了这么多我们还没有谈到设计模式和最佳实践。如今，几乎所有项目都有多如牛毛的最佳实践、技巧和窍门。虽然问题的答案显而易见（是空格键），但还是有很多与我们应该用空格键或是 Tab 键有关的表达观点[②]。

我们设定所有问题都可以通过采用某一种范式、某一种模式、某一种框架或是某一种库来解决。但考虑到我们所面临问题的复杂度，这种美事是不存在的。不仅如此，盲目地使用某种工具只会给以后埋下隐患：需要学习全新领域的知识，而且这些新玩意儿本身也有一大堆缺陷。你的开发速度会更慢，甚至倒逼你在设计上进行相应的妥协。本书会让你对使用模式更加有信心，更加感兴趣，在代码复查（code review）时尝到甜头。

1.4.3　科技黑箱

框架，或者一个库，就像一个安装包，软件开发者可以安装它，阅读相关文档，然后运行它。但软件开发者通常不清楚其工作原理，算法和数据结构对于他们来说也是一样的。因为键值对的形式易于使用，所以他们就采用字典数据格式，但他们不知道这么做会带来什么后果。

无条件信任某个包及其生态或者各类框架是很容易出现大问题的。如果不知道往字典中添加具有相同键的项在查询时与列表性能一样的话，可能就会花上几天的时间去调试。当用一个简单的数组就可以满足需求时，我们又采用 C#生成器，由此带来的性能下降，我们还可能找不到原因。

1993 年的某天，朋友递给我一张声卡，让我装在计算机里。对，为了有个过得去的音效，我们曾经还得给计算机装一张声卡，不然你除了哔哔声之外什么都听不到。言归正传，我之前可从来没有打开过我的计算机，我怕把它拆坏了。我问朋友："你不能帮我装一下吗？"他答复："你得亲自打开它，才会明白它是怎么运行的。"

---

① 即时编译，Java 的创建者 Sun 微系统公司（现已被收购）创造的一项"神技"。其作用是代码在运行的同时进行编译，整个程序的运行速度会变得更快，因为优化器将在运行时收集更多的数据。虽然我能够"解释"它，但这并不妨碍它是一项神技。

② 我从实用的角度讨论了这两者，读者可以搜索 tabs-vs-spaces-towards-a-better-bike 来进行阅读。

我很认同他这句话，我懂了，我的焦虑是因为我的不了解，而不是因为我的不能够。我打开机箱，看到机箱内部，然后就释然了，这就是一堆板子而已嘛。这块声卡放在……嗯，放在这个插槽里。从此这玩意儿对我来说再也不是一无所知了。过后，在给艺校的学生讲计算机基础知识的时候，我又用了类似的技巧。我拆开一个鼠标的轨迹球，并给学生们看。顺便提一句，那个时候实验室的鼠标还有个球。唉，这样说容易引起误解。[①]然后我又打开机箱，说："你们看，这也没什么，就是一些板卡和插槽嘛。"

从此以后，这也成了我处理所有没接触过的复杂问题的准则。我对于一开始就"打开盒子"，见识到事情的全貌，会感到不过如此。

类似地，了解某个库、某个框架，或者一台计算机的工作原理，对你去理解以它们为基础的东西有很大帮助。勇于"开盒"，了解其中的细节，对于你怎样使用"盒子"也是一样的。你真的没有必要阅读全部代码，或者浏览厚达千页的理论书，但至少应当明白某部分的功用，以及它如何影响你的项目。

这就是我在后文会谈到一些基础或者说底层原理的原因。"打开盒子"，好好瞧瞧，这会帮助我们找到高层级编程的更佳选择。

1.4.4 低估开销

我其实非常愿意看到每天有这么多基于云的应用程序，因为这种方案不仅性价比很高，而且方便清晰了解代码的实际开销。当你因写代码时的决策错误而为产生的云服务器额外费用买单的时候，你肯定立马就会把开销当回事了。

框架和库是有用的抽象，通常能帮我们减少开销。但是你不能把所有决策都推给框架来定。有的时候，我们必须靠自己做抉择，必须考虑程序开销问题。开销这一因素对大体量的应用程序更重要。哪怕节省很少的时间，都可能帮你省下宝贵的资源。

一个软件开发者首先要考虑的当然不是开销，但是，至少在某些情况下要懂得如何去避免开销。梳理这种观念，会帮助你节省时间。这不光是为了你自己，也是为了那些眼巴巴看着你开发的网页载入提示"转圈"[②]的用户们。

在本书中，你会看到我给出的一些场景和例子，这些场景和例子会告诉你如何轻松避免开销。

1.4.5 自扫门前雪

只关注我们负责的东西：我们拥有的组件、我们编写的代码、我们造成的缺陷，还有在办公室厨房微波炉里偶尔烤糊了的午餐，这是我们处理复杂问题的一种方法。这听

---

① 在这里，"balls"既可以指鼠标内部的滚珠（一种较早的鼠标设计），也可以指代睾丸。——译者注

② "转圈"当属现代的沙漏。在早期，电脑用一个沙漏符号来让你无限等待加载。"转圈"是现代动画的沙漏等价物。它通常是一个无限旋转的圆，不过它的作用只是分散用户的注意力。

上去确实是节省了我们的时间。但是别忘了，所有的代码都是息息相关的。

了解特定技术、库的工作原理，依赖关系是如何工作和连接的，可以让我们在写代码的时候做出更好的决策。本书给出的例子能够给你提供一个新的视角，让你不再只关心自己那一亩三分地，而接触到你舒适区以外的那些相关知识和难题。因为这样，能让你对自己所写代码的命运做到心中有数。

1.4.6 憎恶重复

所有关于软件开发的原则，总结成一句话就是：你的工作时间越少越好，避免重复的、无脑的工作，比如复制、粘贴，或是为了做一些小更改而从头编写只有少部分不同的代码。首先，它们的确很花时间，其次，它们的可维护性非常差。

不过，不是所有的“打杂”都没用。复制、粘贴有时是有用的，虽然很多人对它有很深的成见，但是在某些方面，将它们运用好了，甚至会比你之前学到的最佳实践更加有用。

除此以外，并不是你写的所有代码都会被加入实际产品中。你写的代码中有些可能会被用于开发某些还处于雏形的产品，有些比较适合做代码测试，有些又可以作为你手头上事情的错误范例来警示自己。我会在后文举一些例子，介绍如何用这些方法给自己带来好处。

1.5 特别说明

本书并不是关于编程、算法或者任何概念的综合指南。我自认为我在这些领域称不上专业，但是我拥有足够的软件开发专业知识。本书里的内容跟那些知名畅销书里的内容可不一样，本书绝对不是用于学习编程的指南。

经验丰富的程序员从本书中获得的启发可能较少，毕竟他们身经百战并已经成了善于实战的程序员。虽然这么说，但我相信书中仍然有一些见解会让他们感到惊讶。

本书其实算得上是一种对于编程书进行大话演绎的尝试，我想通过一种比较好玩的方式来介绍编程。本书并不严肃，所以请不要端着架子去读。如果你读完本书觉得自己在开发领域有提升并且有了一段愉快的阅读经历，就是我最大的成功。

1.6 本书主题

本书涵盖了以下主题。

- 足以应付你入行之初的基础知识。不过这些知识并不是非常详尽的，但也足够转变之前你觉得它们无趣的看法，激发出你的兴趣。在你做决策的时候，这些知识可是关键。

- 作为反模式所提出的一些著名的、被广为接受的最佳实践和技巧，在某些情况下更能发挥作用。你对这些内容读得越多，对那些编程实践的批判性思考的“第六感”就会越灵敏。
- 看起来无关的编程技巧，比如CPU性能优化技巧，可能会在更深层次的领域影响你的决策和代码编写。即便你没直接用上这些知识，“打开盒子”，然后了解其内部原理，也会对你有很大帮助。
- 我在日常编程活动中发现了一些有用的技巧，这些技巧可能会帮助你提高生产力，让你有时间“咬指甲”和“摸鱼”。

这些内容会让你在看待编程这件事上有新的视角，会改变你对某些“无聊”主题的理解，也会改变你对某些教条的态度，让你更享受于工作。

本章总结

- 本章描写了专业软件开发世界的残酷现实。你得学会那些在学校里看不上的、老师没有教的和在自学期间错过的技能。
- 软件开发新人，对于理论知识的看法往往比较极端，要么十分在意，要么完全不关心。你最终当然能找到一个平衡点，但是你可以通过某种方式早点找到它。
- 现代软件开发较几十年以前复杂得多，即便是开发一个简单的运行程序也需要你有丰富的知识，知识还得横跨多个层面。
- 程序员在工作与学习之间面临两难。不妨换个角度看，问题可能就会迎刃而解。
- 如果你所做的事情在你的头脑中是模糊的一团，就只会让你觉得编程是一件乏味的事情，你的工作效率也会降低。你越清楚自己在做什么，就越能体会到编程带来的那份快乐。

第2章　实用的理论

本章主要内容：

- 为什么计算机科学理论与你的生存相关。
- 让类型为你工作。
- 理解算法的特征。
- 那些你不知道的数据结构和它们的怪异特点。

程序员也是人，他们和其他人在软件开发实践中有着同样的认知偏见。他们普遍高估了不使用的类型、不关心正确数据结构的好处，或认为算法只对库作者重要。

你也不例外。你被期望准时、高质量、面带微笑地交付产品。正如俗话所说，程序员实际上是一个有机体，输入咖啡，输出软件。你还不如用最糟糕的方式写东西：使用复制和粘贴，使用你在 Stack Overflow 上找到的代码，用纯文本文件存储数据。甚至如果 NDA[①]之下没管着你的灵魂，你就与恶魔做交易。只有你的同事真正关心你是如何做事的——其他人都只想要一个好的、有效的产品。

理论可以是压倒性的和不相关的。算法、数据结构、类型理论、Big-O 表示法和多项式复杂度可能看起来很复杂，但与软件开发无关。现有的库和框架已经以一种优化和经过良好测试的方式处理了这些问题。无论如何，建议你永远不要从头开始实现算法，特别是在对信息安全有较高要求或开发时限紧张的情况下。

① NDA（non-disclosure agreement）即保密协议，内容是禁止员工谈论他们的工作，除非他们以“你什么都没有听到，我只是自言自语……”为开头来讲。

那你为什么要关心理论？因为计算机科学理论知识不仅可以让你从头开始实现算法和数据结构，而且可以让你正确地决定何时需要使用它们。它能帮助你理解不同决策带来的成本。它也能帮助你理解正在编写的代码的可伸缩性特征。它还能帮助你向前看。你可能永远不会从头开始实现数据结构或算法，但了解它们的工作原理将使你成为一名高效的开发人员。这能提高你在行业中的生存概率。

本书将只讨论你在学习时可能忽略的理论中的某些关键部分——数据类型的一些不太为人所知的方面、对算法的理解以及某些数据结构的内部工作方式。如果你以前没有学习过数据类型、算法或数据结构，本章将给你一些提示，让你对它们感兴趣。

2.1 算法速成

算法是一套解决问题的规则和步骤。你以为会有一个更复杂的定义，是吗？比如，检查一个数组的元素以找出它是否包含一个数字，这就是一种算法。

```
public static bool Contains(int[] array, int lookFor) {
    for (int n = 0; n < array.Length; n++) {
        if (array[n] == lookFor) {
            return true;
        }
    }
    return false;
}
```

如果我是发明这个算法的人，我们可以叫它塞达特算法，它可能是最早出现的算法之一。这个算法可能一点儿都不聪明，但确实有效，而且有道理。这是算法的要点之一：它们只需要为你的需要工作。它们不一定要创造奇迹。当你把盘子放进洗碗机并运行洗碗机时，你就是在遵循一个算法。算法本身并不意味着它很聪明。

也就是说，根据你的需要，可以有更智能的算法。在前面的代码示例中，如果你知道数组只包含正整数，你可以为非正数添加特殊处理。

```
public static bool Contains(int[] array, int lookFor) {
    if (lookFor < 1) {
        return false;
    }
    for (int n = 0; n < array.Length; n++) {
        if (array[n] == lookFor) {
            return true;
        }
    }
    return false;
}
```

算法运算速度的提升幅度取决于你用负数作参数调用它的次数。在最好的情况下，你的函数总是以负数或 0 调用，并且它将立即返回，即使数组有数十亿个整数。在最坏的情况下，你的函数将总是以正数作参数调用，这样就会产生额外的不必要的检查。在这里类型可以帮助你，因为在 C#中有称为 uint 的整数的无符号类型。因此，你总是可以接收到正数，如果你违反了这个规则，编译器会检查它，但不会导致性能问题。

```
public static bool Contains(uint[] array, uint lookFor) {
    for (int n = 0; n < array.Length; n++) {
        if (array[n] == lookFor) {
            return true;
        }
    }
    return false;
}
```

我们用类型限制固定了正数需求，而不是改变算法，但根据数据的类型进行处理，还可以使运行速度更快。关于数据，我们有更多的信息吗？数组排序了吗？如果回答是肯定的，我们可以对数字的位置做更多的假设。如果我们将数字与数组中的任何项进行比较，可以轻松地消除大量的项（见图 2.1）。

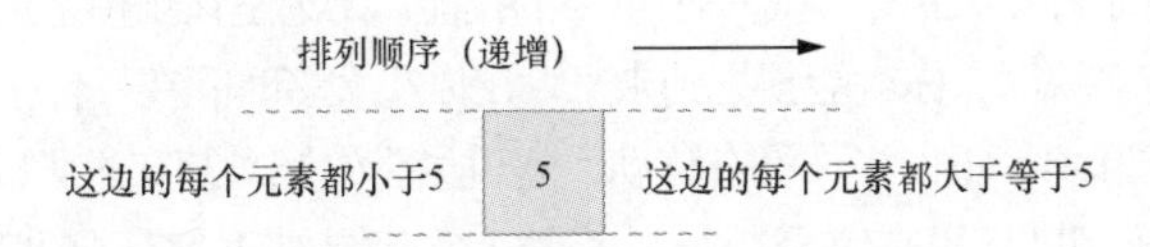

图 2.1　我们可以通过对已排序的数组进行一次比较，以减少一半的工作量

如果我们的数是 3，把它和 5 比较，我们可以确定它不在 5 的正确位置。这意味着我们可以立即消除列表右边的所有元素。

因此，如果我们从列表的中间选取元素，就可以保证在比较之后至少可以消除列表一半的元素。我们可以把同样的逻辑应用到剩下的一半元素，在那里选一个中间点，然后继续。这意味着在一个有 8 个项的数组需要排序时，最多只需要进行 3 次比较，就可以确定其中是否存在我们需要的那一项。最多只需要大约 10 次查找，就可以确定一个项是否存在于包含 1000 个项的数组中。这就是二分法的力量。你的实现可能类似于清单 2.1。基本上，我们会不断地找到一个中间点，然后剔除剩下一半的项，这取决于我们要找的项是如何落入数组中的。我们把表达式写成更长的、更复杂的形式，即使它对应于 (start+end)v/2。这是因为 start + end 对于 start 和 end 中的较大值可能会溢出，并且会找到一个不正确的中间点。如果将表达式写成清单 2.1 所示的形式，就可以避免这种溢出情况。

清单 2.1　使用二分法搜索排序数组

```
public static bool Contains(uint[] array, uint lookFor) {
  int start = 0;
  int end = array.Length - 1;
  while (start <= end) {
    int middle = start + ((end - start) / 2);   <- 找到中间点，防止溢出
```

```
      uint value = array[middle];
      if (lookFor == value) {
        return true;
      }
      if (lookFor > value) {
        start = middle + 1;      <-- 消除给定范围的左半边
      } else {
        end = middle - 1;      <-- 消除给定范围的右半边
      }
    }
    return false;
  }
```

在这里，我们实现了一个二分搜索，这是一个比塞达特算法快得多的算法。既然我们现在知道了二分搜索比简单迭代更快的原因，就可以考虑来见识见识伟大的 Big-O 符号了。

要有好的 Big-O

理解增长对于开发人员来说是一项重要的技能。无论是在规模上还是在数量上，当你知道某件事发展得有多快时，你就能预见到未来。在你花太多时间在一件事上之前，你就能预见你会遇到什么样的麻烦。正如当你没有移动，隧道尽头的光点却在扩大时，这就特别有用了。

Big-O 符号，只是用来解释增长的符号，它容易被误解。当我第一次看到 $O(N)$的时候，我以为它是一个返回数字的普通函数。但它不是。它是数学家解释增长的一种方式。它让我们对算法的可扩展性有了一个基本的了解。按顺序遍历每个元素（又名塞达特算法）所需要的时间与数组中的元素数量成正比，我们用 $O(N)$表示，其中 N 表示元素个数。我们仍然不知道 $O(N)$算法需要走多少步，但我们知道它是线性增长的。这使我们能够根据数据大小对算法的性能特征做出假设。通过观察，我们可以预见性能在什么时候会变差。

我们实现的二分搜索的复杂度为 $O(\log 2^n)$。对数与指数相反，所以对数复杂度实际上是一件美妙的事情（除非涉及工资）。在这个例子中，如果我们的排序算法神奇地具有对数复杂度，那么只需进行 18 次比较，就可以对一个有 500000 个元素的数组进行排序。这使得我们的二分搜索实现得非常棒。

Big-O 符号不仅用于测量计算步骤，也就是时间复杂度的增加，还用于测量内存使用的增加，这被称为空间复杂度。一个算法可能运行得很快，但它使用的内存可能是多项式增长的，就像我们的排序例子。我们应该理解两者的区别。

提示

与普遍的看法相反，$O(N^x)$并不意味着指数复杂度。它表示多项式复杂度，虽然这个式子很糟糕，但没有指数复杂度可怕。指数复杂度用 $O(x^n)$表示。只有 100 件物品，$O(N^2)$却会迭代 10000 次，而 $O(2^n)$的迭代次数是超过 30 位的数字，这是一个令人难以置信的次数——我甚至不会读数。还有阶乘复杂度，甚至比指数复杂度还要糟糕，但我还没有见过任何算法是这样的，除了使用它计算排列或组合。可能是因为没有人能够发明这种算法吧！

由于 Big-O 是关于增长的，所以符号中增长最大的函数是最重要的部分。实际上，在 Big-O 看来，$O(N)$和 $O(4N)$是等价的。另外，对于 $O(N.M)$（.作为乘法运算符），当 N 和 M 都在增长时，可能就不是这样了，它甚至可以是 $O(N^2)$。$O(N.\log N)$比 $O(N)$稍差，但没有 $O(N^2)$那么差。

此外，$O(1)$是惊人的。这意味着性能特征与算法的给定数据结构中的元素数量（也称为常数时间）无关。

假设你实现了一个搜索特性，通过遍历数据库中的所有记录来查找一条记录。这意味着你的算法复杂度将与数据库中的条目数量呈线性关系。假设访问每条记录都需要 1 秒，这意味着在包含 60 个项目的数据库中搜索一个项目将花费 1 分钟的时间。这体现出 $O(N)$的复杂度。团队中的其他开发人员可以想出不同的算法，如表 2.1 所示。

你需要熟悉 Big-O 符号如何解释算法的执行速度和内存使用量的增长，以便在选择使用哪种数据结构和算法时做出明智的决定。请熟悉 Big-O 符号，即使你可能不需要实现算法。注意复杂度问题。

表 2.1 复杂度对性能的影响

查找算法	复杂度	在60行中查找某条项目所花时间
莉萨的叔叔在车库里自己做的量子计算机	$O(1)$	1 秒
二分法查找	$O(\log N)$	6 秒
线性搜索（因为你的老板在离汇报只有 1 小时时才通知你）	$O(N)$	60 秒
实习生不小心把两个 for 循环嵌套了	$O(N^2)$	1 小时
一些从 Stack Overflow 中复制、粘贴的代码，这些代码也给出了国际象棋问题的解决方案，但是你复制、粘贴的时候没有删除这部分	$O(2^N)$	3.65 亿年
该算法没有找到那个所需要的记录，而是试图找到以某种方式排序的排列。好消息是，你不用在使用这个算法的公司工作	$O(N!)$	一直运行到宇宙的尽头，但是比一堆乱敲键盘的猴子敲出一整套莎士比亚全集要早

2.2 深入数据结构

太初万物皆空。内存有比特，电信号击之，遂成数据。数据者，空灵浮游耳，聚而生结构。

数据结构是描述数据如何布局的方式。人们发现，当数据以某种方式排列时，它会变得更有用。打个比方，如果每件商品名在购物清单上单独占一行，就更容易看清楚。用网格形式呈现的乘法表也会更有用。要想成为一名好的程序员，了解特定的数据结构的工作原理是基础素养。这种了解始于揭开引擎盖并观察引擎是如何工作的。

下面我们以数组为例。在编程中，数组是最简单的数据结构之一，它的布局类似于内存中的连续元素。假设你有这样一个数组：

```
var values = new int[] { 1, 2, 3, 4, 5, 6, 7, 8 };
```

你可以想象它在内存当中的样子，如图 2.2 所示。

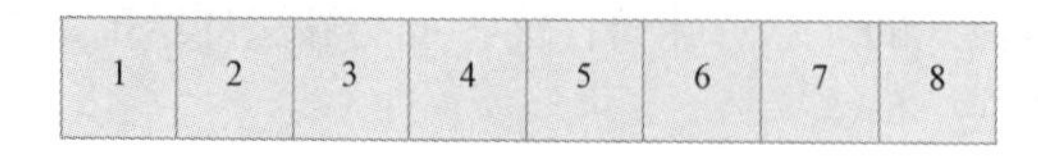

图 2.2 数组的符号化表示

实际上，它在内存中根本不是这样子的，因为.NET 中的每个对象都有一个特定的头、一个指向虚指方法表（vtable）的指针，以及其中包含内容的长度信息，如图 2.3 所示。

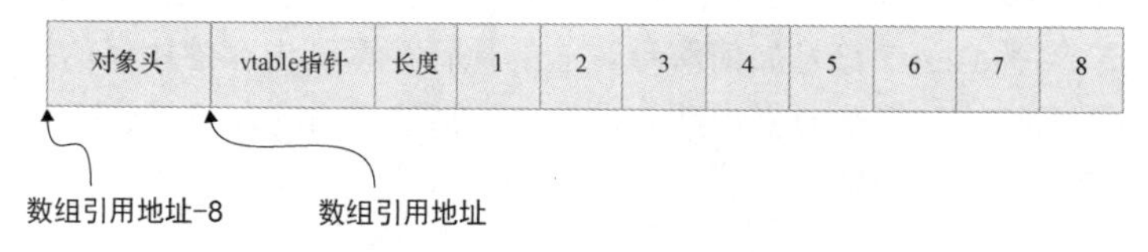

图 2.3 一个数组在内存中的实际布局

如果你看看它是如何放置在 RAM 中的，你对它的认识会更加立体，因为 RAM 不是用整数构建的，如图 2.4 所示。我分享这些，是因为我希望你不要害怕这些基础的概念，理解它们将在各个阶段的编程学习中都对你有所裨益。

这并不是你的 RAM 的实际样子，因为每个进程都有自己的专用内存切片，这与现代操作系统的工作方式有关。除非你开发出自己的操作系统或自己的设备驱动程序，否则你总要处理这些布局。

总而言之，数据的布局方式可以让事情的处理变得更快或更有效率，也可能适得其反。了解一些基本的数据结构及其内部工作方式非常重要。

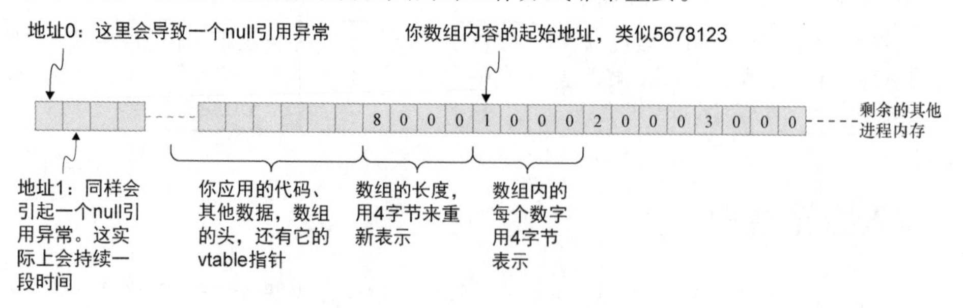

图 2.4 进程和数组的内存空间

2.2.1 字符串

字符串可能是编程世界中最人性化的数据类型。它代表文本，通常可以被人类阅读。

当有某个类型更适合时，你不应该使用字符串，但字符串的使用是不可避免的，而且很方便。当你使用字符串时，你必须了解一些基本事实。

尽管字符串在用法和结构上类似于数组，但在.NET 中的字符串是不可变的。不可变性意味着数据结构的内容在初始化后不能更改。假设有这样一种情况，我们想要通过逗号来连接每个人的名字，并且时间又倒退回了 20 年前。在这种情况下，没有比以下更好的方法了：

如果我们在这里不对这个字符串进行初始化，这个字符串的默认值就是null。当我们后续用到这个字符串的时候，无效性检查就会提示报错

```
public static string JoinNames(string[] names) {
    string result = String.Empty;
    int lastIndex = names.Length - 1;
    for (int i = 0; i < lastIndex; i++) {
        result += names[i] + ", ";
    }
    result += names[lastIndex];
    return result;
}
```

最末元素的索引

通过这种方式，就可以防止字符串末带着一个逗号了

乍一看，似乎我们有一个名为 `result` 的字符串，程序在运行时，操作的对象一直是这个字符串，但事实并非如此。在.NET 当中，当我们为结果赋予新的值时，就要在内存中创建一个新的字符串。.NET 需要确定新字符串的长度，为其分配新的内存，将其他字符串的内容复制到新的内存中，然后返回给你。这是一个相当奢侈的操作，并且，随着字符串和要收集的垃圾的路径变得越来越长，程序的开销也会增加。

.NET 框架中有一些工具可以避免这个问题。即便你不追求程序的极致性能，但至少这些工具都是免费的。它不会破坏你的代码逻辑，你也不用费事克服各种障碍，就可以获得更好的性能。`StringBuilder` 就是其中之一，你可以使用它来构建字符串，并通过调用一次 `ToString` 得到这个字符串。

```
public static string JoinNames(string[] names) {
    var builder = new StringBuilder();
    int lastIndex = names.Length - 1;
    for (int i = 0; i < lastIndex; i++) {
        builder.Append(names[i]);
        builder.Append(", ");
    }
    builder.Append(names[lastIndex]);
    return builder.ToString();
}
```

`StringBuilder` 在内部使用连续的内存块，而不是在每次需要修改字符串时重新分配内存再进行复制。因此，用它构建字符串一般比从头开始构建字符串更有效率。

实际上，请你回过神来仔细想想，已经有一个明显惯用而且更短的解决方案，但你要解决的问题未必能用这种方案来应对。

```
String.Join(", ", names);
```

在初始化字符串时，连接字符串通常没什么问题，因为这只涉及计算字符串所需的总长度后的单个缓冲区分配。例如，如果你有一个函数，使用加法运算符将名字和姓氏连接在一起，你只需要一次性创建一个新的字符串，而不用分多个步骤进行。

```
public string ConcatName(string firstName, string middleName,
  string lastName) {
  return firstName + " " + middleName + " " + lastName;
}
```

如果我们假设 `firstName + " "`这段代码将创建一个新的字符串，`middleName` 也会再创造一个新的字符串，后续以此类推。这可能看起来像一个编程大忌。但编译器实际上做的工作是把这些操作集成为调用 `String.Concat()` 函数，分配一个新的缓存区，缓存区的长度为所有字符串长度的总和，一次性返回它。所以还是会很快。但当你多次连接字符串，中间有 `if` 子句或循环时，编译器不能优化。你需要知道什么时候连接字符串没问题，什么时候有问题。

也就是说，不可变性并不是不可打破的。有一些方法可以在适当的地方修改字符串或其他不可变的结构，这些方法大多涉及不安全的代码和星界怪物①，通常不推荐使用，因为字符串被.NET 运行时会去重，而且它们的一些属性（如哈希代码）会被缓存。字符串的内部实现在很大程度上依赖于不可变特性。

字符串函数默认情况下与你使用的语言种类相适配，当你的应用程序在一个同你使用的语言不同的国家停止工作时，那你可就头疼了。

> **提示**
>
> 区域性，在某些编程语言中也称为区域设置，是一组用于执行特定区域操作的规则，如对字符串进行排序、以正确的格式显示日期/时间、在表上放置工具等。当前的区域性通常是操作系统依据自己所在的国家/地区而决定的。

理解区域性可以使你的字符串操作更安全、更快。例如，来看这样一段代码，我们检测给定文件名是否具有.gif 扩展名。

```
public bool isGif(string fileName) {
    return fileName.ToLower().EndsWith(".gif");
}
```

你看，我们很聪明：我们将字符串转换成小写形式，这样就可以处理扩展名是.GIF、.Gif 或任何其他大小写组合的情况了。问题是，并不是所有的语言都有相同的小写语义。例如，在土耳其语中，“I” 的小写字母不是 “i”，而是 “ı”，也被称为 dotless-I。这个例子中的代码在土耳其会运行失败，也许在阿塞拜疆等其他一些国家也会运行失

① 原文为 astral beings，源自《龙与地下城》文化体系。这种生物存在于星界位面（Astral Plane），形似人类，但也有很多不同之处。——编者注

败。将字符串转换成小写形式，实际上是在创建新的字符串，正如我们所了解的，这是非常低效的。

.NET 提供了一些字符串方法的区域性不变版本，比如 TolowerInvariant。它还提供了一些相同方法的重载形式，以接收具有不变值和序数可选值的 String Comparison 值。因此，你可以以更安全、更快的方式编写相同的方法。

```
public bool isGif(string fileName) {
    return fileName.EndsWith(".gif",
        StringComparison.OrdinalIgnoreCase);
}
```

通过使用以上方法，我们避免了创建新字符串，并且使用了区域性不变且运行更快的字符串比较方法，该方法不涉及当前区域性及其复杂的规则。我们可以使用 StringComparison.InvariantCultureIgnoreCase，但与序数比较不同的是，它增加了更多的翻译规则，例如将德语的变音或字素与拉丁语的变音或字素（ß 和 ss）一起处理，这可能会导致文件名或其他资源标识符出现问题。序数比较是直接比较字符值，不涉及任何转换。

2.2.2 数组

我们已经了解了数组在内存中的样子。数组用于保存数量不超出数组尺寸的元素。它是静态结构的，不能增长或改变大小。如果你想要一个更大的数组，你必须创建一个新数组并复制旧数组的内容。关于数组，有几件事你需要知道。

数组与字符串不同，是可变的。这就是它的意义所在，你可以随意摆弄里面的东西。实际上，很难使它成为不可变的，这使得它不适合作为接口。来看看这个属性。

```
public string[] Usernames { get; }
```

即使属性没有赋值器，其类型仍然是数组，这个数组依然是可变的。没有什么能阻止你去运行它。

```
Usernames[0] = "root";
```

即使只有你在使用这个类型的数组，情况也会变得复杂。不应该对数组内状态做出改变，除非这个操作确属必要。状态是万恶之源，而 null 不是。你的应用程序所拥有的状态越少，问题就越少出现。

尽量坚持使用具有最小功能的类型。如果你只需要按顺序浏览项目，请坚持使用 IEnumerable<T>。如果你还需要重复访问计数，请使用 ITolsth<T>。请注意，LINQ 扩展方法.Count()对于支持 IReadOnlyCollection<T>的类型有特殊的处理代码，所以即使你在 IEnumerable 上使用它，它也有可能返回一个缓存值。

数组最适合在函数的局部作用域中使用。对于任何其他目的，除了 IEnumerable<T>

外，还有更适合的类型或接口可以公开，比如 IReadOnlyCollection<T>、IReadOnlyList<T>或 ISet<T>。

2.2.3 列表

列表就像数组，可以稍微增长，这与 StringBuilder 的工作原理类似。几乎在任何地方都可以用数组替代列表，但这会导致不必要的性能损失，因为索引访问是列表中的虚拟调用，而数组使用直接访问。

你看，面向对象编程有一个很好的特性，叫作多态性（polymorphism），这意味着一个对象可以根据底层实现进行操作，而不会改变它的接口。如果你有一个变量 a，它有一个 IOpenable 接口类型，那么 a.open()可以打开文件或网络链接，具体取决于分配给它的对象的类型。这是通过保留对一个表的引用来实现的，该表将要调用的虚拟函数映射到对象开头的类型，称为虚拟方法表（vitual method table，vtable）。这样，虽然 a.open()映射到表中具有相同类型的每个对象中的相同条目，但在查找表中的实际值之前，你不知道它将指向何处。

因为我们不知道我们到底调用了什么，所以这种调用被称为虚拟调用（virtual call）。虚拟调用涉及虚拟方法表中的额外查找，因此它比常规函数调用稍慢。对于几个函数的调用来说，这可能不是问题，但当它们在一个算法中完成时，其开销可能会呈多项式增长。因此，如果在初始化后列表的大小不会增加，则可能需要使用数组，而不是本地作用域中的列表。

通常，你几乎不应该考虑这些细节。但是，当你知道两者的区别时，在某些情况下，数组可能比列表更可取。

列表类似于 StringBuilder，两者都是动态增长的数据结构，但列表的增长机制效率较低。每当列表决定增长时，它就会分配一个更大的新数组，并将现有内容复制到该数组中。另外，StringBuilder 将内存块链接在一起，这不需要复制操作。每当达到缓冲区限制时，列表的缓冲区就会增加，但新缓冲区的大小每次都会增加一倍，这意味着随着时间的推移，对尺寸增长的需求会减少。不过，通常使用特定类比使用泛型类更有效。

通过指定容量，还可以使列表获得出色的性能。如果不为列表指定容量，它将以空数组开始。然后，它将把容量增加到几个项目，满了之后，它的容量将翻倍。如果在创建列表时设置了容量，则可以完全避免不必要的增长和复制操作。当你事先已经知道列表的最大项目数时，请记住这一点。

也就是说，不要养成在不知道原因的情况下指定列表容量的习惯，这可能会导致不必要的内存开销。要养成有意识地做决定的习惯。

2.2.4 链表

链表是一种列表，其中的元素在内存中不是连续的，但每个元素都指向下个元素的地址。它的 $O(1)$插入和移除性能非常有用。你不能按索引访问单个项，因为它们可以存储在内存中的任何位置，而且无法计算，但如果你主要访问列表的开头或结尾，或者你只需要枚举这些项，则运行速度可以很快。检查链表中是否存在某个项是 $O(N)$操作，就像前文中的数组和列表一样，见图 2.5。

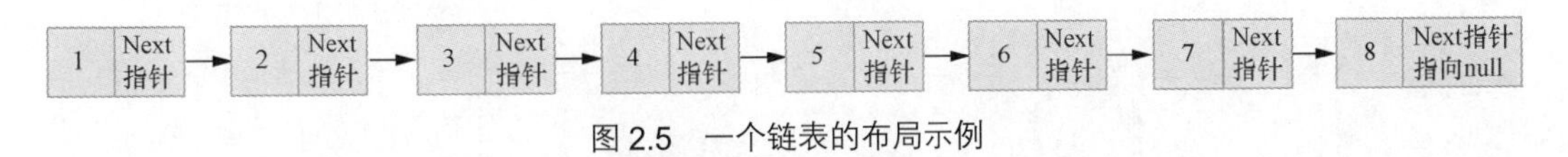

图 2.5 一个链表的布局示例

这并不意味着链表总是比普通列表快。为每个元素分配单个内存而不是一次性分配整个内存块和额外的引用查找也会影响性能。

当你需要一个队列或栈结构时，你可能需要一个链表，但.NET 已经把它封装进去了。所以理想情况下，除非你专门从事系统编程，否则你不需要在日常工作中使用链表。在求职面试中可能会被问到链表。不幸的是，面试官尤其喜欢问关于链表的问题，所以你还是有必要去熟悉一下它的。

不，你不能反转链表

在面试中回答编程问题是软件开发人员的“成年礼”。大多数编程问题还涉及一些数据结构和算法。链表是一种数据结构，所以有人可能会要求你反转链表或反转二叉树。

你可能永远不会在实际工作中碰到这样的要求，但不得不为了给面试官留下好印象而回答。毕竟他们正在测试你对数据结构和算法知识的掌握程度，来确定你真的知道自己在做什么。面试官正在努力确保，你能够在正确的位置使用正确的数据结构，做出正确的决策。他们也在测试你分析问题和解决问题的能力，所以大胆思考并与面试官分享你的思考过程对你来说很重要。

你并不总是需要解决给定的问题。面试官通常会寻找对某些基本概念充满热情和熟悉它们的人，他们可以找到自己的出路，即使他们可能会迷路。

例如，在为微软招聘员工时，问完编程问题之后，我通常还会额外让他们找出代码中的缺陷。这实际上让他们感觉更好，因为这感觉像是面试官已预期到会出有缺陷，对于面试者的测试标准不是基于他们的代码是否没有错误，而是基于他们如何识别错误。

面试的目的不仅仅是找到合适的人，还要找到你喜欢和他一起工作的人。对你来说，你必须要成为一个充满好奇、热情、执着、随和的人，才能真正帮助他们完成工作上的任务。

链表在编程的古早年代里更流行，因为那时内存使用效率是摆在第一位的。我们负担不起列表增长带来的上千字节内存使用增加。我们必须节约存储空间。链表是几乎完美的数据结构。由于它在插入和删除操作时具有 $O(1)$的效率，因此它经常用于操作系统内核当中。

2.2.5 队列

队列是一种数据结构。它允许你按照插入的顺序从一个列表中挨个读取项。队列可以简单理解成数组，只要你在读取下一项和插入新项时保留单独的位置就行了。我们在队列上标上升序数字，样子大概就是图 2.6 所示的那样。

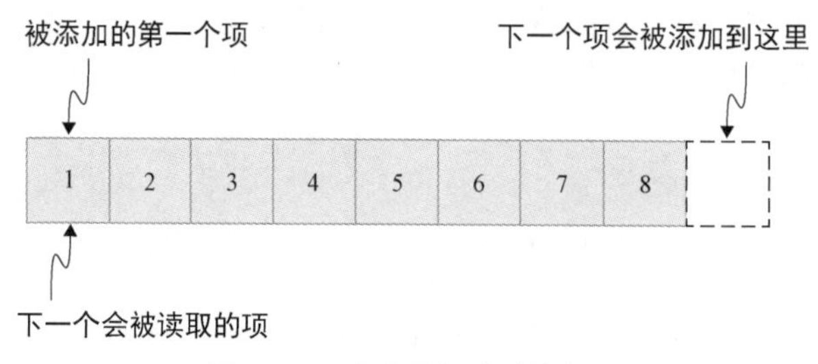

图 2.6 一个高层级队列的布局

在 MS-DOS 时代，计算机上的键盘缓冲区使用一个简单的字节数组来存储按键对应的字符。缓冲区可以防止因软件运行速度慢或反应迟钝而错过输入。当缓冲区满时，BIOS 会发出提示音，这样我们就知道计算机不再接受键盘输入。幸运的是，.NET 有一个现有的 `Queue<T>`类，我们可以使用它，而不必担心实现细节和性能问题。

2.2.6 字典

字典，也被称为哈希图（hashmap），有时也被称为键值对，是最有用和最常用的数据结构之一。我们往往认为它有强大功能是理所当然的。字典是容器，可以存储键和值。它可以做到在恒定的时间内，也就是 $O(1)$时间内，用指定键检索到一个值。也就是说它的数据检索速度非常快。但它为什么这么快？有什么神奇之处？

神奇之处在于哈希（hash）这个词。哈希是指从任意数据生成一个数字。生成的数字必须是确定的，这意味着相同的数据将生成相同的数字，但不一定要生成唯一的值。[①]有许多不同的方法来计算哈希值。对象的哈希生成逻辑存在于 `GetHashCode()`方法的实现中。

哈希值这个概念很好用，因为你每次都得到相同的值，所以我推荐你使用哈希值进行查找。例如，如果你有一个包含所有可能的哈希值的数组，你当然可以用数组的索引查找它们。但是这样一个数组对于每一个创建的字典来说需要占用大约 16 GB 内存，因为每一个 `int` 类型的字符要占用 4 字节内存。

字典分配的数组要小得多，并且哈希值是均匀分布的。该字典中所要查找的不是哈希值，而是“哈希值模数组长度”。比方说，一个有整数键的字典分配了一个有 6 个项的数组，

① 例如，假设有两个字符串“apple”和“banana”，它们可能会生成相同的哈希值，但这并不意味着它们是相同的字符串。——译者注

来保存它们的索引，而一个整数的 GetHashCode() 方法将只返回它的值。这意味着我们要找出一个项，它的映射位置的公式是 value % 6，因为数组的索引从 0 开始。一个项为从 1 到 6 的数组的分布如图 2.7 所示。

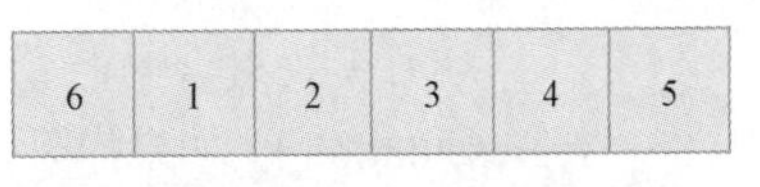

图 2.7 字典内各项的分布

当我们的项超出字典的容量了怎么办？重叠（overlap）的出现是肯定的，所以字典会把重叠的项放在一个动态增长的列表中。如果我们继续存储项，数组就会如图 2.8 所示。我为什么要谈论这些东西呢？因为字典中键的查找性能通常是 $O(1)$，但链表的查找开销是 $O(N)$。这意味着随着重叠的项数的增加，查找性能就会变差。如果你有一个永远返回 4 的 GetHashCode 函数，则只会返回 4，例如这样[①]：

```
public override int GetHashCode() {
    return 4; // 反正别人也只会认为这个数字肯定是由公平的掷骰子得来的随机数
}
```

这意味着你往里面添加项目时，字典的内部结构会像图 2.9 所示的那样。

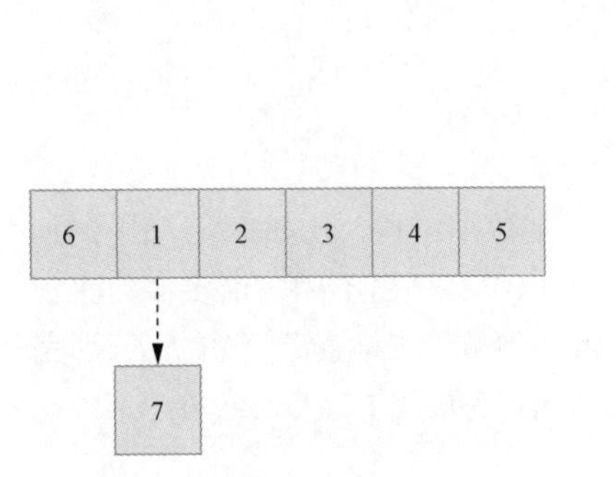

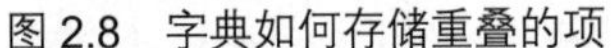

图 2.8 字典如何存储重叠的项

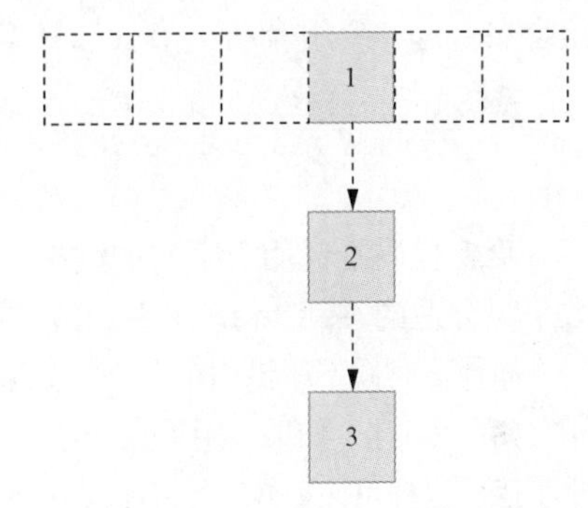

图 2.9 乱写 GetHashCode()时，你的字典会是什么样

如果你胡乱写哈希值的话，字典并不会比链表好到哪里去。糟糕的哈希值甚至会让字典的性能变得很差。字典使用额外的管道来处理这些条目，性能也就因此变差。这就让我们注意到了最重要的一点：你的 GetHashCode 函数需要尽可能唯一。如果有很多重叠，那么字典将受影响，受影响的字典将让你的应用程序受影响，而受影响的应用程序又将使整个公司受影响。最后，你肯定会尝到苦头的。就如同这么一个逻辑："只因少颗钉，亡了一个国。"

有时，你必须在一个类中组合多个属性的值来计算唯一的哈希值。例如，GitHub 上每位用户的 repository 名称是唯一的。这意味着不同用户的 repository 名称是可以相同的，所以 repository 名称本身并不足以使其具有唯一性。假设你只使用 repository 名称来标识，肯定会出问题的。这意味着必须组合哈希值。类似地，如果我们的网站上每个主题对应唯一值，我们也会有同样的问题。

① 这段代码的灵感来自讲随机数的优秀漫画 xkcd。

为了有效组合哈希值，你必须知道它们的范围并处理它们的按位表示（bitwise representation）。如果你只是简单地使用诸如加法或简单的 OR/XOR 之类的运算符，你最终可能会遇到比预期还要更多的冲突。你还得涉及位的移动。正确的 GetHashCode 函数将使用位操作来获得整数的整个 32 位的良好分布。

这种操作可能看起来像蹩脚黑客电影中的场景。即使对于熟悉概念的人来说，它也是有点唬人的。我们基本上是将一个 32 位整数旋转 16 位，这样它的最低字节就会移动到中间，再拿它与另一个 32 位整数做 XORing（“^”）运算，从而大大降低了冲突产生的概率。它看起来像这样，很吓人。

```
public override int GetHashCode() {
    return (int)(((TopicId & 0xFFFF)<< 16)
        ^ (TopicId & 0xFFFF0000 >> 16)
        ^ PostId);
}
```

幸运的是，随着.NET Core 和.NET 5 的推出，它们用产生最少冲突的方法把哈希值组合在一起。要组合两个值，你只需要这么做。

```
public override int GetHashCode() {
    return HashCode.Combine(TopicId, PostId);
}
```

哈希代码不仅用于字典的键中，还用于其他数据结构，比如集合。由于使用辅助函数来写合适的 GetHashCode 要容易得多，所以没有理由不用。请多多关注它。

你什么时候不应该用字典呢？如果你只需要按照顺序来检查键值对的话，那完全没必要用字典。事实上，如果你用了，还会起反作用。你可以考虑用 List<KeyValuePair<K,V>> 来实现，这样可以避免产生不必要的开销。

2.2.7 哈希集合

哈希集合类似于数组或列表，只不过它只能包含唯一的值。与数组或列表相比，它的优势在于，它具有与字典的键一样的 $O(1)$查找性能，这都归功于我们刚刚研究过的基于哈希的映射。这意味着，如果需要进行大量查找来查看给定的数组或列表是否包含某个项，那么使用集合可能会更快。它在.NET 中的具体实现叫作 HashSet，而且是免费的。

因为 HashSet 对于查找和插入是快速的，所以它也适用于交集和联合操作。它甚至还附带了提供功能的方法。为了发挥用处，你需要再对 GetHashCode()的实现下功夫了。

2.2.8 栈

栈是后进先出（last in first out，LIFO）队列结构。当你想保存状态，并按保存的相反顺序恢复时，它很有用。当你去车辆管理机构办事时，你有时需要使用栈。你首先走到 5 号柜台，柜员检查你的文件，发现你少交了一笔钱，他让你去 13 号柜台。13 号柜台的发现你的文件中缺少一张照片，于是把你送到 47 号柜台照相。然后你不得不重新回到 13 号柜台取付款收据，再回到 5 号柜台去拿你的驾照。柜台列表和你按顺序（后进先出）处理它们类似于栈的操作，但栈通常比车管机构更有效率。

栈可以用数组来表示。不同的是你放置新项和读取下个项的位置。如果我们通过按升序添加数字来建立一个栈，它看起来就像图 2.10 所示的那样。

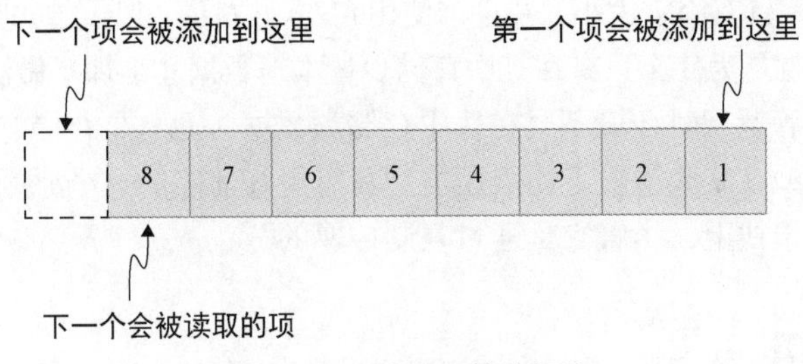

图 2.10 一个高级栈的概览

添加项到栈中的操作通常称为压入（push），从栈中读取下一个项称为弹出（pop）。栈对于回溯你的操作步骤非常有用。你可能已经熟悉调用栈（call stack），因为它不仅显示异常发生的位置，而且显示异常所遵循的执行路径。有了栈，函数就知道在执行完之后该返回到哪里。在调用函数之前，返回地址将被添加到栈中。当函数想要返回值给它的调用者时，最后一个推入栈的地址被读取，CPU 在该地址继续执行。

2.2.9 调用栈

调用栈是一个数据结构，函数在其中存储返回地址，这样被调用的函数就知道在执行完毕后应该返回到哪里。每个线程都有一个调用栈。

每个应用程序都在一个或多个独立的进程中运行。进程允许内存和资源隔离。每个进程都有一个或多个线程。线程是基本执行单位。所有的线程在操作系统上并行，这被称为多线程（multithreading）。尽管你可能只有一个 4 核的 CPU，但操作系统可以并行成千上万的线程。能做到这一点是因为，大多数线程大部分时间都在等待某件事情的完成，因此有可能用其他线程来填补它们的空位，让你有一个所有线程并行的错觉。这使得即使在单个 CPU 上也可以进行多任务处理。

有一段时间，进程既是应用程序资源的容器，又是旧 UNIX 系统中的执行单元。尽管这种方法简单而优雅，但是它会导致诸如“僵尸进程”之类的问题。线程相较进程更轻量，没有这样的问题，因为它被约束到执行的生命周期内。

每个线程都有自己的调用栈：一块固定容量的内存。按照惯例，栈在进程的内存空间中自顶向下地增长，top，即顶，表示内存空间边界，bottom，即底，表示著名的 null

指针：地址零。将项推入调用栈意味着将项放在那里并递减栈指针。

就像所有美好的事物一样，栈也有局限。它大小固定，所以当它增长到超过这个大小时，CPU 会产生 `StackOverflowException`。这是你在函数里调用它自身时会遇到的问题。栈非常大，所以在正常情况下通常不会担心达到极限。

调用栈不仅包含返回地址，还包含函数参数和局部变量。局部变量占用的内存很少，所以用栈来保存它们非常有效，因为不需要分配和释放等额外内存管理操作。栈的存储速度很快，但是具有固定大小，并且与使用它的函数具有相同的周期。函数返回时，将返回栈空间。这就是为什么只有在其中存储少量本地数据才是理想做法。因此，像 C # 或 Java 这样的托管运行时环境不会在栈中存储类数据，而只是存储它们的引用。

这是值类型在某些情况下比引用类型具有更好性能的一个原因。值类型只有在本地声明时才存在于栈上，尽管它是通过复制传递的。

2.3 类型有大用

是的，为代码中的每个变量、每个参数和每个成员指定类型枯燥无聊，但是为了更快，你需要考虑的是一个整体。快速并不仅仅涉及代码编写速度，你还得算上代码维护的速度。可能有一些情况下，你真的不需要担心维护，因为你刚刚被解雇，那你的确可以不在乎。除此之外，请记住，软件开发是一场马拉松，而不是短跑。

注意

动态类型的意思是，编程语言中的变量或类成员的数据类型可以在运行时进行改变。你可以将字符串分配给变量，然后在 JavaScript 中将整数分配给同一个变量，因为它是一种动态类型语言。像 C #或 Swift 这样的静态类型语言不允许这样。我们稍后将详细讨论这些内容。

开发中的初期受挫，也是一种最佳实践。指定数据类型是在编程中防止数据编码出现冲突的最早防范措施之一。类型让你尽早受挫，让你在代码中的隐患酿成大错之前，修复它们。除了不会不小心地将字符串与整数混淆这个最明显的好处之外，你还可以在其他很多地方利用类型来做事。

2.3.1 使用强类型

大多数编程语言都有数据类型。即使像 BASIC 这样简单的编程语言也有数据类型：字符串类型和整数类型。BASIC 的一些变种甚至有实数类型。当然也有无类型的编程语言，比如 Tcl、REXX、Forth 等。这些语言只对单一类型的数据进行操作：通常是字符串或整数。不必考虑类型，这一点让编程变得轻松、愉快，但用它编写的程序会变得更慢，更容易出现缺陷。

类型检查可以算是对代码正确性的免费初审，因此，好好吃透底层类型系统会让你在成为资深开发者的路上走得更悠然。编程语言实现类型的方式，跟这门语言属于解释型还是编译型密切相关。

- 解释型编程语言，比如 Python 或 JavaScript，可以立即运行文本文件中的代码，而不需要经过编译步骤。由于它们开箱即用的性质，其变量往往在类型上较为灵活：可以将字符串分配给以前的整数变量，甚至可以将字符串和数字相加。这也就是它们被叫作**动态类型语言**的原因：它们就是这样实现类型特性的。使用解释型编程语言编写代码的速度非常快，因为你并不需要真正地去声明变量的类型。
- 编译型编程语言在类型方面的要求更加严格。严格程度取决于这门语言设计者在折磨你这件事上有多大的兴趣。例如，Rust 语言可以被认为是“德国工匠编程语言”：非常严格，完美主义，因此没有错误。C 语言也有“德国工匠”味儿，但更像是一辆大众牌汽车：它允许你打破常规，并付出相应代价。这两种语言都是静态类型的。一旦变量被声明，其类型就不能变化，但 Rust 是 C#那样的强类型语言，而 C 则被认为是弱类型语言。

强类型和弱类型体现了语言在指定变量类型时的宽松程度。从这个意义上说，C 更加宽松：在类型上，你可以将指针分配给整数，而不会出现问题，反之亦然。另外，C#更加严格：指针/引用和整数是不兼容的类型。表 2.2 展示了各种编程语言如何归入这些类别。

表 2.2 编程语言的类型严格程度

	静态类型（变量的类型不可以在运行时改变）	动态类型（变量的类型可以在运行时改变）
强类型	C#、Java、Rust、Swift、Kotlin、TypeScript、C+	Python、Ruby、Lisp
弱类型	Visual Basic、C	JavaScript、VBScript

太过严格的编程语言会让人备感挫败。像 Rust 这样的语言甚至会让我们怀疑人生，怀疑我们为什么存在于宇宙中。声明类型并在需要时明确地转换它们可能看起来像官僚主义。例如，你不需要在 JavaScript 中声明每个变量、参数和成员的类型。如果许多编程语言不需要类型也能工作，为什么我们还要用显式类型来加重自己的负担呢?

答案很简单：类型可以帮助我们编写更安全、更快速运行、更容易维护的代码。我们在声明变量时投入了时间，但这样做能减少缺陷，受性能问题困扰的情况也会更少，省下来的时间可以用来给类写注释。

除了这些明显的好处，类型还有一些潜在的、不易发现的好处。让我们来看看。

2.3.2 有效性证明

有效性证明算是预定义类型较少为人所知的一种好处。假设你正在开发一个类似微博的平台，这个平台限制每个帖子的字符数量，这样做的好处是，你不会因为懒得写一个完整的句子而被人吐槽。在这个假设的微博平台中，你可以在帖子中使用前缀@来提及其他用户，也可以用帖子标识符前缀#来提及其他的帖子，你甚至可以通过在搜索框中输入文章的标识符来检索帖子。如果在搜索框中输入带有前缀@的用户名，则会出现该用户的主页。

但处理用户输入又带来了一系列新的有效性问题。如果用户在前缀#后面直接加上字母会发生什么？如果他们输入的字符数比允许的要多怎么办？听起来这些场景可能总会“车到山前必有路”，但凭我的经验，你的应用程序多半会崩溃。在代码里的某处，你丢给它这种无效数据，它就会丢回异常给你。用户的体验可就糟糕了：他们不知道哪里出了问题，甚至不知道下一步该做什么。如果不对用户的输入进行过滤就显示，甚至可能会造成安全问题。

数据验证并不能给全部代码的有效性证明“打包票”。你可以在客户端中验证输入，但可以通过第三方应用程序之类的途径跳过验证，发送请求。你可以验证处理 Web 请求的代码，但你的其他应用程序（如 API 代码）可以绕过必要的验证就调用服务代码。类似地，数据代码可以接受来自很多源的请求，比如来自服务层和维护任务的请求，所以你得确保往数据库中添加了正确数据。图 2.11 描述了应用程序可能需要在哪些地方进行输入验证。

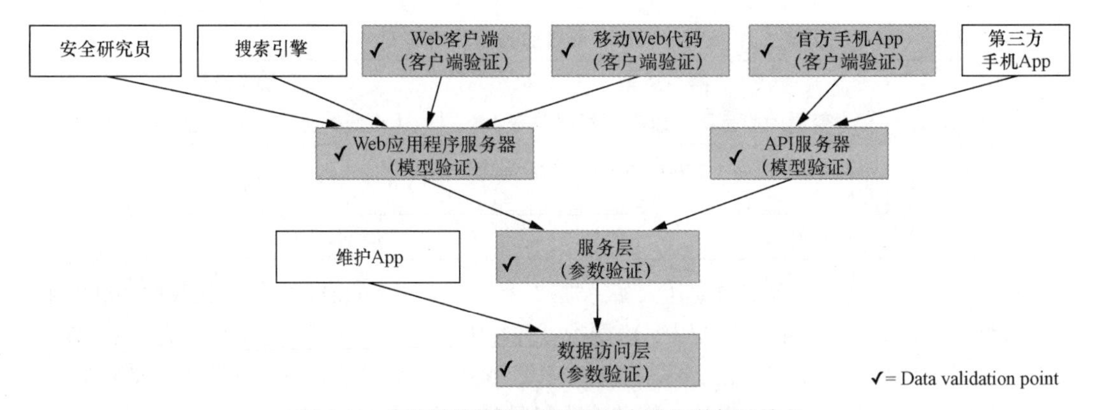

图 2.11 未验证的数据源和需要重复验证数据的地方

这就可能让你对代码里多个接收数据的地方进行验证，还得确保这些验证的一致性。你肯定不希望让帖子末尾的标识符为`-1`或者用户主页的名称为`'OR1=1--`（这是一种基本的 SQL 注入攻击，我们将在有关安全性的章节中进行讨论）。

类型可以承载有效性证明。与其在传递参数时操心帖子标识符是否为整数或用户名是否为字符串，不如使用类或结构，在构造时验证其有效性，这样一来就不可能包含无效值。这种技巧很简单，但威力强大。任何接收文章标识符作为参数的函数，都要求其参数属于 PostId 类而不是整数。这允许你在构造函数中进行第一次验证后，同时又完成有效性证明。如果参数是一个整数，则需要对其进行验证；如果参数属于 PostId 类，它就不需要再验证了。没有必要检查它的内容，因为没有办法在没有验证的情况下创建它，正如你在下面的代码片段中看到的那样。在以下代码片段中，构造 PostId 类的唯一方法是调用其构造函数，该构造函数会验证其值，如果失败则抛出一个异常。这意味着不可能有一个无效的 PostId 实例。

```
public class PostId
{
    public int Value { get; private set; }     ◁ 值不能被内部代码所改变
    public PostId(int id) {     ◁ 构造函数是创建这个对象唯一的方法
        if (id <= 0) {
            throw new ArgumentOutOfRangeException(nameof(id));
        }
        Value = id;
    }
}
```

代码示例风格

花括号到底放在哪里？这是编程中争论第二多的话题（仅次于到底是使用制表符还是空格缩进），也是尚未产生标准答案的问题。对于大多数类 C 语言，我更喜欢奥尔曼（Allman）样式，尤其是 C#和 Swift。在奥尔曼样式中，每个花括号都在自己专属的行上。奥尔曼样式官方推荐使用 1TBS（一种真正的花括号样式），也就是改进的 K&R 样式，其主张一个花括号与声明在同一行。然而，人们仍然觉得有必要在每个代码块后留下额外的空白行来进行分割，因为 1TBS 显得太拥挤了。当你添加空白行时，它实际上变成了奥尔曼样式，但人们不太能够面对这一点……

奥尔曼样式是 C#的默认样式，其中每个花括号都在自己的行上。我发现它比 1TBS 或 K&R 的可读性强得多。顺便说一句，Java 使用 1TBS。

由于版式限制，我不得不将代码格式化为 1TBS 样式，但我建议你在使用 C#时考虑奥尔曼样式，不仅因为它更易读，更因为它是 C#最常见的样式。

然而，当你决定去亲自尝试时，事情肯定并不像我所展示的示例那样容易。例如，在比较有不同的 PostId 类，但值相同的两个对象时，可能你没法直接比较，因为默认情况下，只能比较引用，而比较不了类的内容（我将在本章后面讨论引用和值）。你必须在它周围搭好一个完整的脚手架[①]，让它能正常地运行。下面是一个简略清单。

- 你至少得实现 Equals 方法的重写，因为某些框架函数和某些库依赖它去比较类的两个实例。

① 编程世界里的脚手架也类似于现实里的这种工具。读者可以先将其简单理解为已经写好框架和模板格式的代码，你只需要往里面添加业务代码，改改参数就可以了。——译者注

- 如果你打算使用等价运算符（==和！=）来比较数值，你就得在类中实现它们的运算符重载。
- 如果你打算在 Dictionary<K,V>中使用 PostId 类来作为键，那你就必须得重写 GetHashCode 方法。我将在本章后文详细解释哈希和字典之间的联系。
- 字符串格式化函数，如 String.Format 使用 ToString 方法来得到一个适合输出并让你能看懂的字符串形式的类。

运算符重载，非必要不启用

运算符重载是改变==、！=、+等运算符在编程语言中的作用。学了点运算符重载知识的开发者，可能会像手拿锤子的人，看谁都像钉子，倾向于为一些无关的类利用运算符重载来创造只有自己看得懂的语言。比如，将+=运算符重载，用 db += recode 这种语法来记录向表里插入了一条记录。旁人要理解这样的代码的作用究竟是什么，几乎是不可能的。除了阅读文档，此外没有别的办法。想用 IDE 来发现类型重载了哪些运算符，可惜没有这个功能。希望你不要毫无必要地使用运算符重载。就算是你自己，也会忘记它的作用是什么，并在某天为此想把自己痛扁一顿。运算符重载，仅作为相等运算符和类型转换运算符的替代方案，并且只在需要时使用。如果不需要，就不要浪费时间去用它们。

有的时候我们会在一些示例中使用运算符重载，因为需要使类在语义上等效于它们所表示的值。你希望类可以使用==运算符，其表示的数字也是如此。

清单 2.2 展示了一个 PostId 类，包括所有必要的验证手段，以确保它在各种情况下工作。我们重写了 ToString()函数，使得类变得与字符串格式化兼容，并且在调试时更容易检查其值。我们也重写了 GetHashCode()函数，现在它能直接返回值，因为值本身恰好就是 int 类型。我们还重写了 Equals()方法，以便在我们需要唯一值或希望针对该值进行搜索时，该类集合中的等价性检查能够正确工作。最后，我们还是重载了==和！=运算符，这样我们就可以直接对 PostId 类的值进行比较而不用先去访问它们的值了。

注意

一个不可变、仅表示数值的类，行内人称为值类型（value type）。知道口语化的名字是好的，但别只关注名字，你该关注它的作用。

清单 2.2 包含值的类的完整实现

```
public class PostId
{
    public int Value { get; private set; }
    public PostId(int id) {
        if (id <= 0) {
            throw new ArgumentOutOfRangeException(nameof(id));
        }
```

```
        Value = id;
    }
    public override string ToString() => Value.ToString();
    public override int GetHashCode() => Value;
    public override bool Equals(object obj) {
        return obj is PostId other && other.Value == Value;
    }
    public static bool operator ==(PostId a, PostId b) {
        return a.Equals(b);
    }
    public static bool operator !=(PostId a, PostId b) {
        return !a.Equals(b);
    }
}
```

System.Object 重写，使用箭头符号

等价运算符的重载代码

箭头语法

箭头语法是在 6.0 版本中被引入 C#中的，它相当于只有一条返回（return）语句的方法语法。如果能让代码可读性更强，你可以选择箭头语法。使用箭头语法没有对错之分——衡量的标准只有一条：代码的可读性。

方法

```
public int Sum(int a, int b) {
    return a + b;
}
```

相当于

```
public int Sum(int a, int b) => a + b;
```

这种操作一般不常见，但是如果你的类用在一个被排序或比较的容器中，以下两个附加特性你必须实现。

- 你现在需要实现用于排序的 IComparable<T>。我们在清单 2.2 中没有实现它，因为标识符没有排序。
- 如果打算使用小于或大于运算符比较值，则必须对它们（<、>、<=、>=）也实现相关的运算符重载。

在你只需要简单地传输一个整数的时候，这看起来是一个量很大的工作，但在大型项目中，尤其是在团队中工作时，这是值得的。你在后面的几个章节里更能体会到这一点。

你并不总是需要创建新类型来利用验证上下文。你可以使用继承来创建基础类型，这些基础类型包括某些通用规则。例如，你可以使用通用的标识符类型。简单地将清单 2.2 中的 PostId 重命名为 DbId，并从它派生出所有类型。

无论何时你需要 PostId、UserId 或者 TopicId 这样的新类型，你都可以从 DbId 继承它，并根据实际需要来扩展。在这里，我们可以有同一类型标识符的全功能不同变种，互相之间能区别开来。你同样可以在类中添加更多的代码让它们实现一些专门的功能。

```
public class PostId: DbId {
    public PostId(int id): base(id) { }
}
public class TopicId: DbId {
    public TopicId(int id) : base(id) { }
}
public class UserId: DbId {
    public UserId(int id): base(id) { }
}
```

我们在这里使用继承来创建相同风格的新类型

如果你经常同时使用 DbId 类型的不同用途，那就为这些用途设置单独的类型，这样可以更容易地在语义上对它们进行区分。另外还可以避免你将错误类型的标识符传给函数。

注意

每当你想出了一个问题的解决方案时，你得确保你真的知道什么时候不去使用它。上述可复用性方案也不例外。对于简单原型（prototype），你的确不需要做到完美——甚至不必自定义类。当你发现经常需要向函数传递同一种值，并且你也忘了它是否需要验证的时候，那么将它封装在一个类里吧！这对你是有好处的。

自定义数据类型很强大，因为它们可以比原始类型更好地解释你的设计，可以帮助你避免重复验证，从而避免错误。实现它们可能会很麻烦，但很值得。此外，你所使用的框架可能已经提供了你需要的类型。

2.3.3 巧用框架

.NET 和许多其他框架一样，为通常被你忽略或者你并不清楚的数据类型准备了一系列有用的抽象手段。一些由你自定义的、基于文本的值，比如 URL、IP 地址、文件名，甚至日期，这些都存储为字符串。看看这些现成的类型，想想我们要如何利用它们。

你或许已经知道了有基于.NET 的数据类型，但你可能还是喜欢使用字符串，因为相比起来，它真的比较简单。字符串的问题在于它们缺乏必要的验证；你的函数不知道给定的字符串是否已经验证，这会导致无意中的失败或不必要的重新验证代码，从而减慢你的速度。在这些情况下，对那些特定数据类型，使用现成的类是更好的选择。

当你唯一的工具是锤子时，每个问题看起来都像钉子。这同样适用于字符串。字符串是一种很好的通用内容存储方式，并且很容易解析、拆分、合并或使用。这简直太过诱人。出于对字符串的自信，你偶尔倾向于重新发明轮子。当你开始使用字符串处理事情时，你倾向于使用字符串处理函数来包揽一切，尽管这可能是完全不必要的。

来看看以下示例：你的任务是为一家名叫“超级棒（Supercalifragilisticexpiadocious）[①]”的 URL 缩短公司编写查找服务，该公司因不明原因陷入财务困境，而你是“欧比旺”

① 这个杜撰的英文词源自 1964 年电影《欢乐满人间（Mary Poppins）》中的同名插曲，意思是“极其好”。——编者注

（Obi-wan）[1]，他们唯一的希望。他们的业务是这样的：

1. 客户提供一个非常长的 URL；
2. 服务商为它创建一个新的短链接；
3. 每当用户在 Web 浏览器中输入短链接时，浏览器都会帮他们重定向到提供的长 URL 中的地址。

你需要实现的功能是，必须要从短链接中提取字符。基于字符串的方法如下所示。

```
public string GetShortCode(string url)
{
    const string urlValidationPattern =
        @"^https?://([\w-]+.)+[\w-]+(/[\w- ./?%&=])?$";
    if (!Regex.IsMatch(url, urlValidationPattern)) {
        return null;
    }
    // take the part after the last slash
    string[] parts = url.Split('/');
    string lastPart = parts[^1];
    return lastPart;
}
```

正则表达式，它被用在字符串解析和神秘的调用仪式中

并不是一个可用的 URL

这是 C# 8.0 中引入的一种新的语法，指的是一个范围中的倒数第二项

这段代码初看起来可能还不错，但是根据我们假设的规则，它还是存在缺陷的。URL 的验证模式是不完整的，允许无效的 URL。它没有考虑到 URL 中多个斜线的可能性。它甚至不必要地创建了一个字符串数组，只是为了获得 URL 的最后一部分。

注意

bug 只与规则有关。如果根本没有任何规则，那么 bug 也就不存在了。公司也就可以不用拙劣的借口“哦，那只是一个 feature”来做危机公关。你不需要为规则写一份书面文档——你可以只让它存在于自己的脑海里。前提是你能回答这个问题：“这个特性真该这样工作的吗？”

更重要的是，这段代码的逻辑看起来并不明显，一个更好的实现方法是，使用.NET 框架中的 Uri 类，大概看起来是这样的。

```
public string GetShortCode(Uri url)
{
    string path = url.AbsolutePath;
    if (path.Contains('/')) {
        return null;
    }
    return path;
}
```

我们想做什么一看就很清楚

看，没有正则表达式

不是一个有效的 URL

这一次，我们不自己处理字符串解析。当我们的函数被调用时，字符串解析问题已被解决。代码更可读，而且编写的难度也降低了，这是因为我们这次只用了 `Uri` 类型而不是 `string` 类型。因为解析和验证代码在更前部分操作，代码调试也更简单了。本书

[1] 《星球大战》里的主要角色，绝地武士的一员。——译者注

有整整一章会去详细讲解调试，但最好的调试是根本无须调试。

除了 int、string、float 等基本数据类型之外，.NET 提供了许多其他有用的数据类型在我们的代码中使用。IPAddress 比 string 类型更合适存储 IP 地址，不仅因为它有验证功能，而且它对现已投入使用的 IPv6 的支持也非常不错。我知道，这很不可思议。这个类有定义本地地址的捷径。

```
var testAddress = IPAddress.Loopback;
```

这样，你就可以避免在需要回环地址时写 127.0.0.1，从而让你的工作速度加快。如果你输入的 IP 地址出错了，采取这种方式会比用字符串更早发现它。

另一个这样的类型是 TimeSpan。顾名思义，它代表持续时间。在软件项目当中，持续时间几乎无处不在，尤其是在缓存或过期机制中。我们倾向于将持续时间定义为编译时常量。最糟糕的方法如下所示。

```
const int cacheExpiration = 5; // 分钟
```

持续时间的单位是分钟，这一点不深入去了解，仅从字面根本不能马上知道。最好的办法就是将时间单位纳入名称当中。这样你的同事，甚至是几个月之后的你一看到这个常量就知道它是什么意思。

```
public const int cacheExpirationMinutes = 5;
```

这样看起来就好多了，但当你需要在接收不同单位的不同函数中使用相同的持续时间时，你就必须进行转换。

```
cache.Add(key, value, cacheExpirationMinutes * 60);
```

这是一项额外的工作，你一定得记住完成这件事，这也很容易出错。你可能未正确输入乘数 60，最后得到一个错误的值，也许会花上好几天时间来调试它，或者因为这样一个简单的计算错误而无谓地去优化性能。

从这个意义上来说，TimeSpan 的作用是惊人的。你没有理由用 TimeSpan 以外的任何东西来表示持续时间，即使你所调用的函数不接受 TimeSpan 作为参数。

```
public static readonly TimeSpan cacheExpiration = TimeSpan.FromMinutes(5);
```

看看这个优雅的实现，一看就知道它表示一段持续时间，而且马上可用。更棒的是你不需要在其他地方知道它的单位。对于任何接受 TimeSpan 为参数的函数，你照传就是。如果函数只接受特定的单位，例如以整数形式体现的分钟，你可以如下这样调用它。

```
cache.Add(key, value, cacheExpiration.TotalMinutes);
```

然后这个单位就被转换成分钟了。真漂亮！

还有很多类型也同样有用，比如 DateTimeOffset，它像 DateTime 一样表示特定的日期和时间，而且还包括时区信息，这样你就不会在计算机或服务器的时区信息突然改变时丢失数据。事实上，你应该总是尽量使用 DateTimeOffset 而不是 DateTime，因为它也很容易转换为 DateTime。你甚至可以使用算术运算符操作 TimeSpan 和 DateTimeOffset，这要归功于运算符重载。

```
var now = DateTimeOffset.Now;
var birthDate =
    new DateTimeOffset(1976, 12, 21, 02, 00, 00,
        TimeSpan.FromHours(2));
TimeSpan timePassed = now - birthDate;
Console.WriteLine($"It's been {timePassed.TotalSeconds} seconds since I was
➥ born!");
```

注意

日期和时间处理是微妙的概念，很容易出现问题，特别是在全局项目中。这就是为什么有一些独立的第三方库。因为它们涵盖缺失的使用场景，如乔恩·斯基特（Jon Skeet）的 Noda Time。

.NET 就像守财奴叔叔[①]跳进去游泳的那个金子堆。.NET 拥有大量好用的实用程序，使我们的生活更容易。学习它们可能看起来很浪费时间或很无聊，但这要比尝试使用字符串或想出我们自己临时的实现要快得多。

2.3.4 用类型防止打错字

写代码注释可真够累的，我也在稍后的内容提到了让你别写代码注释。别急，等你看完那部分，再决定要不要往我身上砸键盘。即使没有代码注释，你的代码也不会缺乏可读性。类型可以帮助你解释代码。

假设，你在项目代码的深渊中遇到了这么一段代码。

```
public int Move (int from,int to){
    // 这里有着一大堆代码
    return 0;
}
```

Move( ) 函数的作用是什么？它取的是什么样的参数？它返回的是怎样的结果？在没有类型的情况下，这些问题的答案都会含糊不清，你当然可以尝试理解代码或查找包含的类，但这需要时间。如果它有一个好的命名，你的体验会更好。

```
public int MoveContents(int fromTopicId, int toTopicId) {
    // 这里有着一大堆代码
    return 0;
}
```

现在就看起来好多了，但你还是没办法知道它会返回什么样的结果。是错误码、移

① 即 *Uncle Scrooge*，一部迪士尼的动画。如果你对它完全没有印象，那回想一下小时候是否看过一个戴着高帽和眼镜的唐老鸭的动画片？就是它没错了。——译者注

动的项数，还是移动操作中的冲突导致的新主题标识符？你如何在不依赖代码注释的情况下传达这些信息？问题的答案当然是用类型。请看看以下代码片段。

```
public MoveResult MoveContents(int fromTopicId,int toTopicId){
    // 这里仍然有相当多的代码
  return MoveResult.Success;
}
```

这稍微清晰一点，但并没有好理解很多。虽然我们已经知道 int 是 move 函数的结果的类型，但还是有点不一样——我们现在可以通过简单地按 F12 键在 Visual Studio 和 VS Code 上来查看 MoveResult 类型中的内容，看看它的实际用途。

```
public enum MoveResult
{
    Success,
    Unauthorized,
    AlreadyMoved
}
```

看到这里，似乎可以有一个比之前更好的处理方式。对代码进行修改，并不仅仅是为了方便理解 API 方法，也是为了优化函数代码本身。因为你最后看到的是非常清楚的 MoveResult.Success，而不是一些常数，更差点儿，甚至是一堆难以理解的整数值。与类中的常量不同，enum 限制了可能传递的值，而且它们有自己的类型名称，所以你有更好的机会来描述你的意图。

该函数接收整数作为参数，它需要合并一些验证，因为它是一个公开的 API。你可以看出，内部或私有代码甚至可能需要它，因为验证变得无处不在。如果原始代码中有验证逻辑，这看起来会更好。

```
public MoveResult MoveContents(TopicId from,TopicId to){
    // 这里仍然有相当多的代码
   return MoveResult.Success;
}
```

你可以看到，类型通过将代码放到与其名称相关联的地方，让代码更好理解。编译器也会检查类型的名称是否书写正确，防止打错字。

2.3.5 null 的可与不可

我相信，所有开发者或早或晚，总会遇到 NullReferenceException。尽管托尼·霍尔（Tony Hoare），即 null 的发明者，把创造它称为“十亿美元的错误”[①]，但也

① 托尼·霍尔在 InfoQ 名为 Null References: The Billion Dollar Mistake 的演讲中坦言，因为在 1965 年设计的一门面向对象的语言中，自己为了方便，发明了 null 作为引用，结果在后续几十年的时间里，空引用导致的漏洞和崩溃，可能造成了十亿美元以上的损失。——译者注

不是说它一无是处。

null 的简介

null，某些语言中写作 nil，是一个值，它代表着没有值或程序员的冷漠。它通常是数字 0 的同义词。由于具有 0 值的内存地址意味着内存中的无效区域，现代 CPU 可以捕获无效访问并将其转换为对人类友好的异常消息。在“中世纪”的计算时代，无效访问没有被检查，电脑常常因此被卡住、损坏，或者不得不重启。

问题并不完全是 null 本身——无论如何，我们都需要有一个名称来描述代码中缺少的值。它当然是有用处的。问题是，所有变量都可能被默认赋 null 值，而且如果在程序员没考虑到的地方被赋 null 值的话，也不会被检查是否为 null，这样一来，大概率会导致崩溃。

JavaScript 的类型系统对于这方面倒是没太大问题，它有两种不同的空值：null 和 undefined。null 代表值不存在，而 undefined 代表缺少赋值。我知道，这有点折磨人，但没办法，这就是 JavaScript。

C# 8.0 引入了一个名为可空引用（nullable reference）的类型特性。这是一个看似简单的变化：引用的默认分配值不能是 null[①]。这就对了。自引入泛型以来，可空引用特性可能是 C#语言中最重要的变化。可空引用的每一个其他特性都与这个核心变化有关。

关于这个名字的混乱之处在于，在 C#8.0 之前，引用已经可以是 null 的了，应该叫它不可空引用，程序员才能更好地理解它的含义。我可以通过官方对可空引用特性的介绍来理解为什么要取这样的名字，但许多开发者可能会觉得它依然只是一个换壳名词。

当所有引用类型都可以为 null 的时候，所有接受引用的函数都可以接收两个不同的值：有效引用和 null。任何不可以接收 null 的函数在试图引用 null 时都会导致崩溃。而默认情况下使引用不可为空则避免了这一点。只要调用代码也存在于同一项目中，函数就永远不能接收 null。来看看下面这段代码。

```
public MoveResult MoveContents(TopicId from, TopicId to) {
    if (from is null) {
        throw new ArgumentNullException(nameof(from));
    }
    if (to is null) {
        throw new ArgumentNullException(nameof(to));
    }
    // 这里的代码才真正返回
    return MoveResult.Success;
}
```

① 有的读者可能会有疑问，引用类型本来不就是可以为空（null）的吗，为什么还要特别地引入“可空引用类型”的概念呢？其实这是从编译器的角度要求开发人员在编程的时候就考虑某个变量是否有可能为空，从而尽可能地减少由空引用所带来的代码错误。——译者注

提示

上面代码中的 `is null` 语法对你来说可能有点陌生。在最近从微软高级工程师的 Twitter 上看到这个后，我才开始用它替代 `x==null`。显然，is 运算符不能被重载（运算符重载，是 C++语言中针对用户自定义的类型而言的），所以总是保证返回正确的结果。你可以类似地使用 `x is object` 语法代替 `x！=null`。有了不可空检查，就没必要在代码中进行 null 检查，但是外部代码仍然可以使用 null 调用代码。例如，如果你正在发布一个库，在这种情况下，你可能仍然需要显式地进行 null 检查。

反正代码都是要崩溃的，为什么还得进行 null 检查?

如果在函数开始时不检查参数是否为 null，那这个函数将继续运行，直到它引用 null。这意味着这个函数可以在一个你并不希望的状态下停止，比如写操作只进行到一半，或者虽然没停止运行，但函数趁你不注意执行了一个无效的操作。让问题尽早暴露和避免未处理状态才是正道。你不需要害怕代码崩溃，这是你发现 bug 的机会。

如果问题及早暴露，查看异常的栈跟踪时，会发现它非常干净，方便排查。你能确切地知道是哪个参数导致函数运行失败。

但不是所有的 null 都需要检查。你也许会接受一个可选参数，null 正是表达该意图的最简单方案。有关错误处理的章节将更详细地讨论这一点。

你可以在整个项目范围内或每个文件中启用 null 检查。还是那句话，我建议你在每个新项目中，都在项目范围内启用它，因为它能间接让你从一开始就编写正确的代码，从而减少修复缺陷的时间。要在每个文件中启用它，可以添加一行 `#nullable enable` 在文件的开头。

高级提示

总是在作用范围末尾使用与 enable/disable 编译指令对应的 restore 指令，不要用与开头相反的 enable/disable 指令做结束操作，这样就不会影响全局设置。当你在折腾全局项目设置时，你会庆幸你是这样做的。否则你可能会错过有价值的反馈。

当启用 null 检查后，代码如下所示。

```
#nullable enable
public MoveResult MoveContents (TopicId from, TopicId to) {
    // 这里的代码才真正返回
    return MoveResult.Success;
}
#nullable restore
```

当你打算用参数 null 或者其他 nullable 值调用 `MoveResult` 函数时，你甚至在尝试运行代码之前就已经识别了错误。你当然可以选择忽略警告并继续，但你永远不应该这样做。

一开始，可空引用可能会很烦人。声明类不再像以前那么简单。思考一下这个场景：

我们正在为一个会议开发注册网页。它收集收件人的姓名和电子邮箱，并将结果记录到数据库中。我们的类有一个营销源字段，它是从广告网络传递来的自由格式字符串。如果这个字符串没有值，意味着这个页面应当直接访问，而不是通过广告跳转。来看看下面这个类。

```
#nullable enable
class ConferenceRegistration
{
    public string CampaignSource { get; set; }
    public string FirstName { get; set; }
    public string? MiddleName { get; set; }     <-- 中间名是可选的
    public string LastName { get; set; }
    public string Email { get; set; }
    public DateTimeOffset CreatedOn { get; set; }     <-- 从数据库中记录创建日期，在审计的时候会有好处
}
#nullable restore
```

当你尝试编译代码段中的类时，编译器警告就会出现，警告所有字符串都声明为不可为空（non-nullale）——除 MiddleName 和 CreatedOn 的所有属性。

```
Non-nullable property '…' is uninitialized. Consider declaring the property
➥ as nullable.
```

中间名是可选的，因此我们声明了 MiddleName 为可空（nullable）。这就是为什么编译器没有对它报错。

注意

切勿使用空字符串来表示这里是可选的。这种情况，请使用 null。你的同事不可能凭借一个空字符串来理解你的意图。空字符串是有效值，还是表示可选性？这就非常模棱两可，而 null 则很明确。

关于空字符串

纵观你的职业生涯，当你没办法而非得使用空字符串时，不要使用""符号来表示空字符串。由于会在许多不同的环境中查看代码，如文本编辑器、测试运行器输出窗口或持续集成 Web 页面，很容易将其与一个带有单个空格的字符串（" "）混淆。你可以用 String.Empty 表示，利用现有类型。你也可以用小写的类名 string.Empty，无论你写代码的习惯如何，都可以这样做——让代码传达你的意图。

另外，CreatedOn 是一个结构，所以编译器只是用 0 来填充它。这就是它没有抛出编译器错误的原因，但我们仍然要避免它出现。

开发者修复这个错误的第一念头应该是听取编译器提出的任何建议。在前面的例子中，表现的形式则是把属性声明为 nullable，但这不同于我们之前的理解——我们突然把属性也设置为可选的，其实我们不应该这样做，但是我们需要考虑如何应用可选性语义。

如果你想让一个属性不为空，你需要问自己几个问题。首先，“该属性是否有一个

默认值？”

如果有，你可以在构造过程中分配默认值。这样当你检查代码时，你会对该类的作用有一个更好的了解。如果 CampaignSource 字段有一个默认值，可以这样表达。

```
public string CampaignSource { get; set; } = "organic";
public DateTimeOffset CreatedOn { get; set; } = DateTimeOffset.Now;
```

这就把编译器的警告给消除了，而且把你的意图准确传达给了阅读你代码的人。

不过，名字和姓氏不能是可选的，而且它们不能有默认值。不，不要试图把“John”和“Doe”作为默认值。问问你自己：“我希望这个类如何被初始化？”

如果你想让你的类用一个自定义的构造函数来初始化，这样它就不会允许无效的值，你可以在构造函数中分配属性值并声明它们是私有集合，所以它们不可能被改变。我们将在关于不变性的章节中对其进行更多的讨论。你可以在构造函数中用一个默认值为 null 的可选参数来表示可选性。默认值为 null 的可选参数，如清单 2.3 所示。

清单 2.3　一个不可变的类示例

```
class ConferenceRegistration
{
    public string CampaignSource { get; private set; }
    public string FirstName { get; private set; }
    public string? MiddleName { get; private set; }      所有的属性都是私有集
    public string LastName { get; private set; }
    public string Email { get; private set; }
    public DateTimeOffset CreatedOn { get; private set; } = DateTime.Now;

    public ConferenceRegistration(
        string firstName,
        string? middleName,
        string lastName,
        string email,
        string? campaignSource = null) {      用 null 来表示可选性
        FirstName = firstName;
        MiddleName = middleName;
        LastName = lastName;
        Email = email;
        CampaignSource = campaignSource ?? "organic";
    }
}
```

我都已经听到你的抱怨了：“那我得增加多少工作量啊！”我同意。创建一个不可变的类不应该这么麻烦，幸运的是 C#团队在 C# 9.0 中引入了一个新的结构，名叫记录类型（record type），但如果你不能使用 C# 9.0，你必须做出决定：你是想要更少的缺陷，还是想要尽快完成工作？

救你一命的记录类型

C# 9.0 带来了记录类型，这使得创建不可变的类非常容易。清单 2.3 中的类可以简单地用这样的代码表示。

```
public record ConferenceRegistration(
 string CampaignSource,
 string FirstName,
 string? MiddleName。
 string LastName,
 string Email,
 DateTimeOffset CreatedOn);
```

它将自动建立与我们在参数列表中指定的参数名称相同的属性，并且它将使这些属性不可改变，所以记录代码（record code）的行为将与清单 2.3 中的类完全一样。你还可以在类的主体中添加方法和额外的构造函数，而不是像普通的类一样以分号来结束声明。这样做的效果是非常惊人的，可节省大量的时间。

这是一个艰难的决定，因为我们人类在成本方面的远见是相当糟糕的，通常只考虑到眼前，顶多考虑到近期的工作。我们不善于预估。接受现实吧。

考虑这么一个问题，你有机会通过简单使用构造函数来消除由以下原因造成的缺陷：忘记添加的 null 检查和错误状态。或者你也可以让它保持原样，并处理每个缺陷带来的恶果：缺陷报告、问题跟踪、与产品经理讨论、分流和修复相关的缺陷，还会遇到另一个缺陷，直至你终于决定："别说了，已经听够了。我会按赛达特说的做。"你想选择哪条路?

正如我之前所说的，了解你代码的某个部分有多少 bug，预计代码的某些部分会有多少 bug，需要某种直觉。你不应该盲目地听从别人的建议，而应该对未来的变化有所了解。也就是说，代码在未来的变化越大，就越容易出现 bug。

但是，假设你做了这些，然后决定，"不，这样代码跑得也很好，这不值得我这么麻烦。"你仍然可以通过保持 null 检查来获得一定程度的 null 安全。但如果你要这样，请这样初始化你的属性。

```
class ConferenceRegistration
{
    public string CampaignSource { get; set; } = "organic";
    public string FirstName { get; set; } = null!;
    public string? MiddleName { get; set; }
    public string LastName { get; set; } = null!;
    public string Email { get; set; } = null!;
    public DateTimeOffset CreatedOn { get; set; }
}
```

注意！null!是一个新的结构

感叹号运算符！准确地告诉编译器"我知道我在做什么"，在这个例子中，"我将确保在创建这个类之后立即初始化属性，如果我不这样做的话，我就会接受无效性检查对我根本不起作用。"基本上，如果你能遵守立即初始化属性的承诺，那可空性保证

（nullability assurances）仍可以保留。

这是要克服的困难，因为你不能让你团队里的所有人都在这方面达成共识，而且他们以后可能还会初始化属性。如果你认为你可以控制风险，你可以坚持这样做。对于某些库来说，这甚至是不可避免的，比如 Enitity Framework，它需要对象具有默认构造函数和可设置的属性。

Maybe<T>已死，Nullable<T>永恒！

因为 C#中的 nullable 类型过去没有编译器支持来执行它们的正确性，而且一个错误就会使整个程序崩溃，所以它们在历史上被看作表示可选性的一种糟糕方式。正因为如此，开发者实现了他们自己的可选类型，称为 `Maybe<T>`或 `Option<T>`，没有引起空引用异常的风险。C# 8.0 将编译器对空值的安全检查列为重要特性，因此，使用自己的可选类型的时代已经正式结束。编译器既能检查又能优化 nullable 类型，比临时的实现更好。你还可以从语言中得到运算符和模式匹配的语法支持。`Nullable<T>`永恒！

null 检查有助于你思考正在写的代码的作用，你会更加清楚地知道值到底是不是需要设定为可选的。它会减少 bug，让你成为更好的开发者。

2.3.6 免费的更好性能

在写初版代码时，性能不应该是你首先考虑的东西，但是如果你对类型、数据结构和算法的性能特征比较了解，那么这些知识会让你走上开发高速路。不用刻意，你下意识就可以把代码写得又快又好。对于手头的任务，自定义类型会比内置类型更贴合你的业务场景。

既存类型可以无代价地使用更高效的存储。例如，一个有效的 IPv6 字符串最多可以有 65 个字符。IPv4 地址的长度至少为 7 个字符。这意味着基于字符串的存储将占用 14～130 字节，如果包含对象头，则占用 30～160 字节。`IPAddress` 类型将 IP 地址存储为一系列字节，只使用 20～44 字节。图 2.12 显示了基于字符串的存储和更“本机”的数据结构之间的内存布局差异。

它节省的可能看起来不多，但记住，这是免费的。IP 地址越长，你节省的空间就越多。它还为你提供了验证的证明，通过它，你可以相信，在整个代码中，被传递的对象持有一个有效的 IP 地址。你的代码可读性也一同变强了，因为类型也描述了数据背后的意图。

另外，我们都知道，没有免费的午餐。这里有什么问题呢？你什么时候不应该使用它？好吧，对于字符串来说，有一个小的字符串解析开销，将其解构为字节。一些代码会检查字符串，以确定它是 IPv4 地址还是 IPv6 地址，并使用一些优化的代码对其进行相应解析。此外，因为你在解析后会对字符串进行验证，所以它基本上消除了你其余代码中的验证要求，弥补了较小的解析开销。从一开始就使用正确的类型，可以让你避免试图确保传递的参数是正确类型的开销。最后，在某些情况下，选择正确的类型也可以利用值类型的优势，我会在 2.3.7 节详细谈谈更多关于值类型的好处。

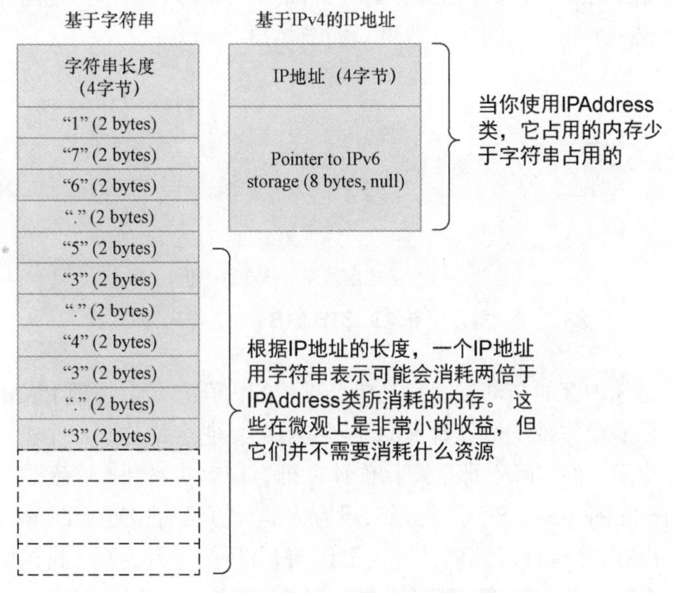

图 2.12 数据类型的存储差异，不包括公共对象头

性能和可扩展性并不是单一维度的概念。例如，优化数据存储在某些情况下实际上会导致更差的性能，我将在第 7 章解释。但是，在大多数情况下，为数据使用专门的类型是没有问题的。

2.3.7 引用类型与值类型

引用类型和值类型之间的区别主要在于类型在内存中的存储方式。简单来说，值类型的内容存储在调用栈中，而引用类型（reference type）存储在堆（heap）中，只有在引用类型内容的时候才会将其存储到调用栈中。下面是它们在代码中的一个简单示例。

```
int result = 5;  ◁— 原始值类型
var builder = new StringBuilder();  ◁— 引用类型
var date = new DateTime(1984, 10, 9);  ◁— 所有的结构都是类型
string formula = "2 + 2 = ";  ◁— 原始引用类型
builder.Append(formula);
builder.Append(result);
builder.Append(date.ToString());
Console.WriteLine(builder.ToString());  ◁— 这会输出一个低级的数学错误
```

除了像 int 这样的基本类型之外，Java 没有值类型。C#允许你定义自己的值类型。好好理解引用类型和值类型之间的区别，这能帮你在项目上使用类型时，做出正确选择，成为一个更有效率的开发者。何况，这也真的不难学。

引用（reference）类似于管理指针（managed pointer）。指针是内存的地址。我通常把内存想象成一个非常长的字节数组，如图 2.13 所示。

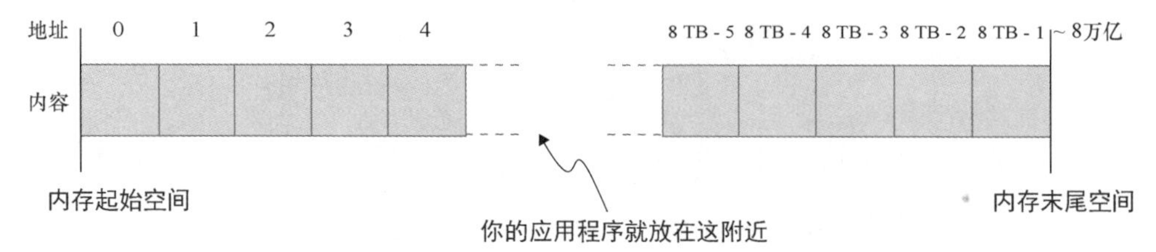

图 2.13 最多可寻址达 8TB 的 64 位进程内存布局

这还不是你内存的全部，这只是单个进程的内存布局。物理 RAM 的结构要比这复杂得多，但你的操作系统给你看到的才不是这样。它会给你看一个个进程运行在整洁、美观的内存空间，但实际上那玩意在你计算机上根本找不到。这就是为什么它被称为虚拟内存（virtual memory）。截至 2020 年，没有人的计算机有接近 8 TB 的运行内存（RAM），但你还是可以在 64 位处理器的计算机上访问 8 TB 的运行内存。我相信未来的人看到我这句话一定会嘲笑我，就像我嘲笑我的旧计算机（20 世纪 90 年代产，只有 1MB 内存）一样。

为什么是 8TB？因为 64 位的处理器可以处理 16EB（1000TB）的数据！

其实这个真的可以做到。限制用户内存空间的原因大多是无奈的现实。使用较小的内存创建虚拟内存映射表消耗的资源更少，而且对操作系统来说运行速度更快。例如，进程之间的切换需要整个内存重新映射，而拥有更大的地址空间会使其运行速度更慢。当 8TB 的 RAM 成为寻常事，变成计算机标配后，扩大用户使用地址空间也成了顺理成章的事。当然，未来仍未到来的现在，8TB 还是我们仰望的天花板。

指针可以理解为指向内存中地址的数字。使用指针代替实际数据的好处是避免不必要的复制，复制的代价是很高的。仅仅使用一个地址（也就是一个指针），我们就可以在函数间传递几吉字节的数据。否则，我们将不得不在每次函数调用的时候复制几吉字节的内存。现在，我们只用复制一个数字。

显然，如果数据本身大小都比指针还要小的话，就没有使用指针的必要了。一个 32 位整数（C#中的 int 类型）的大小，在 64 位处理器的计算机中，只是一个指针大小的一半。因此，像 int、long、bool，以及 byte 这样的初始类型都被看作值类型。意思就是说，对于它们，我们用不上指针，直接将它们的值传递给函数。

引用是指针的同义词，只是对其内容的访问由.NET 管理处理。你是没办法知道引用的值的。这让垃圾回收器在不用你知晓的情况下，根据需要，自行移动由引用指出的内存。你也可以在 C#中使用指针，但这只能在不安全的上下文中使用。

垃圾回收

程序员需要注意他们的内存分配，并在完成内存分配后释放分配的内存。不及时释放内存的话，应用程序的内存使用量会不断增加，这也称为内存泄漏。人工分配和释放内存很容易出现错误，并且，程序员可能会忘记释放内存，或者再糟糕一点，试图释放已经释放的内存，这是许多安全缺陷产生的根源。

引用计数（reference counting），是第一个被提出用来解决手动内存管理问题的方案。这是垃圾回收的一种原始形式，运行时将为每个分配的对象保留一个秘密计数器（secret counter），而不是将释放内存的主动权留给程序员。每一次对给定对象的引用都会增加计数，而每一次引用该对象的变量超出一定范围时，计数都会递减。当计数值归 0 时，代表没有变量引用该对象，因此该对象将被释放。

引用计数在许多情况下都很好用，但它有几个麻烦的点：它很慢。因为每当引用超出一定范围时，它都会执行内存分配，这通常比直接释放全部相关内存的效率低。它还造成了循环引用的问题，这又得程序员做额外的工作来尽量避免。

在这之后，垃圾回收出现了，准确地说是标记和清扫垃圾回收，因为引用计数也是垃圾回收的一种形式。垃圾回收本身还是引用技术和手动内存管理两者间权衡取舍的产物。使用垃圾回收时，不保留单独的引用计数。相反，一个单独的任务会遍历整个对象树，查找不再被引用的对象，并将它们标记为垃圾。垃圾会被保留一段时间，当它增长到超过某个阈值时，垃圾回收器就开始起作用，一次性释放未使用的内存。这就减少了内存分配操作的开销和微分配导致的内存碎片化。当然，不保留计数器也让代码运行得更快。Rust 编程语言还引入了一种叫作借用检查器（borrow checker）的新型内存管理方法，编译器可以精准地追踪到某个已不再需要的内存。这意味着，当你用 Rust 编写内存分配时，它在运行时（runtime）为零开销，为此需要付出的代价是什么呢？你得学习这种新的代码编写方式，在你真正弄清楚之前，不断地用编译器报错来折磨你。

C#中的复杂值类型称作结构（struct），结构在定义上与类（class）非常相似，但与类不同的是，它在任何地方都是通过值传递的。这意味着，如果你有一个结构，并打算将它传给一个函数，就会产生这个结构的副本，当这个函数把结构又传给另外的某函数时，这个过程又会发生一遍。结构总是被复制。看看清单 2.4 所示的示例。

清单 2.4 不可变性示例

```
struct Point
{
    public int X;
```

```
    public int Y;
    public override string ToString() => $"X:{X},Y:{Y}";
}

static void Main(string[] args) {
    var a = new Point() {
        X = 5,
        Y = 5,
    };
    var b = a;
    b.X = 100;
    b.Y = 200;
    Console.WriteLine(b);
    Console.WriteLine(a);
}
```

你觉得这个程序会在控制台输出什么呢？你将 a 赋值给 b，运行时会创建一个 a 的副本。意思就是说，当你对 b 进行修改时，其实你修改的值为 a 的新结构，而不是 a 本身。如果 Point 是一个类呢？那么 b 将和 a 拥有相同的引用。而改变 a 的内容，b 的内容也会随之改变。

值类型之所以存在，是因为在某些情况下，它们在存储和性能方面都比引用类型效率更高。上文中我们已经聊过了一个大小同引用差不多，或者比它更小的类型（type）如何更有效地传递某个值。引用也导致单层间接性（a single level of indirection）。每当你需要访问一个引用类型的字段时，.NET 运行时必须先读取引用的值，然后转到引用所指向的地址，再从那里读取实际的值。但对于值类型来说，运行时直接读取该值，从而实现更快的访问速度。

本章总结

- 计算机科学理论确实很枯燥，但了解这些理论可以让你成为一个能力更强的开发者。
- 在强类型语言中，类型通常被称为模板（boilerplate），利用它们也可以减少你的代码量。
- .NET 为某些数据类型提供了更好、更高效的数据结构，可以轻松地使代码更高效、更可靠。
- 使用类型可以使代码更加一目了然，自然而然让你亲自去写的注释变少了。
- C# 8.0 中引入的可空引用（nullable reference）特性可以使代码更加可靠，并让你对程序调试的时间大大减少。
- 值类型和引用类型之间的区别是显著的，了解它将使你成为一个更高效的开发人员。
- 如果你深入了解字符串的工作原理，从此使用字符串对你来说会更得心应手。

- 数组快速、方便，但它可能并不是公开 API 的最合适候选对象。
- 列表非常适合增长列表，但如果不打算动态增长列表的内容，则数组的效率更高。
- 链表是一种特殊的数据结构，了解它的特性可以帮助你了解字典结构究竟妥协了哪些东西。
- 字典非常适合快速键查找，但它的性能在很大程度上依赖于你是否能正确使用 GetHashCode()。
- 当列表里的每个值都不重复时，HashSet 带来的查找性能会让你直呼厉害。
- 关于栈（stack），当你需要追溯你的每步操作时，这个数据结构很不错。不过，调用栈是有限的。
- 了解调用栈的工作原理能让你对值类型和引用类型性能的理解更完善。

第3章　有用的反模式

本章主要内容：

- 已知的不良实践也可以摇身变为最佳实践。
- 实战中有用的反模式例子。
- 了解何时使用最佳实践，而不是尝试它的“邪恶双胞胎”——不良实践。

编程文献里充满了最佳实践和设计模式。其中一些甚至看起来不容置疑，如果对它们有一些异议，那你会被其他人不屑。最终，它们会变成金科玉律，再也没人能够去质疑。假如，某个人写了篇文章来批评它们，如果他的文章得到了 Hacker News[①]社区的认可，它就可以被接受，成为一个“官方认证”的“有效”批评。这个时候，其他的新观点才能借着这个“有效”批评得以拿上台面。不然的话，你甚至都不能讨论它们。如果我只能向编程界表达一个观点的话，那就是质疑所有教给你的东西——包括它们有多么有用、使用它们的理由、使用它们的好处和使用它们的代价。

教条，即一成不变的法则，这些东西会遮蔽我们的双眼，你坚持相信的时间越久，你被遮蔽双眼的程度也就越深。这些可能会让你无视一些有用的技术，这些技术相对于你所坚持的教条，有可能更加适合你。

对于反模式，或者不良实践，如果你愿意使用它们，受到一些难听的批评也是理所应当的，但这并不意味着我们应该谈虎色变。我会举一些反模式作为例子，对你来说，

① Hacker News 是一家科技新闻媒体网站。

这些例子会比那些所谓的最佳实践要更有用。通过这种方式，你还是可以使用最佳实践和设计模式，但有了对比，你就能更好地了解它们真正的使用场景。你会发现以往因为坚持那些教条而被遮蔽的地方，其实藏着那么美的“宝石”。

3.1 若无损坏，亦可破坏

我到公司学到的头一件事是“厕所在哪”，第二件事就是“绝不改代码”。换句话说，不惜任何代价避免代码重构。你所做的每一个更改都有可能带来代码从头来过的风险，因为对于一个本身运行正常的业务，对它进行更改，这个行为本身就是错误的。缺陷本身代价不菲，而修改已成为新特性一部分的缺陷则更费时间。从头再来比发布带有缺陷的新特性更糟糕。在篮球比赛中错失一球，这是一种错误。你对着自己的篮筐投进球，给对手送分，这是一种倒退。时间对于软件开发来说就是生命，浪费时间的后果相当严重。倒退所损失的时间最多。这样你就能明白，应该避免更改代码。

然而，避免更改代码最终会导致一个难题，因为如果由于一个新特性的需要，不得不重新创建或者更改某些东西，这时候，避免更改代码就会成为开发的阻力。当然，你可以每次都小心翼翼地绕过现有代码，在不接触现有代码的情况下，试着将所有变动加入新代码。坚持让原有代码不受后续影响，很可能会让你出于妥协，反而写出更多代码，增加你的代码维护量。

如果必须更改现有代码，这是一个更大的问题。修改现有代码可能非常困难，因为它与某种做事方式紧密相关，更改它将迫使你更改其他许多地方。现有代码对于后续的代码更改的这种阻力称为代码刚性（可以简单把它理解成耦合性）。也就是说，代码刚性越强，你不得不更改的代码数量也就越多，甚至牵一发而动全身。

3.1.1 面对代码刚性

代码刚性（code rigidity）[①]是由多个因素影响的，其中之一就是代码中的依赖项太多。代码的依赖性可以涉及多种内容：它可以引用框架程序集、外部库或你自己代码中的其他部分。如果你的代码各处纠缠不清，那么所有类型的依赖关系可能都会产生问题。当然，依赖也得辩证地来看。图 3.1 描述了一个软件，其中包含一个看起来很糟糕的依赖关系。它超出了关注点的界限，其中任何一个组件的中断都需要修改几乎所有的代码。

① 这里可以理解为代码的耦合性。耦合性（coupling，或称耦合力或耦合度）是一种软件度量，是指一程序中，模块及模块之间信息或参数依赖的程度。——译者注

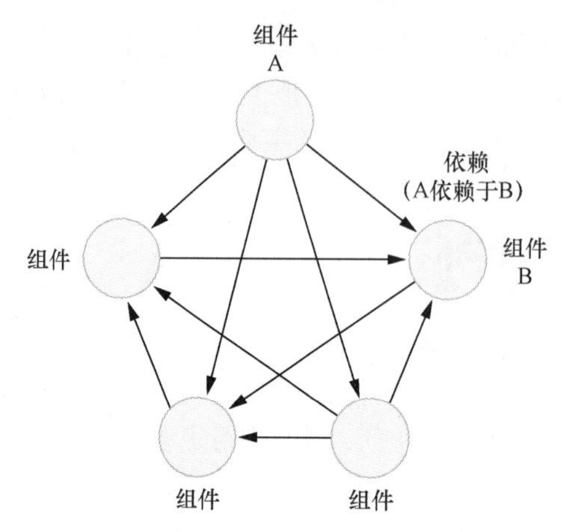

图 3.1 来自“依赖地狱”的神秘符号

先想想，为什么依赖会导致问题？当你考虑在代码里添加依赖项时，也要将每个组件视为不同的客户，或者将每个层视为具有不同需求的不同细分市场。服务多个细分客户比只为单一类型的客户服务需要更大的责任。不同的客户有不同的需求，这些需求可能会让你做出一些不必要的迎合。当你决定依赖链时，请考虑这些。理想情况下，应该尽量减少服务客户的类型。这是保持组件或整个层尽可能简单的关键。

我们当然不能避免依赖，它们对于代码复用（code reuse）至关重要。代码复用是一个由两个子句组成的契约。如果组件 A 依赖于组件 B，第一个子句是，“B 将向 A 提供服务”。经常被忽略的第二个子句是，“每当 B 修改时，连带着 A 也得进行修改”。只要你能够保持依赖链的有序和分隔，由代码复用引起的依赖关系是可以接受的。

3.1.2 快刀斩乱麻

为什么需要破坏代码，让它甚至不能编译或者测试报错？因为相互交织的依赖关系会导致代码僵化，你如果想更改，根本无法下手。好比一座陡峭的山峰，你越朝山峰的方向登去，脚步就越来越慢，最终寸步难行。所以，对于代码来说，越早破坏越易修复，所以你需要识别问题，破坏代码，即使在它工作时也是如此。在图 3.2 中你可以看到复杂的依赖关系如何束缚你的操作。

零依赖项的组件最容易更改。这个时候改动代码不可能对其他组件产生影响。如果你的组件依赖于其他组件之一，则会产生一些刚性，因为依赖关系意味着契约。

如果你更改了 B 上的接口，这意味着你也需要更改 A。如果你在不更改接口的情况下更改了 B 的实现，你仍然可以更改 A，因为你更改了 B。当你有多个依赖于单个组件的组合时，这将成为一个更大的问题。

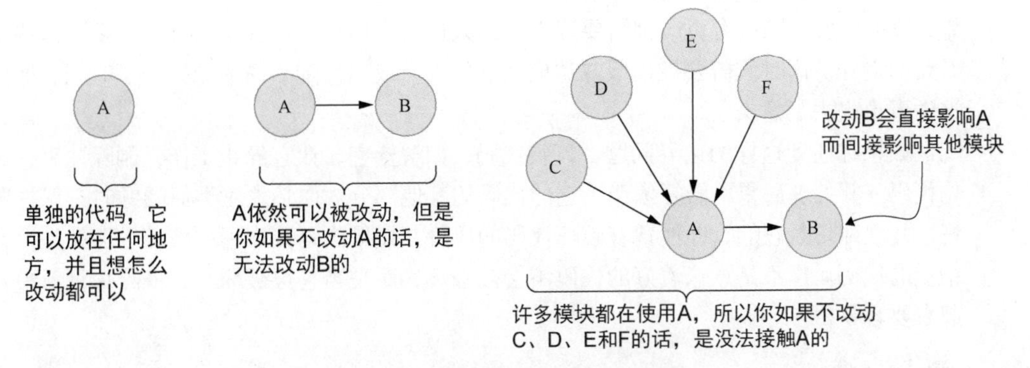

图 3.2 抗变化能力与刚性成比例

更改 A 更加困难，因为它需要更改依赖组件，并且有可能更改其中任何一个组件。开发者群体常倾向于这样的一种观点，认为可以复用的代码越多，之后编写的时候节省的时间就越多。但这样做的代价是什么？你真的需要好好考虑一下这个问题。

3.1.3 敬畏边界

考虑到相关的依赖，你首先应该学到的一个习惯就是，避免突破抽象边界。抽象边界是围绕代码层次来划定的逻辑边界，表示某一层面上关注的所有问题。例如，你可以将代码中的 Web 层、业务层和数据库层之间的边界作为抽象边界。当你这样分层代码时，数据库层不应该知道 Web 层或业务层，Web 层也不应该知道数据库层，如图 3.3 所示。

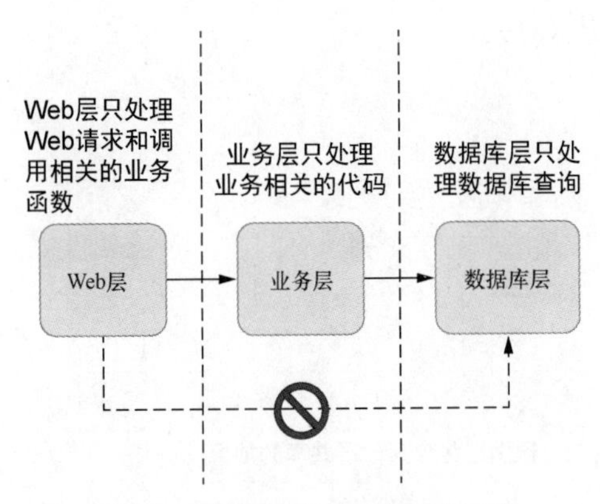

图 3.3 需要避免的抽象边界的冲突

为什么跨层是个坏主意？因为它让抽象失去了意义。当你将较低层的复杂性拉到较高层时，你就得负责维护这次更改对较低层的影响。想一想在一个团队里，每个成员只对自己的层负责，突然一下子，Web 层的开发人员需要学习 SQL。不仅如此，从现在开始，数据库层中的所有更改都需要跟更多的人进行沟通。开发者身上又凭空多了这些不必要的责任。这时候需要被说服并达成共识的人数成倍增加。你不光失去了时间，抽象这件事也失去了意义。

如果你遇到这样的边界问题，打破代码，如解构它，让它停止工作，删除冲突，重构代码，并处理后果，修复依赖于它的代码的其他部分。你必须对类似问题时刻保持警惕，并立即切断它们，即使冒着破坏代码的风险。如果代码让你不敢破坏，那就是设计糟糕的代码。这不是意味着好的代码不会被破坏，而是当它被破坏时，将碎片重新黏合起来要容易得多。

测试很重要

你需要能够预见代码的更改是否会导致业务出现问题。你当然可以仅凭借自己对代码的理解来做预估，但是随着时间的推移，代码变得越来越复杂，你自己的预估究竟还靠不靠得住，就得打一个问号了。

从这个意义上说，提前对代码进行测试是更简单的方法。测试内容可以是一张纸上的指令列表，也可以进行完全自动化的测试。自动化测试通常更好，因为你只需要编写一次测试，并且不会浪费时间靠自己进行测试。这里你得先谢谢测试框架，测试框架的编写也不难。我们将在关于测试的第 4 章中深入研究这个主题。

3.1.4 隔离相同功能

图 3.3 中的 Web 层永远不能与数据库层有共同的功能？当然不是,但这种情况表明，需要一个单独的组件。比如说，两个层都可以依赖于通用模型类。在这种情况下，你将得到一个如图 3.4 所示的关系。

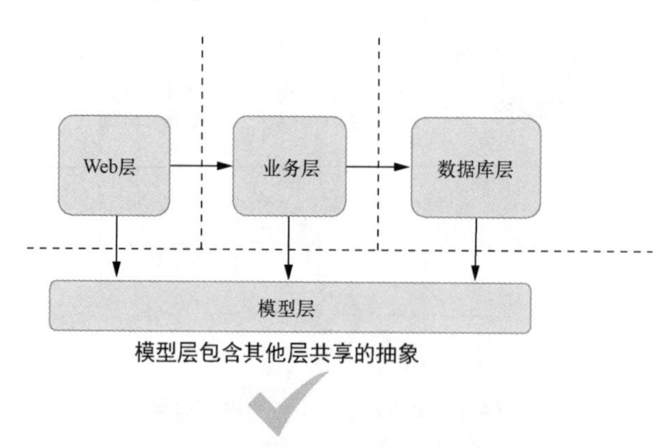

图 3.4 不违反抽象提取通用功能

重构代码会破坏你的代码构建过程或使你的代码测试失败，从理论上讲，这是你永远不应该做的事情，但我认为这种违规行为是隐藏的切断，你必须马上注意到这点。如果它们在过程中造成了更多的破坏和更多的缺陷，并不意味着你导致了代码停止工作，而意味着那些原本就存在的错误现在浮出水面了。

让我们来看这么一个例子。假如你正在为一个聊天软件写一个 API，通过它你只能用表情符号来交流，听起来是不是很无聊？但曾经有一个聊天软件，用它你只能发“Yo”[①]来跟别人交流。我们的应用程序即便没有其他功能，也能算是它的改进版。

我们设计了一个 Web 层，用于接收来自移动设备的请求，并调用业务层（又称逻辑层），执行实际操作。这让我们可以在没有 Web 层的情况下测试业务层。我们以后也可以在其他平台上使用同样的业务逻辑，比如移动网站。因此，分离业务逻辑是有意义的。

注意

业务逻辑中的业务或业务层并不一定意味着是与业务相关的东西，业务逻辑更像是具有抽象模型的应用程序的核心逻辑。可以说，阅读业务层的代码应该能让你了解到应用程序在更高层次上是如何工作的。

业务层对数据库或存储技术一无所知。它调用数据库层来存取数据。数据库层以一种与特定数据库无关的方式封装了数据库功能。关注点的分离可以使业务逻辑的可测试性变得更强，因为我们可以很容易地将存储层的模拟实现插入业务层。更重要的是，这种架构允许我们在不改变业务层或 Web 层的任何一行代码的情况下，在幕后修改数据库。详细情况可以参见图 3.5。

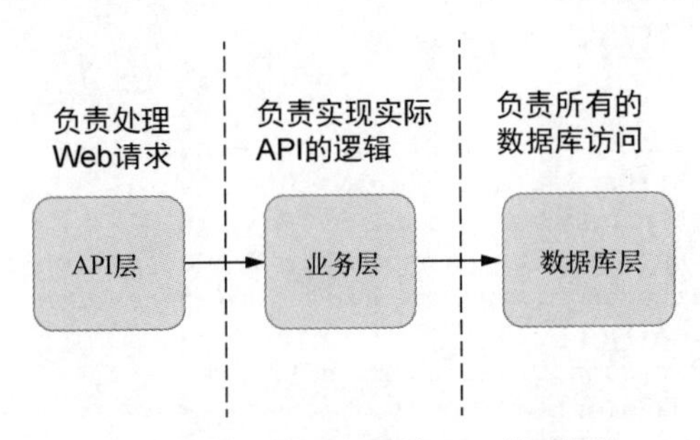

图 3.5 我们手机 App 的 API 基础架构

这种架构的缺点是，每当你向 API 添加一个新的功能时，你需要创建一个新的业务层类或方法以及相关的数据库层类和方法。这是一个量很大的工作，特别是当最后期限很近，但功能却有点简单的时候。“为什么我需要为一个简单的 SQL 查询惹上这么多麻烦事？”你可能会这么想。在下文中，我们违反现有的抽象概念，继续满足开发者的幻想。

① 那个聊天软件就叫作“Yo”，你只能通过发送“Yo”来交流。该软件当年估值竟然高达 1000 万美元。不过这个公司在 2016 年就倒闭了。

3.1.5 网页示例

假设你的经理要求你实现新功能——一个统计标签，能够用来显示用户总共发送和接收了多少条信息。其工作原理是在后台运行两个简单的 SQL 查询。

```
SELECT COUNT(*) as Sent FROM Messages WHERE FromId=@userId
SELECT COUNT(*) as Received FROM Messages WHERE ToId=@userId
```

你可以在你的 API 层运行这些查询。即使你不熟悉 ASP.NET Core、Web 开发或 SQL，你也应该不难理解清单 3.1 中的代码要点，它定义了一个要返回到移动应用程序的模型，然后该模型被自动序列化为 JSON 结果。我们检索到一个连接到 SQL 服务器数据库的字符串。我们使用该字符串打开一个连接，对数据库运行查询，并返回结果。

清单 3.1 中的 `StatsController` 类是对网络处理的抽象，其中收到的查询参数是函数参数。URL 是由控制器的名称定义的，结果是以对象形式返回的。因此，你可以用一个像"https://你的网页域名/Stats/Get?userId=123"的 URL 来访问清单 3.1 中的代码。MVC 基础设施会将查询参数映射为函数参数，并将返回的对象自动映射为 JSON 结果。这会让你写网络处理代码更加简单，因为你不必真正去处理 URL、查询字符串、HTTP 头和 JSON 序列化。

清单 3.1 通过违反抽象来实现功能

```
public class UserStats {  <— 定义模型
  public int Received { get; set; }
  public int Sent { get; set; }
}

public class StatsController: ControllerBase {  <— 我们的控制器
  public UserStats Get(int userId) {  <— 我们的 API 端点
    var result = new UserStats();
    string connectionString = config.GetConnectionString("DB");
    using (var conn = new SqlConnection(connectionString)) {
      conn.Open();
      var cmd = conn.CreateCommand();
      cmd.CommandText =
        "SELECT COUNT(*) FROM Messages WHERE FromId={0}";
      cmd.Parameters.Add(userId);
      result.Sent = (int)cmd.ExecuteScalar();
      cmd.CommandText =
        "SELECT COUNT(*) FROM Messages WHERE ToId={0}";
      result.Received = (int)cmd.ExecuteScalar();
    }
    return result;
  }
}
```

我大概花了 5 分钟来写这个实现。它看起来很简单。我们为什么要为抽象的东西费心呢？只要把所有东西都放在 API 层就可以了，对吗？

当你在做原型的时候，这样的解决方案是可以的，因为它不需要完美的设计。但在生产系统中，你需要谨慎地做出这样的决定。你能接受生产受到影响吗？网站瘫痪几分钟可以吗？如果这些都没问题，那就放心使用吧。你的团队呢？API 层的维护者可以接受到处都是 SQL 查询吗？测试方面呢？你如何测试代码并确保其正确运行？添加新的字段如何？试着想象一下第二天的办公室，人们如何对待你？他们会拥抱你吗？为你欢呼吗？或者你发现你的桌子和椅子上都放满了大头钉？

你在物理数据库结构上增加了一个依赖项。如果你需要改变信息表的布局或所使用的数据库技术，你就必须检查所有的代码，确保所有的东西都能与新的表布局或新的数据库技术一起工作。

3.1.6 不要留下技术债

我们程序员通常不善于预测未来事件和它们的成本。当我们只是为了在截止日期前完成该阶段的任务而做出某些不合适的决定时，因为完成得太过匆忙，我们就更难完成下个阶段截止日期前的任务。我们通常把这称为技术债（technical debt）。

技术债是有意识的决定，无意识造成的则被称为技术无能（technical ineptitude）。它们之所以被称为债，是因为要么你以后偿还，要么代码会在某个你意想不到的时间来找你，给你重重一击。

有很多方法可以积累技术债。比如直接传递一个任意的值，而不是多写点儿代码为它创建一个常量，这看起来更容易理解。"字符串在那里似乎很好用""缩短名字不会有什么坏处""让我复制所有的东西，然后改变它的一些部分""我知道，我就用正则表达式吧"。以上每一个小小的错误决定都会延长你和你的团队的完工时间。你的投入产出比将随着时间的推移而逐渐下降。你的工作速度会变得越来越慢，你从你的工作中得到的满足感会越来越少，从管理层得到的积极反馈也会越来越少。如果你偷懒的方式错了，就注定了自己的失败。做正确的懒人：为你未来的懒惰服务。

处理技术债的最好方法是先把它放着。手头还有一个更重要的工作在等着你？那就把这当作热身机会。可能会破坏代码，但很好——你可以将其视为发现代码中刚性部分的机会，让它们更细粒度、灵活。尝试解决它、改变它，然后如果你认为效果不够好，还能撤销所有更改。

3.2 从头开始写

如果说修改代码有风险，那从头开始重写代码的风险更是要比这高上几个数量级。这本质上意味着任何未经测试的业务都可能被破坏。不仅意味着代码得从头开始写，还意味着从头开始修复所有的缺陷。从头开始写，被认为是解决设计缺陷的一种严重低效的方法。

然而，这种论调只针对于已经能工作的代码。对于你已经在处理的代码，重新开始可能是件好事。你可能会问，为什么说这都与编写新代码时的“绝望漩涡”有关？是这样的。

1. 你脑海里有了个简单、优雅的设计。

2. 你开始写了些代码。

3. 然后出现了一些你没有想到的极端情况。

4. 你开始修改你的设计。

5. 接着你会注意到当前的设计不满足需求。

6. 你再次开始调整设计，但避免重做，因为这样的话，要修改的地方太多了。每一行代码都让你羞愧难当。

7. 好，到现在为止，你的设计是一头想法和代码混合在一起的“科学怪人”。设计不再优雅，也再称不上简单，你看不到完成的希望。

出现这种情况，你就进入了叫作沉没成本谬论的循环中。那些你在写代码上已经花费的时间让你觉得吃亏，不愿意重写它。但是这些代码还是不能解决主要问题，你没办法，只能花几天时间试图说服自己这个设计也许有效。可能你确实在之后的某个时间修复了它，但这可能会让你损失几周的时间，只是因为你把自己引到了一个“技术大坑”里。

推倒重写

听我说，从头开始：重写它。扔掉你已经做的一切，从头开始写每一行代码。你无法想象那会有多清爽和迅速。你可能认为从头开始写代码会非常低效，而且你会花费双倍的时间，但事实并非如此，因为你实际上已经做过一次了，解决这个问题的方法你已经清楚了。重做任务的收益如图 3.6 所示。

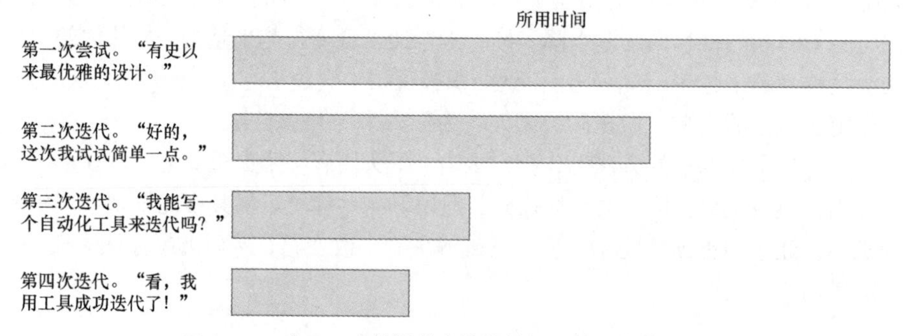

图 3.6　一遍又一遍地做某事并期待相同结果的精彩之处

当你第二次做某事时，速度的提高怎么强调都不为过。与电影中描述的黑客不同，你的大部分时间都花在看屏幕上：不是写代码，而是思考事情，思考正确的做事方式。编程与其说是在制作东西，不如说是在复杂的决策树的迷宫中行走。当你重新开始走迷宫时，你已经知道可能的不幸、熟悉的陷阱，以及你在以前的尝试中做过的某些设计。

如果你觉得开发新的东西进入瓶颈了，那就从头开始写。我想说的是，甚至不要保存你以前写的代码，但你可能想这样做，以防你真的不确定你是否能很快再做一次。好吧，那就在某个地方保存一份副本，但我向你保证，大多数时候，你甚至不需要看你以前的作品。它已经在你的脑海中，会指导你更快地完成工作，而且这次不会进入同样的“绝望漩涡”。

更重要的是，当你从头开始时，你会比以前更早地知道你是否走错了路。这次“陷阱雷达”已经安装在你的大脑里。你会获得一种与生俱来的感觉，即以正确的方式开发某种功能。这样的编程方式很像玩《漫威蜘蛛侠》或《最后生还者》等主机游戏。你不断地“死亡”，然后重新开始那个存档。你在这种重复中变得更好，你重复得越多，你的编程技能就越好。从头开始做，可以提高你开发单一功能的能力。

不要犹豫，把你原来的代码扔掉，从头开始写。不要被沉没成本的谬论所影响。

3.3 修复它，即使它没有坏掉

处理代码刚性的方法有很多，其中之一就是让代码不断变动，这样它就不会产生刚性。好的代码应该是容易改变的，修改它时，不应该给你带来大量需要改变的地方。可以对代码进行某些改变，这些改变不是必需的，但从长远来看可以帮助你。你可以养成定期更新依赖关系的习惯，保持你的应用程序的流畅运行，并找出刚性最强的部分，这些部分很难改变。你也可以把改变代码看作类似园艺修剪活动，定期处理代码中的小问题。

3.3.1 奔向未来

你不可避免地会使用包生态系统中的一个或多个包，你会让它们保持原样，因为它们一直工作正常。这样做的问题是，当你需要使用另一个包，而它需要你的包的更新版本时，升级过程会非常痛苦。你可以在图 3.7 中看到这样一个矛盾。

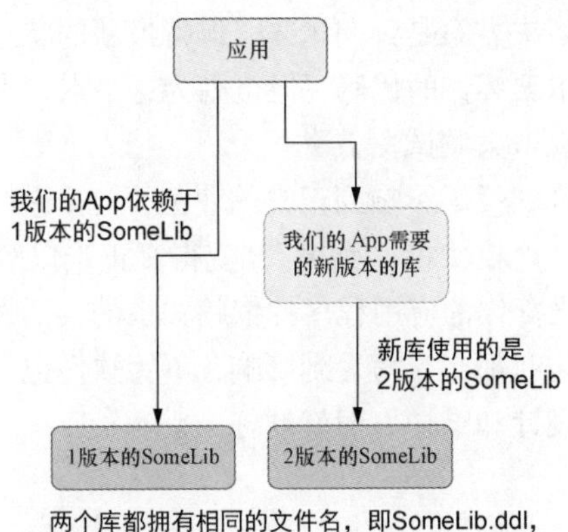

图 3.7 不可调和的版本矛盾

大多数时候，软件包维护者只考虑两个主要版本之间的升级情况，那些中间版本就没怎么被考虑。例如，流行的 Elasticsearch 搜索库的版本升级需要逐个版本进行，它不支持从一个版本直接升级到另一个版本。

.NET 支持绑定重定向（binding redirect），这在一定程度上避免了同一软件包有多个版本的问题。绑定重定向是应用程序配置中的一个指令，它可使.NET 让部署的旧版本的调用转到它的新版本，或者从新版本到旧版本。当然，这只有在两个程序包都兼容的情况下才有效。你通常不需要自己处理绑定重定向，因为如果你已经在“项目属性”一栏中选择了自动生成绑定重定向，Visual Studio 就会替你做这件事。

定期更新你的包会有两个很重要的好处。第一，你会把以往将包升级到最新版本的精力分散到维护期内。每一步都没那么痛苦。第二，更重要的是，每一次小的升级都可能会以微妙的方式影响你的代码或你的设计，你需要修复这些问题才能使工作继续下去。这听起来可能并不是一件好事，但只要你测试，它将帮助你以尽可能小的操作改进代码和设计。

你可能有一个 Web 应用程序，它使用 Elasticsearch 进行搜索操作，使用 Newtonsoft.Json 解析和产生 JSON 数据。它们是比较常见的软件包。当你需要升级 Newtonsoft.Json 包以使用一个新功能时，问题就出现了，Elasticsearch 使用的是旧版本的 Newtonsoft.Json 包，所以你也需要处理 Elasticsearch 的代码。你该怎么做呢？

大多数软件包只支持单一版本的升级。例如，Elasticsearch 希望你从 5 版本升级到 6 版本，而且它没有从 5 版本升级到 7 版本的指南。你必须分别应用每个单独的升级步骤。有些升级操作还需要你大幅修改代码。而 Elasticsearch 7 几乎让你从头开始写代码。

在代码不变的安全保障下，你还不如使用旧版本。但是旧版本的支持会在某个时间点结束，而且文档和代码示例也不会永远存在。Stack Overflow 只充满了关于较新版本的答案，因为人们开启新的项目时大多会使用最新版本的包。旧版本的支持资源会随着时间的推移而消退，这使得每过一年就更难升级，这就把你推入一个“绝望漩涡”。

我对这个问题的解决方案是奔向未来，保持最新的状态，让升级软件包成为一个固定的习惯。这将会偶尔破坏你的代码，但也因为这一点，你可以发现你的代码的哪一部分更脆弱，并且你可以增大测试覆盖率。

升级可能会导致你的代码影响到正常的业务，但让它们随时体现出小的破坏，将防止它们日积月累成为一个巨大的“路障”，变得真正难以解决。你不仅是在投资一个虚构的未来，而且是在投资你的应用程序的依赖关系的灵活性。让它破损并修补它，这样它就不会在下一次变化时那么容易受到影响，不管软件包是否升级。你的应用程序对变化的阻力越小，它在设计和维护方面就越好。

3.3.2 整洁仅次于功能

对于计算机，我首先感兴趣的是它们的确定性：你写的代码会一直以同样的方式运行，正在运行的代码总能一直运行。在我的职业生涯中，我见过许多错误的例子，它们在不同 CPU 运行速度和一天当中的不同时间的比较中才能被发现。软件开发行业的第一条真理是："一切都在变化。"你的代码会改变，需求会改变，文档会改变，环境也会改变，你不可能通过不碰代码来保持其稳定运行 。

既然我们已经抛去顾虑，就可以放松下来说，动代码是没问题的。不应该害怕变化，因为它无论如何都会发生。这意味着你应该毫不犹豫地改进能工作的代码。改进可以很小：添加必要的注释，删除不必要的注释，对变量或表达式进行更好的命名。保持代码的"活力"。对代码上的改进越大，它就越能适应未来变化。这是因为修改会导致代码不能运行，进而让你识别出薄弱的部分，使之更易于管理。你应该对你的代码如何以及在什么地方出现了问题有一定的了解。最终，你会很快看出怎样的修改风险最小。

你可以把这种改进代码的活动称为园艺（gardening）。你不一定是在增加功能或修复错误，但当你完成后，代码应该会有轻微的改进。这样的改进可以让下一个访问代码的开发者更好地理解它，或者增大代码的测试覆盖率，就像圣诞老人一夜之间在你没发现的情况下在你的袜子里留下了一些礼物，或者就像你办公室里的盆景竟然神奇地活着。

你为什么要费心去做一件在你的职业生涯中永远不会被人认可的杂事呢？理想情况下，这应该得到鲜花和掌声，但情况可能并不总是如此。你甚至会受到同行的一些打压，因为他们可能不喜欢你所做的改进。你甚至可以在不破坏代码的情况下打破他们的工作流程。你本可以把它变成比原来的开发者的意图更糟糕的设计，而你却在试图改进它。

是的，这也是意料之中的事。要想在写代码方面变得成熟，唯一的办法就是修改大量的代码。要确保你的改动是容易撤销的，这样万一你惹恼了别人，你就可以把你的改动撤销。你还将学习如何与你的同伴就可能影响他们的改动进行沟通。良好的沟通是你在软件开发中可以提高的最大技能。

对代码进行微小改动的最大好处是，这能让你很快进入编程的思维状态。大型工作项目本身就会带来严重的心理负担。你通常不知道从哪里开始，如何处理这样大的变化。悲观地自己琢磨，"哦，这件事情好难啊，我只能忍受它"，使你推迟开始这个项目。你越是推迟，就越是害怕开始写代码。

对代码进行小的改进是一个让你的大脑快速转起来的小技巧，这样你就可以热一热身，让自己的思维提升到可以解决更大的问题的水平。因为你已经在写代码了，你的大脑对进入工作状态的抵触要比你试图从刷社交媒体切换到写代码的抵触要小得多。在你脑中的工作相关部分已经被激发，你做好了为一个大项目开干的准备。

如果你确实找不到任何需要改进的地方，你可以从代码分析器中获得帮助。它是寻找代码中小问题的好工具。确保你勾选了你所使用的代码分析器的选项，以尽可能避免得罪人。让你的同事们谈谈他们的看法，如果他们认为自己懒得修复这些问题，就答应他们自己先修复一次，并以此作为热身的机会。否则，你可以使用命令行或 Visual Studio 对代码进行分析，而不违反你的团队的编码准则。

你甚至不需要应用你所做的修改，因为它们只是为了让你热热身。例如，你可能不太有把握应用某个看起来有风险的改动，但修改本身已经达到目的。既然你已经学会了，就把它扔掉吧。你总是可以从头开始，再做一次。不要太担心扔掉你的工作。如果你还是在意，保留备份即可。

如果你知道你的团队对你所做的修改没有意见，那么就应用它们。代码改进给你带来的满足感，无论多么微小，都能激励你做出更大的改变。

3.4 重复你自己

面向重复和复制/粘贴编程，这个概念在软件开发中常常被人看轻。这甚至已成为一种软件禁令，伤害着程序员们。

这条禁令的理论基础是：你写了一段代码，在程序代码的某处恰好可以原样地用上这段代码。作为初学者，更愿意将这段代码原样直接拿来用。到目前为止，一切都很正常。但是，你发现这段直接复制、粘贴的代码中，出现了一个缺陷。现在，你就要在两个不同的地方同时更改代码。没办法，你需要让它们保持一致。这将增加你的工作量，使你错过截止日期。

我说的没错吧？这个问题的解决方案通常是将代码放在共享类或模块中，并在代码中需要用的两个部分中进行复用。在这种情况下，当你对这段复用代码进行修改的时候，所有用到这段代码的地方都会奇迹般地同步修改，这给你节约出了很多时间。

到目前为止，一切是那么完美，但这份完美不会永远持续下去。当你盲目地把这个原则应用到任何业务情景时，问题就开始出现了。你忽略了这样一个细节：当你试图将某段代码重构为可复用类时，这个行为本身就创建了新依赖，这个新依赖会在无形中影响你的代码设计，甚至有时能成为你编写代码的掣肘。

这种共享依赖关系的最大问题是，并非所有使用这段共享代码的软件的需求都完全一致。当这种情况发生时，开发人员的一般反应是在使用相同代码的前提下，确保同时满足不同的需求。这就意味着需要添加可选参数、增补条件逻辑，以确保共享代码能够满足不同的需求。这使得实际代码更加复杂，甚至由此带来的问题比它解决的问题还要多。从这个时候开始，你得开始考虑远比复制、粘贴代码复杂的设计方案。

比如，你要为在线购物网站编写一套 API。客户端需要更改客户的送货地址，该地址由以下 PostalAddress 类表示。

```
public class PostalAddress {
  public string FirstName { get; set; }
  public string LastName { get; set; }
  public string Address1 { get; set; }
```

```
  public string Address2 { get; set; }
  public string City { get; set; }
  public string ZipCode { get; set; }
  public string Notes { get; set; }
}
```

你需要将字段规范化，比如规范大小写，这样即使客户没有提供正确的输入，它们看起来也不错。更新函数看起来就像一系列规范化操作和对数据库的更新。

```
public void SetShippingAddress(Guid customerId,
  PostalAddress newAddress) {
  normalizeFields(newAddress);
  db.UpdateShippingAddress(customerId, newAddress);
}

private void normalizeFields(PostalAddress address) {
  address.FirstName = TextHelper.Capitalize(address.FirstName);
  address.LastName = TextHelper.Capitalize(address.LastName);
  address.Notes = TextHelper.Capitalize(address.Notes);
}
```

我们的大写方案是让单词中的第一个字母大写，而让剩余字母小写。

```
public static string Capitalize(string text) {
  if (text.Length < 2) {
    return text.ToUpper();
  }
  return Char.ToUpper(text[0]) + text.Substring(1).ToLower();
}
```

现在它们已经发挥作用了，“gunyuz”已经变成了“Gunyuz”，“PLEASE LEAVE IT AT THE DOOR”变成了“Please leave it at the door”。这省去了快递员的麻烦。在这个应用程序运行一段时间后，你希望对城市名称进行规范化处理。把名称添加到 normalizeFields 函数里。

```
address.City = TextHelper.Capitalize(address.City);
```

到目前为止一切都很好，但是当你开始收到来自旧金山（San Francisco）的订单时，你注意到它们被规范化为“San francisco”。现在你必须改变大写方案的逻辑，使它将每个单词的第一个字母都大写，让城市名称变成“San Francisco”。这对埃隆·马斯克(Elon Musk)的孩子们的名字也会有帮助。但你会注意到，快递单上的信息变成了“Please Leave It At The Door”。这比全大写的好，但老板希望它完美。你会怎么做?

最简单的改变，也是对代码影响最小的改变，似乎是改变 Capitalize 函数，让它接收一个关于行为的额外参数。清单 3.2 中的代码接收了一个额外的参数，叫作 everyWord，它指定了是否应该对每个单词的首字母进行大写，还是只对第一个单词首字母进行大写。请注意，你没有给这个参数命名为 isCity 或类似的东西，因为你用它来做什么并不是 Capitalize 函数在意的。名称应该在其上下文中解释含义，而不是在调用者中解释含义。总之，如果 everyWord 参数为真，你就把文本分成几个单词，并为每个单词单独调用大写字母，然后把这些单词重新连接成一个新的字符串。

清单 3.2　Capitalize 函数的初始实现

```
public static string Capitalize(string text,
  bool everyWord = false)          <-- 新引入的参数
  if (text.Length < 2) {
  return text;
  }                                <-- 处理只有第一个字母大写
  if (!everyWord) {
    return Char.ToUpper(text[0]) + text.Substring(1).ToLower();
  }
  string[] words = text.Split(' ');
  for (int i = 0; i < words.Length; i++) {
    words[i] = Capitalize(words[i]);      调用同一个函数来让每个
  }                                        单词的第一个字母大写
  return String.Join(" ", words);
}
```

这看起来已经很复杂了，但请忍耐一下，我真的希望你能相信这一点：修改函数似乎是最简单的解决方式。你只需添加一个参数和 `if` 语句就可以了。这就形成了一种坏习惯——几乎是一种条件反射，以这种方式处理每一个小的变化，并且会产生巨大的复杂性。

比方说，你还需要让应用程序下载的文件名大写，你已经有一个纠正字母大小写的函数，所以你只需要将文件名中每个单词的首字母大写并用下划线将每个单词分开。例如，如果 API 接收到发票报表，它的名字应该变成 `Invoice_Report`。因为你已经有了一个纠正字母大小写的函数，你的第一直觉是再次稍微修改它。你添加了一个名为 `filename` 的新参数，因为你要添加的这个操作没有更通用的名称，当转换大小写时，你必须使用语言不变版本的 `ToUpper` 和 `ToLower` 函数，这样土耳其的计算机上的文件名就不会突然变成`?nvoice_Report`。注意到`?nvoice_Report` 中有个点的“I”了吗？看不到吧？因为它乱码了。我们的实现现在看起来就像清单 3.3 中所示的那样。

清单 3.3　一把万能的瑞士军刀

```
public static string Capitalize(string text,
    bool everyWord = false, bool filename = false) {   <-- 你的新参数
    if (text.Length < 2) {
      return text;
    }
    if (!everyWord) {              <-- 处理文件名的代码
      if (filename) {
        return Char.ToUpperInvariant(text[0])
          + text.Substring(1).ToLowerInvariant();
      }
      return Char.ToUpper(text[0]) + text.Substring(1).ToLower();
    }
    string[] words = text.Split(' ');
    for (int i = 0; i < words.Length; i++) {
      words[i] = Capitalize(words[i]);
```

```
    }
    string separator = " ";
    if (filename) {
      separator = "_";    ← 处理文件名的代码
    }
    return String.Join(separator, words);
}
```

看看你创造了一个怎样的“怪物”。你违反了横切关注点原则(principle of crosscutting concer)[①]，让 Capitalize 函数意识到了你的文件命名惯例。它突然变成了特定业务逻辑的一部分，而不是普适于所有业务逻辑。是的，你可以尝试对代码进行复用，但这将让你以后的工作变得非常困难。

请注意，你还创造了一个在你设计之初没有想到的新情况：一个新的文件名格式。这个格式中不是所有的字母都是大写的，此时 everyWord 为 false，filename 为 true。虽然这并不是你故意的，但是这个情况已经出现了。另一个开发者可能会依赖这个情况，这就是你的代码随着时间的推移而变成“面条代码”的原因。

我提出一个更简洁的方法：重复自己。与其试图把每一个逻辑都合并到同一段代码中，不如尝试使用独立的函数，这样也许会产生一些重复的代码。你可以为每种情况设置单独的函数。你可以写一个只将第一个字母大写的函数，然后写一个将每个单词首字母大写的函数，再去写一个真正将文件名格式化的函数。这 3 个函数不需要写在一起。函数的命名只要贴近它的业务逻辑就可以了，这样，就能通过函数名称较好表达自己的意图。第一个函数为 CapitalizeFirstLetter ()，一看它的名字就知道它的作用是什么。第二个函数是 CapitalizeEveryWord ()，这也更好地解释了它的作用。它用于为每个词调用 CapitalizeFirstLetter ()，这比你试图用递归来理解整个过程要具体得多。最后一个函数是 FormatFilename ()，它有一个完全不同的名字，因为大写字母不是它唯一做的事情。它的作用是把所有的大写逻辑从头开始实现一遍。这样，当你的文件名格式约定发生变化时，你可以自由地修改这个函数，而不需要考虑它将如何影响你的大写逻辑，如清单 3.4 所示。

清单 3.4 具有更好可读性和灵活性的重复工作

```
public static string CapitalizeFirstLetter(string text) {
  if (text.Length < 2) {
    return text.ToUpper();
  }
  return Char.ToUpper(text[0]) + text.Substring(1).ToLower();
}
public static string CapitalizeEveryWord(string text) {
  var words = text.Split(' ');
```

① 横切关注点是面向方面（aspect-oriented）的软件开发方式里的概念。说直白点就是，有一些对象，它们都要完成同个功能。比如，要开发一个在线商店应用，当用户尝试访问 A 特权功能时，就会验证用户是否具有这项权限，访问 B 特权功能时亦然。——译者注

```
    for (int n = 0; n < words.Length; n++) {
      words[n] = CapitalizeFirstLetter(words[n]);
    }
    return String.Join(" ", words);
  }
  public static string FormatFilename(string filename) {
    var words = filename.Split(' ');
    for (int n = 0; n < words.Length; n++) {
      string word = words[n];
      if (word.Length < 2) {
        words[n] = word.ToUpperInvariant();
      } else {
        words[n] = Char.ToUpperInvariant(word[0]) +
          word.Substring(1).ToLowerInvariant();
      }
    }
    return String.Join("_", words);
  }
```

这样，你就不必把所有可能的逻辑都塞进一个函数中了。当调用者之间存在不同的需求时，这一点尤为重要。

复用还是直接复制？

你打算复用代码还是直接在需要的地方复制它？最需要考虑的问题是你如何理解当前问题，也就是如何将问题的真正矛盾描述清楚。当你遇到一个把文件名格式化的功能的要求时，你会因为想起这与已经写过的某个函数的功能十分接近，你的大脑就立马发出使用那个函数的信号。如果对手头的这个问题用那个函数以完全相同的方式进行格式化，或许它也能用，但是它们之间微小的差别是一个大隐患。

在计算机科学当中，有3件事是很麻烦的：缓存失效，命名，还有差一错误（off-by-one error）[①]。在理解代码复用中产生的冲突问题时，正确命名是最重要的因素之一。Capitalize这个名字以一种正确的方式限制了函数的功能，当我们第一次创建它的时候，我们可以叫它NormalizeName。但是在其他领域，你用这个名字的话，别人光看名字不知道这个函数到底产生什么效果。我们所做的事就是让函数的名字跟它们的实际功能紧密联系。这样，我们的函数即便挪到其他领域，别人也能够从字面知晓它的功能，而不产生混淆。你可以在图3.8中看到不同的命名方法如何影响对其实际功能的描述。

比如函数的功能是“将字符串中每个单词的第一个字母转换成大写形式，并将其余字母全部转换成小写形式”，这一大堆内容很难装进一个名称当中。名称应该尽可能地简短和不含糊。从这个意义上来说，叫Caplitalize是没有任何问题的。

① 此处引用Leon Bambrick对Phil Karlton名言“There are 2 hard problems in computer science: cache invalidation, naming things”的化用。

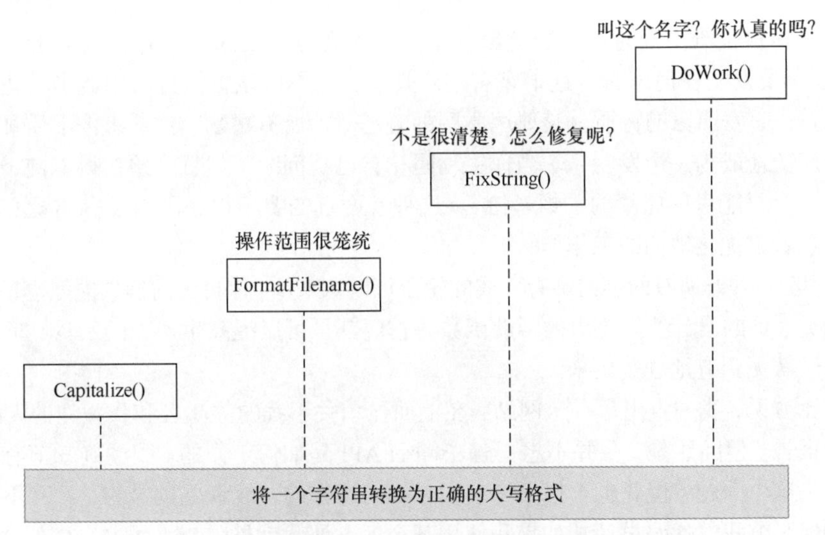

图 3.8 依据实际功能尽可能地选择一个贴切的名字

对代码产生直觉是一项重要的技能，我通常给函数和类赋予人格，比如说“这个函数不关心这个”，就好像它是一个人一样。这就是为什么我们把指令大写每个字母的参数命名为 everyWord 而非 isCity 的原因，因为函数根本不在乎它是否是一个城市。这不是函数需要考虑的事。

当你对函数的命名贴近它的作用时，它的适用场景会更加明显，那么为什么我们把用于文件名格式化的函数命名成 `FormatFilename` 而不是 `CapitalizeInvariantAndSeparateWithUnderscores` 呢？因为函数可以做很多事情，但是它们只专注于完成一个任务，你应该用这个任务来给它命名。如果你觉得在你的函数名称中有必要用连词“and”“or”，那么要么你的命名是错的，要么你把太多的职责寄托给这一个函数。

名称只是代码的一个方面。代码所处的位置、它的模块、它的类，也可以成为是否复用它的决定因素。

3.5 是我所创

土耳其有句俗语，字面意思是“现在不要临时想出一个发明。”它的实际意思是，“突发奇想地尝试一件新奇的事情，这会给我们带来麻烦，我们没有时间去做。”“重新发明轮子”是有问题的。这种“病理”在计算机科学界甚至有自己的学名：非我所创综合征。它特指这么一种人，如果他们自己不发明已经发明的产品，他们晚上就辗转反侧睡不着。

当有一个已知并且可行的替代方案时，从零开始创建一些东西肯定需要做大量的工作，何况这也容易出错。当复用现有的东西成为大家习以为常的规范，而创建一些东西又显得很难实现时，问题就出现了。这种观点越发深入人心，以至于最终变成了“永远不要发明任何东西”这个座右铭。其实，你不应该害怕自己创造出一些东西。

首先，发明家的特质就是要用质疑的心态对待所有事物，你从未停下质疑，那你将不可避免地成为一个发明家。当你主动阻止自己提问时，你就开始变得迟钝，把自己变成了一个只能卑躬屈膝的“螺丝钉”。这种态度真的要不得，因为没有质疑心态的人不可能想着去优化他们的工作。

其次，并非所有的事情都有现成的轮子可以拿来用。你自己的抽象模型也是发明——你的类、你的设计、你想出的帮助函数。它们都是可以提高生产力的工具，但它们需要你自己从无到有地创造出来。

比方说，我一直想写一个网站，在上面显示关于我的关注者和我关注的人的 Twitter 统计报告。但问题是，我并不想了解 Twitter API 是如何工作的。我的确知道有一些库可以解决这个问题，但我也不想了解它们是如何运作的，或者更重要的是，我不希望它们的实现影响我的代码设计。如果我使用某个库，那我就被限制去用这个库的 API，如果我想换成其他库，那要重写的地方可就太多了。

造轮子可以解决这个问题。我们构想了期待的接口，将其作为使用库的抽象层。这样，我们就避免了将自己束缚在某个 API 设计上。如果我们想要换掉我们使用的库，我们只需要修改抽象层，而不是库中的所有内容。好，我目前不知道 Twitter Web API 是如何工作的，但我觉得这是一个常规的 Web 请求，请求中包含一些标识，这些标识有关于访问 Twitter API 的授权，也就是说从 Twitter 请求得到一个东西。

作为一个程序员，第一反应是找到一个包，并查看一些文档，搞清楚如何用代码实现这个操作。但与其这样做，不如自己重新写一个新的 API，最终调用你使用的库。你的 API 应该是极简的，满足你的需求就可以了（自己做自己的甲方）。

首先，分析 API 的需求。基于 Web 的 API 在 Web 上提供了一个用户界面，用于向应用程序授予权限。它在 Twitter 上打开一个界面，请求权限，如果用户确认，它会重定向回应用程序。这意味着我们需要知道打开哪个 URL 进行授权，以及重定向回哪个 URL。然后，我们可以使用重定向界面中的数据，方便之后的 API 再次调用。

授权后的东西就不需要我们操心了。因此，我设计了一个完成这个任务的 API，如清单 3.5 所示。

清单 3.5 我们假设的 Twitter API

```
public class Twitter {                                    处理认证流的静态函数
  public static Uri GetAuthorizationUrl(Uri callbackUrl) { ◁
    string redirectUrl = "";
    // 这里实现 URL 重定向
    return new Uri(redirectUrl);
  }
                                                  处理认证流的静态函数
public static TwitterAccessToken GetAccessToken( ◁
```

```
  TwitterCallbackInfo callbackData) {
  // 我们应该像这样获取点什么
  return new TwitterAccessToken();
}

public Twitter(TwitterAccessToken accessToken) {
  // 我们应该在某个地方存储这些数据
}

public IEnumerable<TwitterUserId> GetListOfFollowers(    ◁— 我们实际需要的功能
  TwitterUserId userId) {
  // 不知道这段代码该怎么工作
  }
}

public class TwitterUserId {              ◁—┐
  // 谁知道 Twitter 是如何定义用户 ID 的呢   │
}                                          │
                                           │
public class TwitterAccessToken {         ◁—┤ 用来定义 Twitter 概念的类
  // 还没想好这里怎么写                     │
}                                          │
                                           │
public class TwitterCallbackInfo {        ◁—┘
  // 这里也一样
}
```

我们从头开始造了一个新的 Twitter API。尽管我们根本不清楚 Twitter API 的实际工作流程。它可能不是通用场景下的最佳 API，但它的用户就是我们自己，所以我们可以根据自己的需求来将自己的绝妙设计在这上面实现。例如，我认为我不需要处理原始 API 中数据是如何分块传输的，而且我不在乎它是否让我等待并阻塞运行代码，尽管这在更通用的 API 中可能并不是令人满意的。

注意

毫不奇怪，这种拥有你自己的支持适配器的方便接口的方法在业界被称为适配器模式（adapter pattern）①。我避免强调名称而忽略实际用处，但如果有人问你这个，你现在就可以回答他的问题了。

我们以后可以从我们定义的类中提取出一个接口，这样我们就不必依赖具体的实现，这可以让我们之后进行的测试更加容易。我们甚至不知道我们要使用的 Twitter 库是否支持轻松替换它们的实现。你可能偶尔会遇到这样的情况：你的梦想设计并不真正

① 适配器模式是一种设计模式，它用于将一个类的接口转换为另一个类所期望的接口。这样，原本不兼容的接口可以一起工作。通过使用适配器模式，我们可以创建一个新的接口，以满足自己的需求，同时与现有的系统或第三方 API 进行协同工作。这种模式有助于提高代码的可重用性、灵活性和可维护性。——译者注

符合实际产品。在这种情况下，你需要调整你的设计，但这是一个好兆头。因为你的设计也代表你对底层技术的理解，如果出现了与实际产品的偏差，那么现在发现了，去更改它还来得及。

所以，我可能撒了个小谎。不要从头去写一个 Twitter 库，但也不能偏离 Twitter 库的设计思路。这两者是相辅相成的，你应该两者兼顾。

3.6 不要使用继承

面向对象编程（Object-Oriented Programming，OOP）在 20 世纪 90 年代像一道惊雷落在了编程界，引起了结构化编程的范式转变。它被认为是一项革命性的技术。几十年来，如何重复使用代码的问题终于得到了解决。

OOP 最强调的特点是继承。你可以将代码复用定义为一组继承的依赖关系。这不仅让代码复用变得简单，还让写简单代码也同样变得简单。在原始代码基础上做轻微的功能调整时，你不需要考虑改变原始代码，你只需根据它派生出来，并增加相关的成员来获得修改后的新功能。

从长远来看，继承带来的问题比它解决的问题要多。多重继承（multiple inheritance）是首要问题之一。如果你不得不重复使用多个类的代码，而它们都有名称相同的方法，也许还有相同的签名，怎么办？它将如何运作？图 3.9 所示的钻石型依赖性问题又该如何处理？这将是非常复杂的，所以很少有编程语言去实现它。

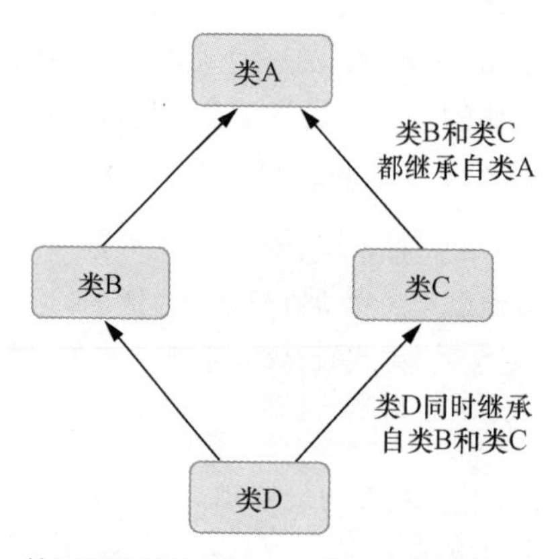

图 3.9 钻石型依赖性问题——类 D 会做出什么行为呢？

除了多重继承之外，继承的一个更大的问题是强依赖性，也被称为紧耦合（tight coupling）。正如我已经讨论过的，依赖性是万恶之源。由于其性质，继承将你绑定在一个具体的实现上，这被认为违反了面向对象编程的一个广为人知的原则，即依赖反转原则（dependency inversion principle）。该原则指出，代码不应该依赖具体的实现，而应该依赖抽象。

为什么会有这样一个原则？因为被束缚在具体的实现上时，你的代码就会变得僵硬和不可修改。正如我们所看到的，僵硬的代码是很难测试或修改的。

那么你如何复用代码呢？你如何从抽象中继承你的类？这很简单——这就是所谓的组合（composition）。你不是从类中继承，而是在你的构造函数中接收它的抽象作为参数。把你的组件看成相互拼接的乐高积木块，而不是对象的层次结构。

在常规的继承中，普通代码和它的变化之间的关系是用父类/子类（ancestor/descendant）模型来表达的。与此相反，组合把共同的功能看成独立的组件。

关于 SOLID 原则

有一个著名的缩写，SOLID，代表着面向对象编程的 5 个原则。问题是，SOLID 给人的感觉是这个词创建得很牵强，而不是为了让我们成为更好的程序员。我不认为它倡导的所有原则都非常重要，有些可能根本无足轻重。我强烈反对在其有效性没有被证实的情况下拥护这套原则。

S：单一责任原则（single-responsibility principle），即 SOLID 的 S。该原则说的是一个类应该只负责一件事，而不是一个类做多件事，也就是 God 类。这名字的意思有点模糊，因为是我们去定义了一件事的内涵。我们能说一个有两个方法的类还只对一件事负责吗？即使是一个 God 类，在某种程度上也只对一件事负责——成为一个 God 类本身这件事。我想用清晰的名字原则来代替这个 S 原则：一个类的名字应该尽可能简洁地解释它的功能，而不是含糊不清。如果名字太长或太模糊，就需要将该类拆成多个类。

O：开放-封闭原则(open-closed principle)。该原则指出一个类应该为扩展而开放，但为修改而封闭。这意味着我们应该把我们的类设计成其行为可以被外部修改。这句话也比较难懂，甚至让你兜圈子浪费时间。可扩展性是一个设计决定，有时可能并不可取、不实用，甚至不安全。这感觉就像编程中“使用赛车轮胎”（use racing tires）的建议。我倒是想说，“就只把可扩展性当作一个特性吧。”

L：由芭芭拉·利斯科夫（Barbara Liskov）提出的里氏替换原则（Liskov Substitution principle）。该原则指出，程序中的对象应该是可以在不改变程序正确性的前提下被它的子类所替换的。虽然这很合理，但我认为它在日常编程工作中并不重要。它给我的感觉就类似于“不要有缺陷”的建议。如果你破坏了接口的相关条件，程序就会有缺陷。如果你设计了糟糕的接口，程序也会有缺陷。这就是事物的自然规律。也许这可以变成更简单、更可操作的建议，比如“遵守契约”。

I：接口隔离原则（interface segregation principle）。该原则偏向于较小的、目标明确的接口，而不是泛化的、范围广泛的接口。这是一个不必要的复杂和模糊的建议，甚至可以说是完全错误的。可能在某些情况下，范围宽泛的接口更适合工作，而过于细化的接口会造成过多的开销。分割接口不是基于范围，而是基于设计的实际需求。如果单一接口不适合这项工作，请随意拆分它，而不是为了刻意满足某些定死的僵硬教条。

D：依赖反转原则（dependency inversion principle）。该原则是 SOLID 中最后一个原则。同样，这也不是一个很好的名字，就叫它“依赖于抽象”吧。是的，依赖具体的实现会产生紧密的耦合，我们已经看到了它造成的不良影响。但这并不意味着你应该为你的每一个依赖关系创建接口。我的意思恰恰相反：当你喜欢灵活性并且看到它的价值时，你更喜欢依赖抽象，而在无关紧要的情况下，你会依赖具体实现。你的代码应该适应你的设计，而不是主次颠倒。请自由地尝试不同的模型。

组合更像是一种客户端-服务器的关系，而不是父-子关系。你通过它的引用来调用复用的代码，而不是在你的范围内继承它的方法。你可以在构造函数中构造你所依赖的类，或者更好的是，你可以把它作为一个参数进行接收，这将让你把它作为一个外部依赖。使你可以让这种关系可配置和更加灵活。

把类作为参数进行接收还有一个额外的好处，那就是可以通过注入具体实现的模拟版本，让对象更加容易进行单元测试。我将在第 5 章中进一步讨论依赖注入（dependency injection）。

使用组合而不是继承可能需要你多写点代码，因为你可能需要用接口而不是具体的引用来定义依赖关系，但这也会使代码摆脱依赖关系。在使用组合之前，你仍然需要权衡组合的利与弊。

3.7 不要使用类

别搞错了，类很好用，它们做好了本职工作，然后就可以走开了。但正如我在第 2 章中所谈到的，它们会产生少量的引用间接[①]开销（reference indirection overhead），而且与值类型（value type）相比，它们更侧重间接方面。对你来说，了解它们的优点和缺点是很重要的，这样你才能理解代码，以及你的那些错误决定会产生怎么样的后果。

值类型可以是有价值的。C#中的原始类型，如 `int`、`long` 和 `double`，就是值类型。你也可以用 `enum` 和 `struct` 这样的结构来组成你自己的值类型。

3.7.1 enum 太好用了！

enum 用来保存离散的序数值（discrete ordinal value）是很不错的。类也可以用来定义离散的值，但它们缺乏 enum 所具有的某些能力。当然，类仍然比硬编码的值要好。

如果你正在写代码来响应你在 App 中发出的网络请求，你可能需要处理不同的数字响应代码。比如说，你要从气象局查询用户指定位置的天气信息，你要写一个函数来检索所需的信息。在清单 3.6 中，我们使用 `RestSharp` 来处理 API 请求，并使用 `Newtonsoft.JSON` 来解析响应，如果请求成功，则检查 HTTP 状态码是否表示成功。

① 在编程中间接的意思有些隐晦，但其实很简单：在代码中通过指针间接获取某个值，而不是直接获取。——译者注

注意，我们在 if 行中使用了一个硬编码值（200）来检查状态码。然后我们使用 Json.NET 库将响应解析为一个动态对象，以提取我们需要的信息。

清单 3.6 返回给定坐标的气象局预测温度的函数

```
static double? getTemperature(double latitude,
  double longitude) {
  const string apiUrl = "https://api.weather.gov";
  string coordinates = $"{latitude},{longitude}";
  string requestPath = $"/points/{coordinates}/forecast/hourly";
  var client = new RestClient(apiUrl);
  var request = new RestRequest(requestPath);
  var response = client.Get(request);          ← 给气象局发送请求
  if (response.StatusCode == 200) {            ← 检查 HTTP 响应成功的状态
    dynamic obj = JObject.Parse(response.Content);   ← 我们在这解析 JSON
    var period = obj.properties.periods[0];
    return (double)period.temperature;         ← 得到结果
  }
  return null;
}
```

硬编码值的最大问题是，相较于文字，人类记住数字的本事差了不少，我们不擅长这个。当然，除了工资单上数字有多少个零——我们对这个还是非常敏感的。它们比一般的名字更难输入，因为很难将数字与其含义联系起来，更麻烦的是它们还更容易出现输入错误。硬编码值的另一个问题是，数值可以改变。如果你在其他地方使用相同的数字，那就意味着为了改一个数字而修改所有用到这个数字的地方。

数字的第二个问题是它们缺乏可读性。一个像 200 这样的数字可以表示任何东西，我们不知道它表示什么，所以不要用硬编码值。

类是封装值的一种方式。你可以把 HTTP 状态码封装在一个类中。

```
class HttpStatusCode {
  public const int OK = 200;
  public const int NotFound = 404;
  public const int ServerError = 500;
  // 以此类推
}
```

通过这种方式，你可以使用以下代码来更改检查 HTTP 状态码的实现。

```
if (response.StatusCode == HttpStatusCode.OK) {
...
}
```

这就有点可读性了，我们一看到就立马理解了这段代码的作用，某个变量的含义是什么，以及它在代码中的含义。简直完美。

那么 enum 是什么呢？我们不能用类来实现吗？比方说我们有另一个类用来保存值。

```
class ImageWidths {
  public const int Small = 50;
  public const int Medium = 100;
  public const int Large = 200;
}
```

下面这段代码可以编译成功，更重要的是，它将返回 true。

```
return HttpStatusCode.OK == ImageWidths.Large;
```

这并不是你想要的。假设我们用 enum 来实现它。

```
enum HttpStatusCode {
  OK = 200,
  NotFound = 404,
  ServerError = 500,
}
```

这样写起来更容易一些，对吧？它的用法跟我们例子里的是一样的。更重要的是，每一个你定义的 enum 的类型都是不同的，这让值拥有了类型安全（type-safe），不像我们用 consts 的例子那样。enum 完美解决了痛点。如果我们尝试对两种不同类型的 enum 进行比较，编译器会抛出一个错误。

```
error CS0019: Operator '==' cannot be applied to operands of type
➥ 'HttpStatusCode' and 'ImageWidths'
```

太棒了，通过使用 enum，编译器会提醒我们没法比较两个不具有可比性的东西，而因此为我们节省了时间。它们和包含值的类一样，都能传达意图。enum 也是值类型，也就是说其值和整数值的传递速度是一样快的。

3.7.2 结构体真棒!

正如第 2 章所指出的，类会产生一点存储开销。每个类在实例化的时候都需要保留一个对象头和虚拟方法表。此外，类是在堆上分配的，而且它们会被回收。

这意味着.NET 需要跟踪每个实例化的类，并在不需要时将它们从内存中取出。这是一个非常高效的过程——大多数时候，你甚至不会注意到它的存在。这非常神奇。它不需要手动的内存管理，所以，你不需要害怕使用类。

但正如我们所看到的，当一个无代价的好处出现时，你应该知道在什么情景下去使用它。结构就像类一样，你可以在其中定义属性、字段和方法。结构也可以实现接口。然而，结构不能被继承，也不能继承另一个结构或类。这是因为结构没有虚拟方法表或对象头。它们不能被回收，因为它们是在栈中分配的。

正如在第 2 章中所讨论的，调用栈只是一个连续的内存块，只有其顶部的指针在移动。这使得栈成为一个非常有效的存储工具，因为清理工作是快速和自动的。不存在碎片化的可能性，因为它总是后进先出（LIFO）的。

如果栈真的那么快，为什么我们不把它用于所有的事情呢？为什么会有堆或垃圾回收？这是因为栈只能在函数的生命周期内存在。当你的函数返回时，函数栈框架上的任何东西都会消失，如此一来，其他函数可以使用相同的栈空间。我们需要堆来存储那些比函数生命周期更长的对象。

另外，栈的大小是有限的。这就是为什么有一个网站名为 Stack Overflow：因为如果存储溢出栈，你的应用程序就会崩溃。尊重栈——知道它的极限。

结构是轻量级的类。它们被分配在栈上，因为它们是值类型。将一个结构值分配给一个变量意味着复制其内容，因为没有一个引用代表它。你需要记住这一点，因为对于任何大于指针大小的数据，复制的速度比仅传递引用的速度要慢。

尽管结构本身是值类型，但它们仍然可以包含引用类型。比方说，如果一个结构包含一个字符串，字符串仍然是一个值类型中的引用类型，类似地，你可以在引用类型中包含值类型。我将在本节中说明这一点。

如果你有一个只包含单个整数值的结构，一般来说它所占的空间比包含单个整数值的类要小，如图 3.10 所示。考虑到我们的结构和类的变体是用于容纳标识符的，正如在第 2 章中所讨论的，同一构造的两种变体会像清单 3.7 中列出的那样。

清单 3.7 类和结构声明的相似性

```
public class Id {
  public int Value { get; private set; }

  public Id (int value) {
    this.Value = value;
  }
}
public struct Id {
  public int Value { get; private set; }

  public Id (int value) {
    this.Value = value;
  }
}
```

代码中的唯一区别是 `struct` 关键字与 `class` 关键字，但是在函数里像下面这样创建结构和类的时候，请注意它们存储方式的不同。

```
var a = new Id(123);
```

图 3.10 展示了它们的布局方式。

因为结构是值类型，将它赋值给另一个结构时，会同时创建该结构所有内容的副本，而不仅仅是创建一个副本内容的引用。

```
var a = new Id(123);
var b = a;
```

图 3.11 展示了用于存储小类型（small type）时结构有多高效。

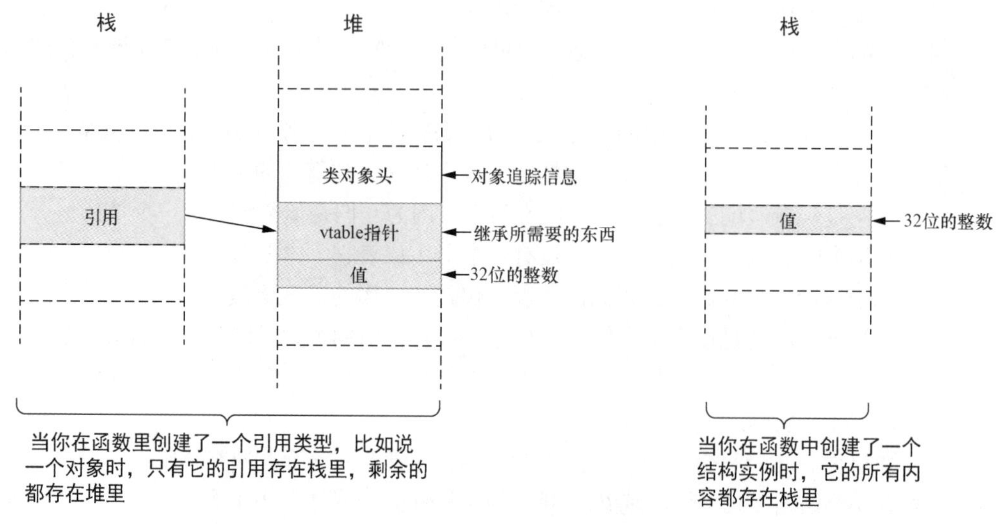

图 3.10　类和结构在内存中不同的布局方式

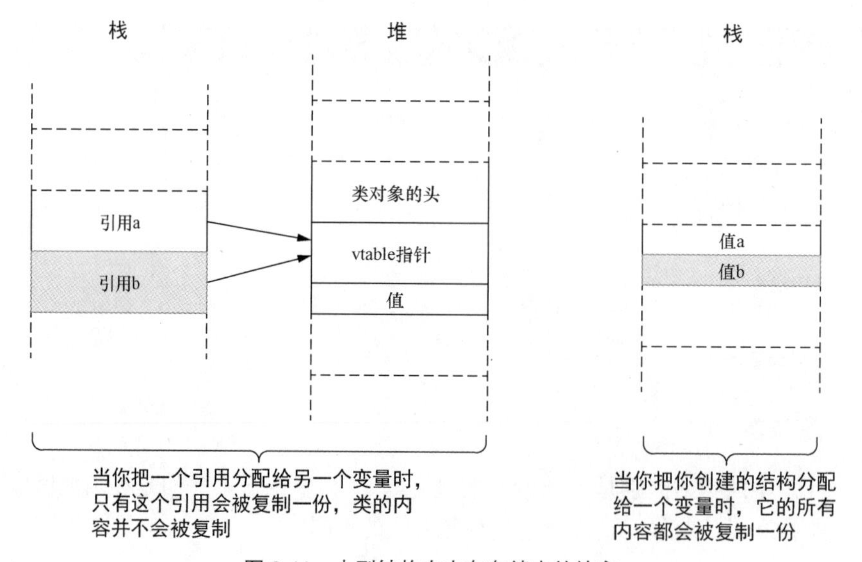

图 3.11　小型结构在内存存储中的效率

尽管栈存储会在程序执行期间临时产生，但是这点占用与堆相比就微不足道了。在.NET 中，栈的大小为 1MB，而堆却可以包含 TB 级的数据。栈的存取速度快，但是如果用大型结构去填充它，它很容易就被填满。此外，复制大型结构也当然会比仅复制引用要慢得多。考虑到我们希望保留一些用户信息和标识符，我们实现的样子就类似于清单 3.8。

清单 3.8 定义一个较大类或结构

```
public class Person {          <-- 我们如果把这里的 class 换成 struct，它就成了一个结构
  public int Id { get; private set; }
  public string FirstName { get; private set; }
  public string LastName { get; private set; }
  public string City { get; private set; }

  public Person(int id, string firstName, string lastName,
    string city) {
    Id = id;
    FirstName = firstName;
    LastName = lastName;
    City = city;
  }
}
```

它们之间唯一的区别，大概就是一个使用 `class` 关键字，一个使用 `struct` 关键字。然而它们的创造、分配过程却有极大的不同。来看这段简单的代码，其中的 `Person` 可以是一个类也可以是一个结构。

```
var a = new Person(42, "Sedat", "Kapanoglu", "San Francisco");
var b = a;
```

当你把 a 赋值给 b 后，内存布局的差异如图 3.12 所示。

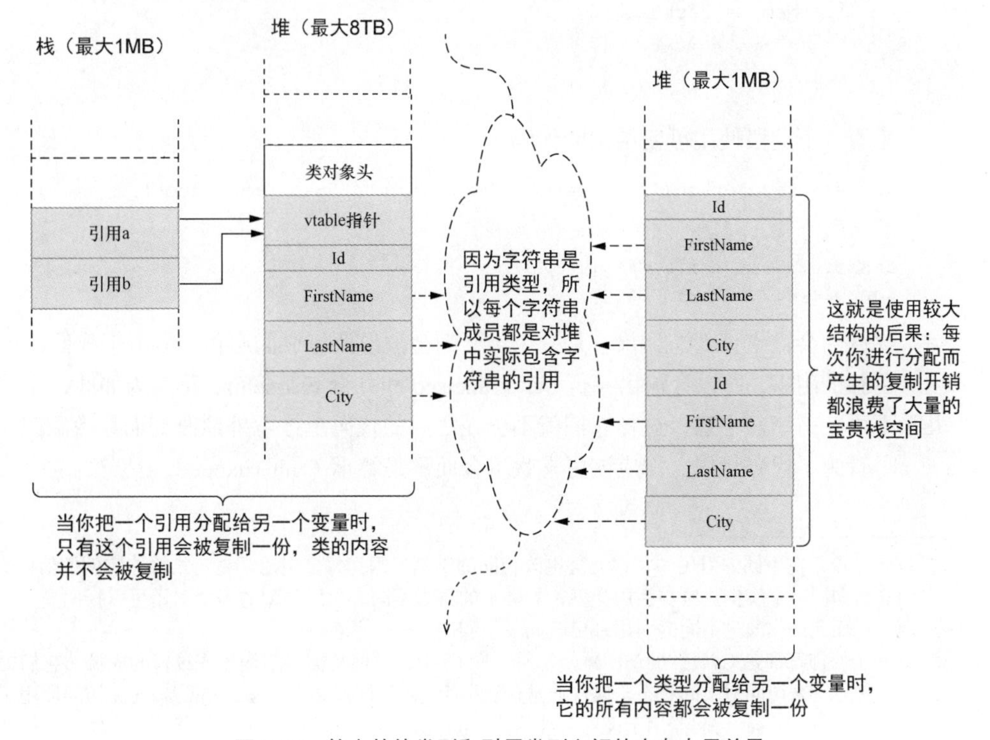

图 3.12 较大的值类型和引用类型之间的内存布局差异

调用栈可以非常快速和有效地存储东西。由于它们不受垃圾回收的影响，因此它们非常适用于处理较小的值，而且开销也较少。因为它们不是引用类型，所以它们也不能为 null，这使得结构不可能出现空引用异常。

你不能什么都用结构，这一点从结构的存储方式可以看出：你不能共享对它们的通用引用，这意味着你不能从不同的引用中更改通用实例。[①]这是我们经常无意识地做的事情，你只是从未注意到。考虑一下，如果我们希望结构是可变的，并使用 `get;set;` 修改器（`modifier`）而不是 `get;private set;`。[②]这让我们能及时地修改结构。来看下面这个例子（见清单 3.9）。

清单 3.9　一个可变结构

```
public struct Person {
  public int Id { get; set; }
  public string FirstName { get; set; }
  public string LastName { get; set; }
  public string City { get; set; }

  public Person(int id, string firstName, string lastName,
    string city) {
    Id = id;
    FirstName = firstName;
    LastName = lastName;
    City = city;
  }
}
```

来看一下这段使用可变结构的代码。

```
var a = new Person(42, "Sedat", "Kapanoglu", "San Francisco");
var b = a;
b.City = "Eskisehir";
Console.WriteLine(a.City);
Console.WriteLine(b.City);
```

你认为会输出什么？如果它是一个类，则会输出两行 Eskisehir。但由于我们这里是两个单独的副本，所以会输出一行 San Francisco 和一行 Eskisehir，正因为如此，让结构几乎不可变是个好主意，这样它们就不会在之后的代码里被意外地改变而导致缺陷。

尽管为了代码复用，你应该更喜欢组合而不是继承（inheritance），但当给定的依赖

---

① 换句话说，在不同的引用中，你无法更改相同的实例，因为每个引用都是对结构体实例的值拷贝，而非指向同一个实例。这与引用类型（如类）的行为不同，引用类型的多个引用可以指向同一个实例，从而允许你通过不同的引用来更改同一个实例。——译者注

② 这两个修饰符都是 C#属性的访问器修饰符。在 C#中，属性是类、结构体或接口的成员，它们提供了一种方法来访问对象的状态。属性通常包含一个 **get** 访问器和一个 **set** 访问器。**get** 访问器用于返回属性的值，而 **set** 访问器用于设置属性的值。**get; private set;**表示属性是只读的（针对类的外部），前者则相反。——译者注

关系被包含时，继承也是有用的。在这种情况下，类可以为你提供比结构更好的灵活性。

当类较大时，可以提供更有效的存储，因为在赋值时只有它们的引用会被复制。鉴于上述情况，请放心地将结构用于不需要继承的小型、不可变的值类型。

3.8 写点糟糕代码

最佳实践来自糟糕的代码，然而糟糕的代码也可能来自最佳实践的胡乱应用。结构化编程、面向对象编程，甚至函数式编程都是为了让开发人员写出更好的代码而开发的。当最佳实践开始拿来作为标准范例，那些糟糕的代码就被拿来作为反面教材让人敬而远之。让我们看看那些反面教材到底长什么样子。

3.8.1 不要使用 If/Else

`If/Else` 应该是你编程之初接触到的结构之一。它是计算机基本部分的表达：逻辑。它让我们以一种类似于流程图的方式来表达程序的逻辑，但它也会使代码的可读性降低。

像许多编程结构一样，`If/Else` 块让条件语句中的代码缩进。假设我们想给 3.7 节中的 `Person` 类添加一些功能，让它能够处理数据库中的记录。我们想看看 `Person` 类的 `City` 属性是否被改变，并且当 `Person` 类指向一个有效的记录时，在数据库中修改它。这是一个相当牵强的实现。有更好的方法来做这件事情，但我想向你展示代码的结果，而不是其实际功能。我在清单 3.10 中画了个轮廓。

清单 3.10 一次 If/Else“狂欢”的示例代码

```
public UpdateResult UpdateCityIfChanged() {
  if (Id > 0) {
    bool isActive = db.IsPersonActive(Id);
    if (isActive) {
      if (FirstName != null && LastName != null) {
        string normalizedFirstName = FirstName.ToUpper();
        string normalizedLastName = LastName.ToUpper();
        string currentCity = db.GetCurrentCityByName(
          normalizedFirstName, normalizedLastName);
        if (currentCity != City) {
          bool success = db.UpdateCurrentCity(Id, City);
          if (success) {
            return UpdateResult.Success;
          } else {
            return UpdateResult.UpdateFailed;
          }
        } else {
          return UpdateResult.CityDidNotChange;
        }
```

```
      } else {
        return UpdateResult.InvalidName;
      }
    } else {
      return UpdateResult.PersonInactive;
    }
      } else {
        return UpdateResult.InvalidId;
    }
  }
```

即使我一步一步地解释这个函数的作用，你在5分钟后再回头看这个函数，估计还是会一脑袋糨糊。造成你疑惑的一个原因是缩进太多。人们不习惯以缩进的方式阅读东西，只有 Reddit[①]的用户是个例外。这导致你很难确定某一行属于哪个区块、上下文是什么，逻辑非常不清晰。

避免不必要缩进的一般原则是尽可能早地退出函数，并且在流程中已经暗示 else 语义时要避免使用 else。清单3.11显示了返回语句已经暗示了代码流程的结束，消除了对 else 的需要。

清单3.11 你看，没有 else 了！

```
public UpdateResult UpdateCityIfChanged() {
  if (Id <= 0) {
    return UpdateResult.InvalidId;
  }
  bool isActive = db.IsPersonActive(Id);
  if (!isActive) {
    return UpdateResult.PersonInactive;
  }
  if (FirstName is null || LastName is null) {
    return UpdateResult.InvalidName;
  }
  string normalizedFirstName = FirstName.ToUpper();
  string normalizedLastName = LastName.ToUpper();
  string currentCity = db.GetCurrentCityByName(
    normalizedFirstName, normalizedLastName);
  if (currentCity == City) {
    return UpdateResult.CityDidNotChange;
  }
  bool success = db.UpdateCurrentCity(Id, City);
  if (!success) {
    return UpdateResult.UpdateFailed;
  }
  return UpdateResult.Success;
}
```

return 语句运行之后，没有代码会继续运行

这里使用的技术被称为“愉快路径”（happy path）。代码中的愉快路径是指没有其

① 在 Reddit 论坛里回复和评论帖子都是靠缩进来区别文字逻辑的。——译者注

他错误发生时执行的代码部分。通过将 else 语句转换为 return 语句，我们可以让读者更容易地识别愉快路径，而不是形成 if 语句的“俄罗斯套娃”。[①]

尽早验证，并尽早返回。把特殊情况放在 if 语句中，并尽量把你的愉快路径放在块之外。熟悉这两种类型，你的代码就更容易阅读和维护了。

3.8.2 使用 goto

整个编程理论可以用内存、基本算术、if 语句和 goto 语句来概括。goto 语句可以将程序的执行直接转移到一个任意的目标点。它们很难遵循，自从艾兹赫尔·戴克斯特拉（Edsger Dijkstra）写了一篇题为“Go to statement is considered harmful”的论文后，就不鼓励使用它们了。对于戴克斯特拉的论文，存在很多误解。首先是其标题，戴克斯特拉将他的论文命名为“A case against the GO TO statement”，但他的编辑，同时也是 Pascal 语言的发明者尼克劳斯·维尔特（Niklaus Wirth）改了标题，这使得戴克斯特拉的立场更加激进，并将反对 goto 的战争变成了一场讨伐。

这一切都发生在 20 世纪 80 年代之前。编程语言有充足的时间来创造新的结构，以实现 goto 语句的功能。for/while 语句、return/break/continue 语句，甚至是异常，都是为了实现以前只有 goto 语句才能实现的特殊功能而产生的。以前的 BASIC 程序员会记得著名的错误处理语句 ON ERROR GOTO，它是一种原始的异常处理机制。

尽管许多现代编程语言不再有相当于 goto 语句的东西，但 C#有，而且它在一个场景中非常有效：消除函数中多余的退出点。可以用一种易于理解的方式来使用 goto 语句，使你的代码不容易出现 bug，同时节省时间。这就像《真人快打》中的 3 连击。

退出点（exit point）是指函数中导致其返回给调用者的语句。在 C#中，每个返回语句都是一个退出点。在旧时代的编程语言中，消除退出点比现在更重要，因为手动清理是程序员日常工作中很突出的部分。你必须记住你分配了什么，以及在返回之前需要清理什么。

C#为结构化清理提供了很好的工具，如 try/finally 块和 using 语句。可能在某些情况下，这两者都不适合你的场景，你也可以使用 goto 语句来清理，但实际上它在消除冗余方面更有优势。比方说，我们正在为一个在线购物的网页开发发货地址表单。网页表单是展示多层次验证的好地方。假设我们想用 ASP.NET Core 来做这件事，这意味着我们需要为表单设置一个提交动作。它的代码可能像清单 3.12 中的那样。我们有发生在客户端的模型验证，但与此同时，我们需要对表单进行一些服务器验证，以便我们可以使用 USPS API 检查地址是否真的正确。在检查之后，我们可以尝试将信息保存到数据库中，如果成功的话，我们将用户重定向到账单页。否则，我们需要再次显示发货地址表单。

---

① 换句话说，遵循愉快路径就是让代码的主要逻辑更清晰易读，通过使用提前返回语句，可以减少嵌套的复杂性，让代码阅读起来更简洁。——译者注

清单 3.12 使用 ASP.NET Core 实现发货地址表单的代码

```
[HttpPost]
public IActionResult Submit(ShipmentAddress form) {
  if (!ModelState.IsValid) {
    return RedirectToAction("Index", "ShippingForm", form);   <-- 冗余退出点
  }
  var validationResult = service.ValidateShippingForm(form);
  if (validationResult != ShippingFormValidationResult.Valid) {
    return RedirectToAction("Index", "ShippingForm", form);   <-- 冗余退出点
  }
  bool success = service.SaveShippingInfo(form);
  if (!success) {
    ModelState.AddModelError("", "发生错误" +
      "请保存你的信息，并重试。");
    return RedirectToAction("Index", "ShipingForm", form);   <-- 冗余退出点
  }
  return RedirectToAction("Index", "BillingForm");   <-- 愉快路径
}
```

我已经讨论了复制、粘贴的一些问题，但清单 3.12 中的多个退出点又带来了另一个问题。你注意到第三个返回语句中的错字了吗？我们不小心删除了一个字符而并没有注意到，由于它在一个字符串中，这个错误不可能被发现，除非我们在生产环境中保存表单时遇到了问题，或者我们为控制器准备了精心的测试。在这些情况下，重复会造成问题。goto 语句可以帮助你将返回语句合并到一个 goto 标签下，如清单 3.13 所示。我们在愉快路径下为错误案例创建了一个新的标签，并在函数中使用 goto 语句在多个地方重复使用它。

清单 3.13 将公共退出点合并为一个单独的 return 语句

```
[HttpPost]
public IActionResult Submit2(ShipmentAddress form) {
  if (!ModelState.IsValid) {
    goto Error;   <-- "臭名昭著"的 goto 语句
  }
  var validationResult = service.ValidateShippingForm(form);
  if (validationResult != ShippingFormValidationResult.Valid) {
    goto Error;   <-- "臭名昭著"的 goto 语句
  }
  bool success = service.SaveShippingInfo(form);
  if (!success) {
    ModelState.AddModelError("", "发生错误" +
      "请保存你的信息，并重试");
    goto Error;   <-- "臭名昭著"的 goto 语句
  }
  return RedirectToAction("Index", "BillingForm");
Error:   <-- 目的标签
  return RedirectToAction("Index", "ShippingForm", form);   <-- 通用退出代码
}
```

这种合并的好处是，如果你想在通用退出代码（common exit code）中增加更多的内容，你只需要把它添加到一个地方。比方说，当出现错误时，你想保存一个 cookie 给客户端，你所需要做的就是把它添加在 Error 标签之后，如清单 3.14 所示。

清单 3.14 向常见退出代码中添加额外的代码的简单方式

```
[HttpPost]
public IActionResult Submit3(ShipmentAddress form) {
  if (!ModelState.IsValid) {
    goto Error;
  }
  var validationResult = service.ValidateShippingForm(form);
  if (validationResult != ShippingFormValidationResult.Valid) {
    goto Error;
  }
  bool success = service.SaveShippingInfo(form);
  if (!success) {
      ModelState.AddModelError("", "发生错误" +
    "请保存你的信息，并重试");
  goto Error;
  }
    return RedirectToAction("Index", "BillingForm");
Error:
  Response.Cookies.Append("shipping_error", "1");     <-- 这段代码保存了 cookie
  return RedirectToAction("Index", "ShippingForm", form);
}
```

通过使用 goto 语句，我们实际上保持了代码的可读性，减少了缩进，节省了自己的时间，并使将来的修改更加容易，因为我们只需要修改一次。

goto 这样的语句仍然会让不习惯这种语法的同事感到困惑。幸运的是，C# 7.0 引入了局部函数，可以用来执行同样的工作，也许是以一种更容易理解的方式。我们声明了一个名为 error 的局部函数，使用它执行常见的错误返回操作并返回结果，而不是使用 goto 语句。你可以在清单 3.15 中看到它的运行情况。

清单 3.15 抛弃 goto 语句，使用局部函数

```
[HttpPost]
public IActionResult Submit4(ShipmentAddress form) {
  IActionResult error() {                              <-- 局部函数
    Response.Cookies.Append("shipping_error", "1");
    return RedirectToAction("Index", "ShippingForm", form);
  }
  if (!ModelState.IsValid) {
    return error();                                    <-- 常见报错返回情况
  }
    var validationResult = service.ValidateShippingForm(form);
  if (validationResult != ShippingFormValidationResult.Valid) {
    return error();                                    <-- 常见报错返回情况
  }
  bool success = service.SaveShippingInfo(form);
  if (!success) {
    ModelState.AddModelError("", "发生错误" +
      "请保存你的信息，请重试");
    return error();                                    <-- 常见报错返回情况
  }
  return RedirectToAction("Index", "BillingForm");
}
```

使用局部函数还允许我们在函数的顶部声明错误处理语句，这是 Go 等现代编程语言的规范，有 defer 等语句，尽管在我们的例子中，我们必须明确调用 error 函数来执行。

3.9 不写代码注释

16 世纪时，土耳其有一位名叫锡南（Sinan）的建筑师，他在伊斯坦布尔建造了很多著名的建筑。有一个关于他建筑才能的故事说，锡南去世几百年后，一群建筑师开始修复他的一座建筑。他们需要更换建筑中某个拱门的拱顶石。他们小心翼翼地移开石块，发现一个小玻璃瓶楔在石块之间，里面装着一张纸条。纸条上写着："这块拱顶石只能用 300 年。如果你正在读这张纸条，它一定坏了，或者你正在试图修复它。只有一个正确的方法可以让新的拱顶石成功地放回。"纸条接下来描写了如何正确更换拱顶石的一些技术细节。

建筑师锡南有可能是历史上第一个正确使用代码注释的人。好，现在想想与这相反的情况。一个建筑上到处涂满了字，每扇门上都写着，"这是一扇门"，每扇窗户上写着"这是一扇窗户"，更过分的是，每块砖之间都会有一个小玻璃瓶，里面藏着张纸条，上面写着："这是一些砖"。

相信你懂我说这些的意思：如果代码足够容易理解，则不需要编写代码注释，相反，使用那些无关的注释可能会毁掉代码的可读性。请记住，不要只是为了写注释而写注释。写注释时，请让大脑保持清醒。若非必要，不写注释。

来看看接下来的例子（见清单 3.16）。代码注释写得过火时，看起来会像下面这样。

清单 3.16　代码注释，无处不在！

```
/// <summary>
/// Receive a shipment address model and update it in the
/// database and then redirect the user to billing page if
/// it's successful.   <-- 在函数的上下文和声明中已经把这些都说清楚了
/// </summary>
/// <param name="form">The model to receive.</param>
/// <returns>Redirect result to the entry form if
/// there is an error, or redirect result to the
/// billing form page if successful.</returns>
[HttpPost]
public IActionResult Submit(ShipmentAddress form) {
  // Our common error handling code that saves the cookie
  // and redirects back to the entry form for
  // shipping information.
  IActionResult error() {
    Response.Cookies.Append("shipping_error", "1");
    return RedirectToAction("Index", "ShippingForm", form);
  }
```

在函数的上下文和声明中已经把这些都说清楚了

这里只是重复了下面的代码

```
  // check if the model state is valid                  这段根本就不重要
  if (!ModelState.IsValid) {
    return error();
  }
  // validate the form with server side validation logic.          又是在重复
  var validationResult = service.ValidateShippingForm(form);
  // is the validation successful?                                    你认真的?
  if (validationResult != ShippingFormValidationResult.Valid) {
    return error();
  }
  // save shipping information                        你确定? 我们已经到这步了吗?
  bool success = service.SaveShippingInfo(form);
  if (!success) {
    // failed to save. report the error to the user.                不开玩笑
    ModelState.AddModelError("", "Problem occurred while " +
      "saving your information, please try again");
    return error();
  }
  // go to the billing form                            我永远都猜不到这个
  return RedirectToAction("Index", "BillingForm");
}
```

我们正在阅读的这段代码告诉了我们一个道理：并不是非得要注释。下面我们查看相同的没有注释的代码，并找到其中隐藏的提示（见图 3.13）。

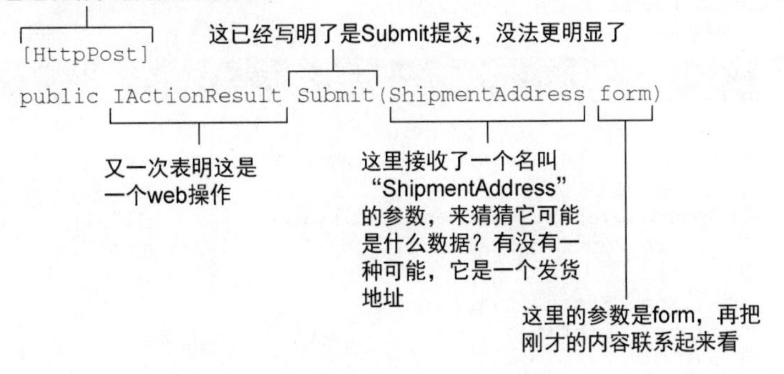

图 3.13

这看起来好像工作量很大。你试图将各个部分组合在一起，只是为了理解代码的功能。随着时间的推移，它确实会变得更好。你做得越好，你后续就会花更少的精力。你能做的这些事将改善阅读你代码的那些可怜人的生活，甚至能改善六个月之后的你的生活，因为六个月之后代码看起来会像是别人写的一样陌生。

3.9.1 选个好名字

我在本章开始的时候就谈到了好名字的重要性，还谈到好名字应该尽可能地从字面上代表或概括功能。函数不应该有模棱两可的名字，如process（过程）、DoWork（运行）、make（使）等，除非上下文绝对清楚。表意清晰的名字可能会让你多打一些字，但相信我，名字在大多数情况下可以做到优秀并简洁。

变量名同样也适用。保留单字母变量名的仅为非常明显的循环变量（*i*、*j* 和 *n*）及坐标（*x*、*y*、和 *z*）。另外，选择名字时，保持名字具有可读性，避免缩写。使用HTTP、JSON、ID或者DB等广为人知的缩写倒还是可以的，但千万不要缩短单词。无论如何，你只需要输入一次变量名称。之后代码自动完成功能会接管。具有强可读性的名字非常有用，最重要的一点是，它们会节省你的时间。当你选择一个描述性的名字时，你不必写一个完整的句子来解释它的功能。请翻翻你所使用的编程语言的规范文档，比如，微软的.NET命名文档就是学习C#中命名的好资料。

3.9.2 充分利用函数

短小的函数更易于理解。尽量让函数尺寸适合开发人员的屏幕。阅读代码时，来回滚动屏幕会让你不适，你应该一眼就能看到函数的全貌。

想一想，你该如何缩短函数？初学者可能倾向于将尽可能多的内容放在单行中，让函数看起来更紧凑。千万别这样！绝对不要把多个语句放在一行，一个语句至少得占用一行。你甚至可以在函数中使用空行对相关语句进行分组。有了这种认识，我们来看看接下来的这个函数（见清单3.17）。

清单3.17 使用空行进行函数部分的逻辑分割

```
[HttpPost]
public IActionResult Submit(ShipmentAddress form) {
  IActionResult error() {
    Response.Cookies.Append("shipping_error", "1");
    return RedirectToAction("Index", "ShippingForm", form);
  }
  if (!ModelState.IsValid) {
    return error();
  }
  var validationResult = service.ValidateShippingForm(form);
  if (validationResult != ShippingFormValidationResult.Valid) {
    return error();
  }
  bool success = service.SaveShippingInfo(form);
  if (!success) {
    ModelState.AddModelError("", "发生错误" +
      "请保存你的信息，并重试");
    return error();
  }
  return RedirectToAction("Index", "BillingForm");
}
```

错误处理代码部分

MVC模型的验证部分

服务器端模型的验证部分

保存部分和成功情景

你可能会问，这怎么就帮助缩短了函数的长度呢？不用怀疑，事实上，它使函数更长了。厘清函数中不同部分的逻辑能帮你将它们重构为有意义的多个函数，而这正是既得到小函数又得到说明性代码的关键。如果代码逻辑较为复杂，你可以将它重构成更容易理解的多个代码块。在清单 3.18 中，通过使用预先考虑好的逻辑框架，我们提取了 submit 函数的各个逻辑部分。我们大致上得到了 4 个部分：验证部分、保存部分、错误处理部分和成功响应部分。我们只把这 4 个部分留在函数的主体中。

清单 3.18　只保留函数的可读性功能

```
[HttpPost]
public IActionResult Submit(ShipmentAddress form) {
  if (!validate(form)) {                          ◁ 验证
    return shippingFormError();
  }
  bool success = service.SaveShippingInfo(form);  ◁ 保存
  if (!success) {                                 ◁ 错误处理
    reportSaveError();
    return shippingFormError();
  }
  return RedirectToAction("Index", "BillingForm");  ◁ 成功响应
}

private bool validate(ShipmentAddress form) {
  if (!ModelState.IsValid) {
    return false;
  }
  var validationResult = service.ValidateShippingForm(form);
  return validationResult == ShippingFormValidationResult.Valid;
}

private IActionResult shippingFormError() {
  Response.Cookies.Append("shipping_error", "1");
  return RedirectToAction("Index", "ShippingForm", form);
}

private void reportSaveError() {
  ModelState.AddModelError("", "发生错误" +
    "请保存你的信息，并重试");
}
```

它的实际功能非常简单，读起来就像一句句英文——可能是英文和土耳其文的混合体，但依然不妨碍它很好懂。我们一行注释也没写，仍然得到了说明性极强的代码。这不需要你花大量时间就能做到，是你该记下来的要点。这要比你写大段的注释省事多了。当你发现，你不必在修改代码后同步更新代码注释，来让它在这个项目的剩余生命周期还起作用的时候，我相信你会右手握左手来庆幸自己的英明决定。

提取函数看起来像是一件苦差事，但对于 Visual Studio 这样的开发环境来说，这件事其实非常轻松，只需选择你想要提取的部分代码并按 Ctrl-.（句点键）或选择代码旁边出现的灯泡图标并选择提取方法（Extract Method）。然后你要做的就是给它起个名字。

当你提取这些代码片段时，你就有了在同一文件中对这些代码进行复用的途径。如果语法检测器没有任何报错，就可以在编写费用结算单时节省时间。

看到这里是不是会认为我好像在反对写代码注释？恰恰相反。避免不必要的注释会使有用的注释像珍珠一样闪闪发光。这是使注释有用的唯一方法。当你写注释的时候，像锡南一样思考："这个地方需要写一段注释来说明用处吗？"如果需要解释，请让你的注释清楚、详细，必要时甚至画 ASCII 图。你需要写多少段就写多少段，这样，使用这段代码的同事就不必来到你的办公桌前问你这段代码的作用，也避免了因为忘记写注释来标注这段代码的用处而使自己进行了错误操作。当业务生产受到影响时，正确地进行代码修改是你的首要职责。这是你对自己以及他人的责任。

当然，在某些情况下，你还是必须写注释，无论它们是否有用，例如公共 API，因为用户可能无法接触到代码。但这也不意味着写了注释就能让你的代码很容易懂，前提是你的代码本身就精巧、易于理解。

本章总结

- 避免因为混淆逻辑上的依赖界限而写出那些刚性代码。
- 不要害怕从头开始做一项工作，因为当你下次做的时候，你会发现进展要快得多。
- 当代码照现有的状态有可能产生那些像缠在一起的鞋带的依赖项时，请勇于拆分代码，并修整它。
- 保持代码最新并定期解决它所引起的问题，这样能让你避免给自己挖下一个个"遗留问题坑"。
- 重复代码而不是复用代码，避免混淆各代码逻辑的作用。
- 将抽象模型构思得巧妙一些，这样你将来写代码就会花更少的时间。把抽象当作一项投资。
- 不要让使用的外部库来限制了你的设计。
- 为了避免将代码束缚在特定的层次结构，更推荐组合而不是继承。
- 尽量让代码保持自顶向下的风格，以便于阅读。
- 提前退出函数并避免使用 else。
- 使用 goto 语句，或者说，更推荐使用一个本地函数来将公共代码保存在一个地方。
- 避免随意、多余的注释，因为辨认这些注释，就像让人在一片森林里去辨认一棵树。
- 利用好变量和函数本身命名，让你写的代码更具可读性。
- 将函数划分为易于理解的子函数，以尽可能保持代码的可读性。
- 只写有用的注释。

第4章　美味的测试

本章主要内容：

- 测试，为什么我们又爱又恨。
- 如何让测试变得轻松愉快。
- 避免使用 TDD、BDD 和其他类似的 3 个字母的缩写。
- 决定测试对象。
- 如何让测试事半功倍。
- 让测试变成一件乐事。

许多软件开发者将测试比作编一本字典：它很乏味，没有人喜欢这样做，而且回报寥寥。与写代码相比，测试被看作二线活动，而不是真正的工作。何况人们对测试人员有一种主观的看法，认为他们的工作太容易了。

我理解，大多数人不喜欢测试的原因是开发者认为它与软件开发是脱节的。从程序员的角度来看，构建软件就是写代码，而在经理看来，构建软件关键在于安排团队的工作。同理，对于测试人员来说，他需要考虑的就是产品的质量。还是由于前面提到的主观的看法，我们把测试看成项目的外部活动，希望尽量减少。

测试是软件开发工作中不可或缺的一部分，可为开发者的开发保驾护航。它能提供其他对你代码的操作所不能提供的保障。测试能为你节省时间，你也不用为此感到不好意思。现在我们看看测试到底是怎么一回事。

4.1 测试的类型

软件测试能增强我们对软件表现的信心。这一点很重要：测试虽然没法完全保证软件不出错，但是至少能让它在相当大的程度上达到稳定。对测试进行分类有很多方法，但最重要的是确定我们如何运行或实现它，使它对我们的开发效率影响最大。

4.1.1 手动测试

测试可能是由人工手动完成的，但这通常由开发者完成，他们通过运行代码并检查其行为来测试代码。手动测试也有自己的类型，比如全量测试，意思就是从头到尾测试一个软件的所有适用场景的支持情况。全量测试带来的好处不言而喻，但是它太耗时间了。

代码审查（code review）也可以被认为是一种测试方式，尽管效果不大。你通过代码审查可以了解代码的用途，以及它是如何一步步完成工作的。你可以看出它是如何满足需求的，但是你不能拍着胸脯保证。不同类型的测试可以对代码的质量做出不同程度的保证。从这个意义上说，代码审查可以被认为是一种测试类型。

什么是代码审查？

代码审查的主要目的是在代码被推送到存储库之前检查代码，并发现其中潜在的 bug。你可以在现实的会议上做代码审查，也可以在像 GitHub 这样的网站上进行。但可惜的是，这些年过去了，代码审查这件事变了味，变成了摧毁开发者自尊心的无用缛节，和一堆软件架构师从他们读过的文章中挑出来的几句虚文。

代码审查最重要的意义是，这是你不动手改代码就能审视它的最后机会。一段代码通过评审后，就变成了每个人的代码，因为这段代码大家都看过并通过了。以后，每当有人对你差劲的 $O(N^2)$排序代码指指点点时，你可以这般回应："我希望你当时在代码审查中能这么说，马克。"然后云淡风轻地戴上耳机。开个玩笑——你应该为写一个 $O(N^2)$的排序代码而感到丢脸，尤其是在读了本书之后，但是你居然责怪马克！好好和你的同事相处吧，你会需要他们的。

理想情况下，代码审查与代码样式或格式无关，因为那些叫作 linter[①]或者代码分析工具（code analysis tool）的自动工具可以检查这些。代码审查应该主要针对代码中可能给其他开发人员带来的 bug 和技术债。代码审查其实是一种异步结对编程；这是一种低成本、高效率的方法，可以让所有人达成共识，集中全体注意力去识别那些隐藏的问题。

① 检查代码风格/错误的小工具，作用是提高代码质量，让你方便地发现一些 typo，类似于 Word 当中的拼写检查，只是 Word 检查的是自然语言，而 linter 检查的是机器代码。但除此以外它同样能够进行语法分析、安全检查、"异味"检查、代码风格检查等。——译者注

4.1.2　自动化测试

你是程序员，你有写代码的天赋，这意味着你可以让计算机为你做事情，其中也包括测试。你可以编写用于测试代码的代码，所以，程序员通常只专注于为他们正在开发的软件创建工具，而不是开发过程本身，但过程同样重要。

自动化测试的范围可能会很宽泛，但你应该看重的是这种测试能给你带来多大程度的对代码的信心提升。自动化测试中范围最小的是单元测试（unit testing）。它也是最容易编写的，因为它只测试单个代码单元：公共函数（public function）。它需要是公开的，因为测试应该检查外部可见的接口，而不是类的内部细节。单元的定义可能会随着不同情况而发生变化，比如，可以是类、模块，或者是类和模块的逻辑组合，但依据我的经验，把函数作为目标单元是方便的。

单元测试的问题是，即便它让你能够知晓单个单元是否正常工作，但是并不能保证所有单元能够正常协同工作。因此，你必须测试它们是否同样能很好地协同工作。这种测试叫作集成测试（integration testing）。如果自动化 UI 测试是指运行生产代码来构建正确的用户界面，那么这种测试也属于集成测试。

4.1.3　执意玩火[①]：在生产环境中测试

我曾经为一个开发者买过一张有关某著名梗的海报，其内容是“我一般不测试代码，一旦我测试，必在生产环境中。”我把它挂在他显示器后面的墙上，这样他就会永远记住不要那样做。

> **定义**
>
> 在软件行业中，术语“生产环境”指的是实际用户访问的活动环境，其中任何更改都会影响实际数据。许多开发人员把它和自己的本地环境混为一谈了。请开发者记住自己职业名里的“开发”二字。开发环境作为运行时环境的名称，意味着代码在本地运行，并且不影响任何有损于生产的数据。为了防止危害生产，有时会有一个生产环境的近似环境，它有时被称为临时环境（staging），且它不会影响站点用户可见的实际数据。

生产环境——或谓现行代码（live code）——中的测试，被认为是一种大忌（有这样的海报也就不奇怪了）。原因是，当你发现故障时，一顿修复，问题消失了，可你的客户或用户也消失了。更重要的是，当你中断生产环境时，有可能会中断整个开发团队的工作流程。如果在一个开放的办公室环境中，你会看到无数失望的眼睛和皱起的眉毛，

---

① 此处原文为 Living dangerously，是近年来国外流行的 meme（梗），常用来表达几乎不可能或者在不允许的情况下完成某事，表现形式为图片，例如图片里一个人触碰标识“请勿触碰”的东西，或者赶在最后 1 分钟去完成某事，类似于国内“试试就逝世”的亚文化梗。——译者注

以及一条条给你发来的信息说："这到底是什么情况？！" Slack[①]的通知数量像 KITT[②]的车速表指针一样猛增，或者你也能从你老板气得冒烟的耳朵上看出有些事情搞砸了。

但同任何不好的实践一样，生产环境中的测试也有可取的时候。如果你引入的场景并不经常使用，也不是关键的代码路径的一部分，那你可能会在生产环境中进行测试。为什么 Facebook 有"横冲直撞"（move fast and break things）的口号，因为公司让开发人员自己去评估变化对业务的影响。该公司在 2016 年美国大选后撤下了这句口号，但它确有意义。如果只是稍稍暂停某个很少使用的特性，那么也可以忍受它的影响并尽快修复它。

如果你觉得放弃这个场景也无所谓，你的客户不会因为这个而放弃整个项目，那你甚至可以不进行代码测试。我在最初的几年，在完全没做自动化测试的情况下，成功地运营了一个土耳其十分流行的网站，当然，这期间有很多错误和大量因故障停机的事件……别看别人了，就是在说你，怪你当时没用自动化测试！

4.1.4 选择正确的测试方法

你需要根据实际场景需求来确定你该怎么样去进行测试。这其实是有成本和风险的，相当于儿时父母给我们分配家务时，我们自己心底打的小算盘。

- 成本。

完成或者启动一次正式的测试大概需要耗费我们多长时间？

这次测试需要你重复几次？

如果已被测试的代码发生了更改，谁会知道该测试它？

保证测试结果可靠的难度是多少？

- 风险。

发生意外的可能性有多大？

如果发生意外，对业务的影响有多大？你会损失多少钱？或者说，"如果出状况，我会因此走人吗？"

如果出状况，有多少相关的业务会一同被影响？打个比方，你的邮件业务瘫痪了，很多与此相关、依赖其功能的其他业务也会一同瘫痪。

代码会经常变动吗？你预计它在之后会有多大变化？每一次的更改，都会引入新的隐藏风险。

你需要找到一个甜蜜点（sweet spot），让你的成本最低、风险最小。每一个风险都意味着额外付出纠错成本。一个在不同的测试条件下的心理模型示例如图 4.1 所示，随着时间的推移，某项测试需要多少成本和带来多少风险，你心里应该有一杆秤。

---

① 国外较为常见的企业协同工具，国内与之类似的有飞书、钉钉、企业微信等。——译者注

② KITT 为 Knight Industries Two Thousand 的缩写，意为骑士工业 2000，是一辆配备语音识别的自动驾驶汽车。它出现在 20 世纪 80 年代的科幻电视剧《新霹雳游侠》中。你不知道 KITT 是什么，这很正常，因为可能只有大卫·哈塞尔霍夫还记得——那家伙是不朽的。

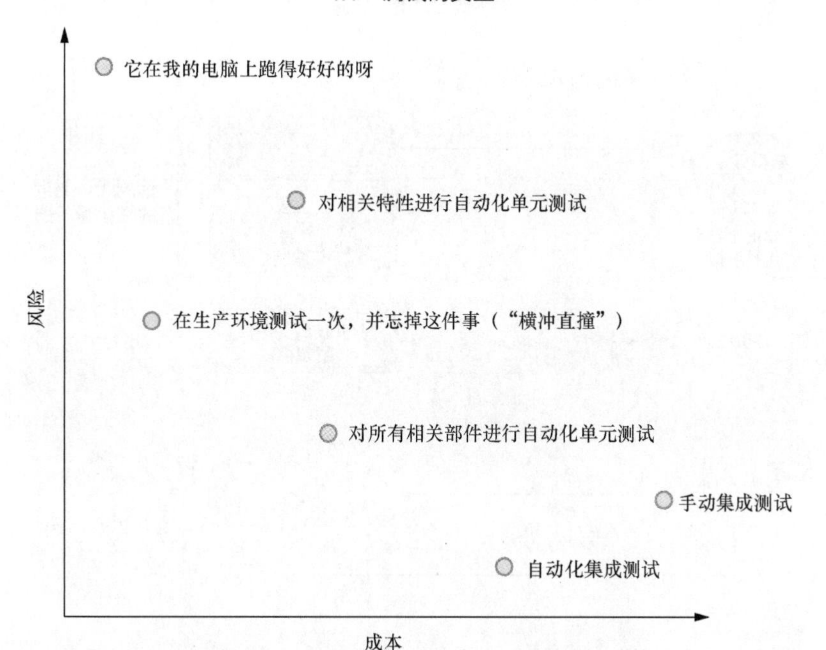

图 4.1　一个在不同测试条件下的心理模型示例

绝对不要大声反驳别人，“它在我的计算机上跑得好好的呀”。这种想法只考虑了你自己。应该没有人会说这样的话：“这些代码虽然在我的计算机上运行不起来，但是我特别开心。”是的，我知道它在你计算机上跑得好好的！你能想象怎么部署一个你自己都无法运行的东西吗？当你在考虑是否应该去测试某个功能时，只要没有责任分担机制，那你就可以把刚才那句话当成一句口头禅。如果没人让你为自己的错误负责，那你就这样干呗。也许你所在的公司财力雄厚，预算超额，能让你的老板将你的这些错误容忍下来。

但是，将错误“甩锅”之后，到你需要修复错误的时候，“它在我的计算机上跑得好好的呀”的心态会让你进入一个非常缓慢和浪费时间的死循环，因为在业务部署和使用反馈之间有了延迟。一个关乎开发者生产力的基本矛盾就是：中断会严重打乱节奏。其原因就在于：进入领域（the zone）。我已经提到过，先写几行代码让你进入工作状态，让你的“生产力车轮”满功率运转起来。这种状态我称为“领域”。如果你的工作效率、产出都很好，那你就处于这个状态了。类似地，当受到打扰时，你的“生产力车轮”就会被卡住，然后你会被踢出这个状态。你又得重新去找寻那个状态。如图 4.2 所示，自动化测试可以缓解这个问题，它可以让你一直处于这个状态，直到你对一个功能的实现抱有足够的信心为止。它向你展示了两个不同的周期，“它在我的计算机上跑得好好的呀”对企业和开发者来说是一件成本多么高昂的事情。每次你离开这个状态，你都需要额外的时间来重新进入，有时甚至会比手动测试功能所需的时间更长。

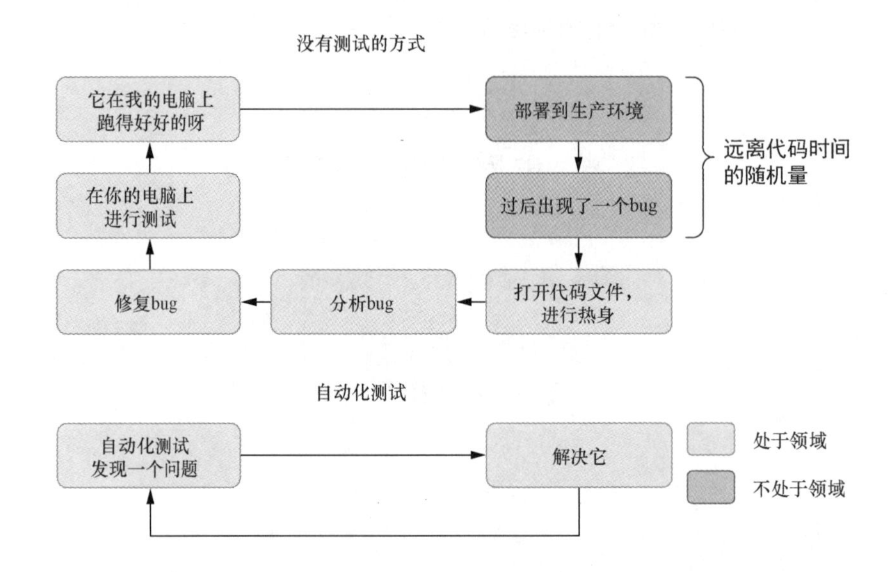

图 4.2 成本高昂的“它在我的计算机上跑得好好的呀”和自动化测试的对比

你可以通过手动测试实现类似于自动化测试的快速迭代周期，只是它需要更多的时间。这就是为什么自动化测试是伟大的：它使你保持状态，并花费你最少的时间。可以说，编写和运行测试代码是不相干的活动，可能会使你离开这个状态。不过，进行单元测试是非常快的，应该在几秒内结束。编写测试能够使你思考你所写的代码，你甚至可以认为这是总结性的练习。本章主要讨论一般的单元测试，因为它处于图 4.1 中成本与风险的甜蜜点。

4.2 如何停止抱怨，爱上测试?

单元测试指的是编写测试代码来测试代码的各个单元，单元通常是一个函数。你可能会遇到跟你争论“如何才能算作一个单元”的人，基本上，只要你能独立地测试一个特定单元，那这个问题就并不重要。但无论如何，你不能在一个单独的测试里测试整个的类。每个测试实际上只测试一个函数对应的单一场景，因此，即使对单个函数也通常要进行多个测试。

使用测试框架的目的是让编写测试代码尽可能容易，但它并不是必需的。测试框架可以纯粹是另外的程序，用于进行测试并显示结果。事实上，在测试框架出现之前，另写程序来测试功能代码就是测试程序的唯一方法。我想让你看一段简单的代码，以及其对应的单元测试是如何随着时间的推移而发展的，这样你就可以尽可能轻松地为具体函数编写测试了。

假设这样的场景，你的任务是更改一个名为 Blabber 的微博网站上帖子日期的显示方式。帖子日期被显示为完整的日期，根据现在的社交媒体惯例，使用缩写来显示帖子发布以来过去了多长时间，更推荐以秒、分、小时等为单位。你需要开发一个函数来获取一个叫作 `DateTimeOffset` 的日期时间偏移量的值，然后把它转换为一个字符串，以显示时间跨度。这种跨度通常用这种形式来表示："3h" 表示 3 个小时之前，"2m" 表示 2 分钟之前，"1s" 表示 1 秒前。但它只用来显示最重要的时间单位。如果帖子是 3 小时 2 分钟 1 秒前发布的，它应该只显示 "3h"。

清单 4.1 展示了这样一个函数。在这个清单中，我们为.NET 中的 `DateTimeOffset` 类定义了一个扩展方法，所以我们可以在任何地方调用它，就像它是 `DateTimeOffset` 的本地方法一样。

避免用扩展方法"污染"代码补全

C#提供了很好的语法来为类型定义额外的方法，即使你不能访问它的源代码。如果你在函数的第一个参数前加上 `this` 关键字，它就会出现在代码补全中该类的方法列表中。它非常有用，以至于开发者都非常喜欢扩展方法，并倾向于把所有东西都变成扩展方法，而不是静态方法。比如说，你有这样一个简单的方法。

```
static class SumHelper {
  static int Sum(int a, int b) => a + b;
}
```

如果你要调用这个方法，必须这样写：`SumHelper.Sum(amount, rate);`。而且，更重要的是，你必须知道有一个叫作 `SumHelper` 的类。你可以把它写成如下所示的扩展方法。

```
static class SumHelper {
  static decimal Sum(this int a, int b) => a + b;
}
```

现在你可以像下面这样调用该方法。

```
int result = 5.Sum(10);
```

看起来没问题，对吧？但其实不是。每次你为一个众所周知的类（比如 `string` 或者 `int`）写一个扩展方法的时候，你就会把它加入代码自动补全，也就是你在 Visual Studio 中在标识符后输入一个点时看到的下拉列表。在一堆完全不相关的方法列表中艰难寻找你所需要的那个方法，这可以算是一种折磨了。

不要在常用的.NET 类中引入你期望实现功能的方法，只有对那些将被普遍使用的通用方法才推荐你这样做。例如，string 类中的 `Reverse` 方法是可以的，但 `MakeCdnFilename` 就不可以。Reverse 可以适用于任何情况，但 MakeCdnFilename 只有在你必须让文件名符合你使用的内容分发网络（content delivery network，CDN）时才可以使用,除此之外，它对你和团队中的每个开发者来说都是一个麻烦。别让其他人讨厌你，更重要的是，不要让你讨厌你自己。在这些情况下，你完全可以使用一个静态类和类似 CDN.MakeFilename 的语法。

当你本可以使方法成为类的一部分的时候，不要再去创建扩展方法。只有当你想引入一个超出依赖关系边界的新功能时，这样做才有意义。例如，你手头上可能有一个 Web 项目，这个项目使用一个不依赖网络组件库的类。之后，你又想在这个项目里增加与 Web 功能相关的另一个功能。这种情况下，最好的方法就是只为 Web 项目中的扩展方法引入一个新的依赖，而不是让库依赖你的 Web 组件。不必要的依赖关系就像把你的鞋带绑在一起一样。

我们计算当前时间和帖子发布时间之间的间隔，并检查它的字段内容来确定间隔中的最重要时间单位，并根据它来返回一个结果（见清单 4.1）。

清单 4.1 一个将日期转换为时间间隔的字符串表示的函数

```
public static class DateTimeExtensions {
  public static string ToIntervalString(
    this DateTimeOffset postTime) {
    TimeSpan interval = DateTimeOffset.Now - postTime;
    if (interval.TotalHours >= 1.0) {
      return $"{(int)interval.TotalHours}h";
    }
    if (interval.TotalMinutes >= 1.0) {
      return $"{(int)interval.TotalMinutes}m";
    }
    if (interval.TotalSeconds >= 1.0) {
      return $"{(int)interval.TotalSeconds}s";
    }
    return "now";
  }
}
```

这里为 DateTimeOffset 类定义了一个扩展方法

计算时间间隔

这里还有优化的余地，但是会牺牲可读性

到现在，这个函数就有了大致样子，可以开始为它写测试了。最好把可能的输入和预期的输出写在表格里，以确保函数正确工作，就像表 4.1 所示的那样。

表 4.1 为我们的转换函数而写的一个测试规范例子

输入	输出
< 1 second	"now"
< 1 minute	"<seconds>s"
< 1 hour	"<minute>m"
>=1 hour	"<hour>h"

如果 DateTimeOffset 是一个类，我们也应该考虑到传输 null 的情况，并对这种情况进行测试。但因为它是一个结构，所以它一定不能是 null。在这种情况下，我们就

省下了一次测试。通常情况下，你并不需要创建一个这样的表格，在脑海里来管理它就行了，但只要你有疑问，就一定要把它写下来。

我们的测试应该包括对不同 DateTimeOffset 的调用和对不同字符串的比较。在这一点上，测试的可靠性成为一个问题，因为 DateTimeOffset.Now 的值总是会改变，而我们的测试又不能保证在特定的时间内运行。如果另一个测试正在运行，或者有什么东西使计算机的运行速度变慢了，那输出 now 参数的测试就很容易失败。这意味着我们的测试并不可靠、不稳定，有失败的可能性。这种情况从侧面说明了我们的设计有问题。一个简单的解决方案是传递 TimeSpan 而不是 DateTimeOffset，这使我们的函数变得可靠，并计算调用者的差异。正如你所看到的，为代码编写的测试，也能启发你发现设计问题，这也是测试驱动开发（test-driven development，TDD）方法的卖点之一。我们在这里没有使用 TDD，因为我们知道可以像清单 4.2 所示的一样，轻松地去改变这个函数，直接接收一个 TimeSpan。

清单 4.2　改进设计

```
public static string ToIntervalString(
  this TimeSpan interval) {              <-- 我们会收到一个 TimeSpan 来代替
  if (interval.TotalHours >= 1.0) {
    return $"{(int)interval.TotalHours}h";
  }
  if (interval.TotalMinutes >= 1.0) {
    return $"{(int)interval.TotalMinutes}m";
  }
  if (interval.TotalSeconds >= 1.0) {
    return $"{(int)interval.TotalSeconds}s";
  }
  return "now";
}
```

我们的测试条件没有改变，但是我们的测试将更加可靠。真正重要的是，我们解耦了两个不同的任务，即计算两个日期之间的差异和将时间间隔转换为字符串表示。解构代码中的需求可以帮你更好地进行设计。计算差值也是一件苦差事，你可以设计一个单独的封装函数来实现。

现在如何确保我们的函数没问题呢？我们可以直接把这个函数放到生产环境中，然后等上几分钟，试试会不会有“尖叫声”从办公室传过来。如果没有，万事大吉。顺便问一下，你的简历是最新的吗？没有别的意思，我只是问问。

我们可以写一个测试该函数的程序，看看结果。给你一个示例程序，如清单 4.3 所示。这是一个普通的控制台程序，它引用了我们的项目，并使用 System.Diagnostics 命名空间中的 Debug.Assert 方法来确保项目通过测试。该方法用于确保函数返回我们预期的值。因为报错断言仅在 Debug 配置中运行，所以我们在开始时也用编译器指令确保代码不在任何其他配置中运行。

清单 4.3 原始单元测试

```
#if !DEBUG  <—— 我们需要预处理语句来使断言发挥作用
#报错断言仅会在 Debug 配置中运行
#endif
using System;
using System.Diagnostics;
namespace DateUtilsTests {
  public class Program {
    public static void Main(string[] args) {
      var span = TimeSpan.FromSeconds(3);
      Debug.Assert(span.ToIntervalString() == "3s",      单位为秒时的测试情况
  "3s 情况失败");
      span = TimeSpan.FromMinutes(5);
      Debug.Assert(span.ToIntervalString() == "5m",      单位为分钟时的测试情况
  "5m 情况失败");
      span = TimeSpan.FromHours(7);
      Debug.Assert(span.ToIntervalString() == "7h",      单位为小时的测试情况
  "7h 情况失败");
      span = TimeSpan.FromMilliseconds(1);
      Debug.Assert(span.ToIntervalString() == "now",     时间间隔不到 1 秒时的
  "now 情况失败");                                         测试情况
    }
  }
}
```

所以，我们为什么需要单元测试？为什么我们不能将所有的测试都写成清单 4.3 所示的样子？其实可以，但没必要，这样会增加我们的工作量。在我提供的例子当中，下面这些你得注意一下。

- 你没办法通过某种外部程序（如构建工具）检测是否有任何测试失败，但我们有特殊的处理办法。测试框架和与之配套的测试运行器（test runner）可以轻松处理这个问题。
- 第一次失败的测试会让程序终止运行。失败多次肯定会或多或少耽误我们的时间。然后，我们会一次又一次地运行测试，再耽误更多的时间。测试框架可以运行所有的测试，并将所有失败的情况一起报告出来，就类似于编译器报错。
- 不依靠测试框架，想要有选择性地运行某些测试，这不太可能。你可能手头上正在实现一个特殊的功能，想通过调试测试代码来检验你写的功能。测试框架允许你调试特定的测试代码，而不用依赖其他的测试。
- 利用测试框架可以得到一个代码覆盖率（code-coverage）报告，帮助你发现代码上缺少的内容。这对于临时写的测试代码是不可能做到的。如果你不巧还是造了一个覆盖率分析的轮子，那你还不如创建一个测试框架。
- 尽管这些测试不相互依赖，但它们是按顺序运行的，因此运行整个测试框架需要很长时间。通常，这种情况在少量的测试里，并不算是什么问题。但在一个中等规模的项目中，可能有成千上万的测试，每个测试需要的时间都不一样。

你当然可以创建线程，并行地进行测试，但这个工作量太大了。测试框架可以通过一个简单的开关来完成这些工作。

- 假如出现了一个错误，你只知道有个问题，你并不知道它的来由。例如，出现字符串不匹配。那么，是什么样的不匹配呢？函数是否返回 null？还是因为多了一个额外的字符？测试框架也可以报告这些细节。
- 除了.NET 本身提供的 Debug.Assert 外，其他任何东西都需要我们去额外为它写点代码。如果你下定决心走这条路，那使用现有的测试框架会好很多。
- 好，恭喜你开始陷入关于哪个才是最好的测试框架的无休止的争论，并为自己完全错误的理由而莫名感到优越。

现在，让我们试着用一个测试框架来编写之前的测试，如清单 4.4 所示。许多测试框架看起来都很相似，但 xUnit 除外，据传它是天外来客的作品。原则上，除了术语上的轻微变化之外，使用哪种框架其实根本无关紧要。我们在这里使用 NUnit，当然，你可以使用任何你想要的框架。你会看到使用测试框架之后的代码有多清晰。我们的大部分测试代码本质上是输入输出表（input/output table）的文本版本，如表 4.1 所示。不用多说，我们现在进行测试。重要的是虽然只用一个测试方法，但是我们有能力在测试运行器中单独运行每个测试或对其进行调试，我们在清单 4.4 中使用带有 `TestCaseattributes` 属性的技术被称为参数化测试。如果你有一组特定的输入和输出，你可以简单地将它们声明为数据，并在同一个函数中一遍又一遍地使用，避免重复为每个测试编写单独的测试。类似地，通过组合 `ExpectedResult` 值和声明函数的返回值，你甚至不用显式地写 `Asserts`，框架会去自动完成它，这样省事吧！

你可以在 Visual Studio 的 Test Explorer 窗口中运行这些测试：View（视图）→Test（测试）→Explorer（发现）。你也可以在命令提示符窗口下运行 `dotnet` 测试，你甚至可以使用第三方测试运行器，如 NCrunch。Visual Studio 的 Test Explorer 窗口中的测试结果如图 4.3 所示。

清单 4.4 测试框架的魔力

```
using System;
using NUnit.Framework;
namespace DateUtilsTests {
  class DateUtilsTest {
    [TestCase("00:00:03.000", ExpectedResult = "3s")]
    [TestCase("00:05:00.000", ExpectedResult = "5m")]
    [TestCase("07:00:00.000", ExpectedResult = "7h")]
    [TestCase("00:00:00.001", ExpectedResult = "now")]
    public string ToIntervalString_ReturnsExpectedValues(
      string timeSpanText) {
      var input = TimeSpan.Parse(timeSpanText);   ◁— 将一个字符串转换为我们的输入
      return input.ToIntervalString();   ◁— 没有断言
    }
  }
}
```

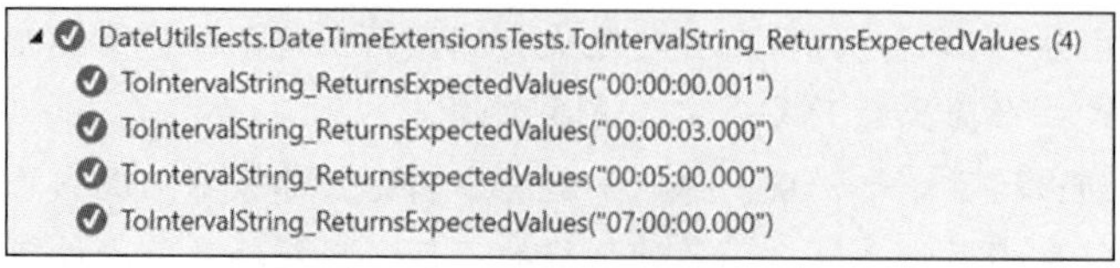

```
◢ ✔ DateUtilsTests.DateTimeExtensionsTests.ToIntervalString_ReturnsExpectedValues (4)
    ✔ ToIntervalString_ReturnsExpectedValues("00:00:00.001")
    ✔ ToIntervalString_ReturnsExpectedValues("00:00:03.000")
    ✔ ToIntervalString_ReturnsExpectedValues("00:05:00.000")
    ✔ ToIntervalString_ReturnsExpectedValues("07:00:00.000")
```

图 4.3 让你目不转睛的测试结果

你可以看到，在测试运行阶段一个单一的函数是如何被分解成 4 个不同的函数的，以及它的参数是如何与测试名称一起显示的（见图 4.3）。更重要的是，你可以选择单个测试、运行它或调试它。如果测试失败，你也能得到一个详尽的报告，它能准确地告诉你代码哪里出了问题。比如说，你不小心把 now 写成了 nov，如下所示。

```
Message:
      String lengths are both 3. Strings differ at index 2.
      Expected: "now"
      But was: "nov"
      -------------^
```

现在，你不仅能看到有一个错误，还能看到关于错误发生的详细解释。

使用测试框架真的一点都不难，当你意识到测试确实减少了你额外的工作量时，你会爱上测试的。它们是 NASA 的飞行前检查灯，是“系统状态名义”公告，是你的小纳米机器人，它们为你工作。爱上测试，爱上测试框架。

4.3 不要使用 TDD 或其他缩写

单元测试，已经分成了几个类别。测试驱动开发（testing-driven development，TDD）和行为驱动开发（behavior-driven development，BDD）就是例子。我才开始相信，原来在软件行业里，有些人真的喜欢创造一些新的范式和标准，让你不容置疑地遵循，而偏偏就有那么一些人还真就喜欢毫无疑义地遵守。不可否认，我们喜欢能拿来就用的方法套路，因为那样的话，我们所需要做的就是遵循它们，而不用想太多，但这会花费我们很多时间，让我们讨厌测试。

TDD 的思想是，在编写实际代码之前写测试可以指导你编写更好的代码。TDD 规定，在写一个类的代码之前，你应该首先为这个类写测试，所以，类似先射箭后画靶，你先前的代码成了驱动后续实际代码的指导原则。你写的测试不幸编译失败了，然后你的实际代码运行测试又失败了。然后你修复代码中的 bug，让测试通过。BDD 也是一种测试优先的方法，和 TDD 在测试的命名和布局上有所不同。

TDD 和 BDD 的思想并不完全是“废品”。当你首先考虑某些代码要如何测试的时候，它可以影响你对这段代码的设计思路。TDD 的问题不在于心态，而在于实践，在于仪式化的方法：写完测试，因为实际的代码还没写完，所以肯定会得到编译器错误

（你这样写是认真的吗，技术大牛？）；写完代码后，错误又修复了。我讨厌报错，它们让我受挫。编译器中的每一条红色斜线，错误列表窗口中的每一个 STOP 标志，以及每一个警告图标对我来说都是精神鞭笞、认知负担（cognitive load），让我感到困惑和不安。

当你在写一行代码之前就把注意力放在测试上时，你就开始更多地考虑测试而脱离了问题领域。你开始思考，思考一个更好的方法去测试。你的思维空间被分配到了写测试的任务、测试框架的行为要素，以及测试的组织，而不是生产代码本身。这不是测试的目的，测试不应该让你这样想。测试的目的应该是帮助你把一段代码写得尽可能简单。如果不是这样，你就做错了。

在编写代码之前你就触发了沉没成本的谬论。还记得在第 3 章中的依赖关系是如何让你的代码变得刚性十足的吗？顿悟了吧？测试也依赖于你的代码。当你有一个完整的测试框架时，你会变得抗拒去改变代码的设计，因为一旦改变，就意味着测试也得改变。这降低了你在进行原型代码（prototyping code）设计时的灵活性。可以说，测试本可以给你提供一些关于你的设计是否真的可行的判断，但只能是在孤立的场景中。你可能后来发现一个原型不能很好地与其他组件一起工作，并在你写任何测试之前就改变了你的设计。你在设计上花很多时间，这也不是说你有错，但在行业内通常没人这么做。你得具备快速修改设计的能力。

当你认为你已经完成了设计雏形，并且它看起来运行顺利时，你就可以着手开始测试了。是的，我知道，测试让你在修改代码的时候更难下手，但换一种看法，这会促使你对你的代码充满信心，让你在需要更改代码时能够得心应手，效率会变得更高。

4.4 为你自己的目的写测试

是的，真的是这样，测试可以优化软件，也同样可以提高你的生活水平。我们已经讨论过，先写测试会限制你改变代码的设计。最后写测试则可以使代码更加灵活，因为即便后续有重大更改你也可以很从容地进行，而不用提心吊胆，这可算让你解脱了。它起到了保险的作用，避免了沉没成本谬论。最后写测试的不同之处在于，在快速迭代阶段（如原型代码设计阶段）它不会挡你的路。若你需要修改一些代码，第一步就是为它写测试。

在有了一个好的原型代码之后再写测试，你可以把这看作对你设计的一个复盘训练。再次回顾所有代码，你心里会对测试有个数。你可以发现之前构建原型代码时没有注意到的隐藏问题。

还记得我之前告诉你的，先做一些微小的修改，能让你在大型开发项目当中快速进入状态。写测试就是一种很好的热身形式，可以让你自己“热”起来。找找看还缺少哪些方面的测试，把它们补上。测试虽然不是多多益善，但是多一点没有任何坏处，除非它属于重复测试。你不要考虑让这次的测试在以后的工作中也能用上。你可以简单地、盲目地添加测试，说不定你可能会发现bug呢！

测试如果写得足够清晰易懂，你就可以把它当成一种规范或者文档。测试代码应该达到这样的效果：通过它的写作逻辑和命名格式来描述一个函数的输入和预期输出。代码可能不是描述某事的最佳方式，但它比什么都没有要好1000倍。

你讨厌你的同事乱改你的代码吗？这种时候测试就派上用场了。测试强制开发者不能破坏代码与代码规范之间的契约，这样你就不会看到下面这样的注释。

// 写这段代码的时候

// 只有老天爷和我知道它做了什么

// 现在没人知道了

测试能向你保证一个已经修复的bug完全消除掉了，不会再次出现。每次你完成一个bug的修复时，就可以为它添加一个测试，来让这个bug以后永远不会复现。否则，谁知道什么时候会有什么其他的改动又让它复现呢？如此使用时，测试是项目中至关重要的节省时间的方法。

测试可以反过来倒逼软件质量和开发者本身技术水平的提高。编写测试吧，成为更有效率的开发者。

4.5 决定测试对象

无中断兮行万世，
时不利兮毁测试。

——H.P.代码工匠[①]

写了测试并且看到它通过只是事情的一半，这并不意味着你的功能真正可用。代码被破坏时测试会失败吗？你的测试是否考虑到了所有可能的情况？你应该对什么进行测试？如果你的测试并不能帮助你发现bug，那测试本身就已经失败了。

我有一个领导，他用他的个人技巧来确保团队产出可靠的测试：从成品代码中随机删掉几行，然后运行测试。如果代码在这种情况下依然测试通过，就意味着程序员写的代码失败了。

除此以外，还有很多更好的方法来确定哪些情况需要进行测试。规范是很好的出发点，但你不容易在行业内找到相关规范。你自己创建一份规范可能有点意义，即便你手头上除了代码之外什么也没有，也还是有办法确定要测试什么。

---

① 此处化用科幻作家H. P. Lovecraft作品The Nameless City中的诗句："That is not dead which can eternal lie, And with strange aeons even death may die." 所以署名为H. P. Codecraft。——编者注

4.5.1 尊重边界

你可以调用以 40 亿个不同值的简单整数为参数的函数，这是否表示你必须测试函数对其中的每一个值都有效呢？当然不是，而且恰恰相反，你应该尝试确定哪些输入值会导致代码偏离到一个分支或导致值溢出，然后测试这些值周围的值。

来构思这么一个函数，为网络游戏检查用户是否达到法定年龄。对于检查 18 年前出生的用户，这是小菜一碟（假设 18 岁是你游戏用户的法定年龄）：你只需用现在的年份减去用户出生年份，检查用户是否够 18 岁。但如果那个人上周才满 18 岁呢？你是否不让他享受你那套画面粗糙的氪金游戏呢？当然不会。

我们定义一个函数 IsLegalBirthdate。我们使用 DateTime 类而不是 DateTimeOffset 来表示出生日期，因为出生日期与时区无关。如果你是 12 月 21 日在萨摩亚出生的，那么你的生日在世界上任何地方都是 12 月 21 日，即便在 100 英里之外、比萨摩亚早 24 小时的美属萨摩亚也是如此。我相信你可能每年都会就什么时候请亲戚来吃圣诞大餐好好吵一架，时区这玩意很奇怪。

话说回来，我们首先计算年份差。我们唯一需要查看准确日期的是那个人 18 岁生日的那一年。如果年份对上，我们再检查月和日；否则，我们就只检查这个人是否超过 18 岁。我们把法定年龄用一个常数来表示，而不是让这个数在代码里的各个地方都出现。因为首先写数字容易出错，再者，假如你的老板跟你说，"你能把法定年龄改到 21 岁吗？"你只需要改动那个常数就可以了。你也避免了在代码中每个用到 18 的地方旁边注释"法定年龄"。用常数代替，一下子就不言自明了。函数中的每个条件，包括 if 语句、while 循环、switch case 等，都使得只有特定值才会在函数里执行。这就意味着我们可以依据输入参数，根据符合条件的输入值分割出不同的范围。在清单 4.5 所示的例子中，我们不需要测试公元 1 年 1 月 1 日到 9999 年 12 月 31 日之间所有可能的 DateTime 值（有 360 多万个），我们只需要测试 7 个不同的输入。

清单 4.5 拦截算法

```
public static bool IsLegalBirthdate(DateTime birthdate) {
  const int legalAge = 18;
  var now = DateTime.Now;
  int age = now.Year - birthdate.Year;
  if (age == legalAge) {
    return now.Month > birthdate.Month
      || (now.Month == birthdate.Month
        && now.Day > birthdate.Day);
  }
  return age > legalAge;
}
```

代码里的条件判定

表 4.2 列出了 7 个输入值。

表 4.2 基于条件设定的输入值划分

年差	出生日期的月份	出生日期的日期	预期结果
= 18	= 现在的月份	< 现在的日期	true
= 18	= 现在的月份	= 现在的日期	false
= 18	= 现在的月份	⩾ 现在的日期	false
= 18	< 现在的月份	任意	true
= 18	> 现在的月份	任意	false
> 18	任意	任意	true
< 18	任意	任意	false

仅仅通过识别条件这个方式，我们把要测试情况的数量迅速从 360 多万降到 7。这种通过条件语句将输入范围进行分割的操作称为“边界条件”（boundary conditional），因为它定义了输入数据的边界。现在我们可以继续为这些输入值编写测试代码了，如清单 4.6 所示。基本上，我们在输入中创建测试表的副本，再将它转换成 DateTime 格式，放进函数中运行。我们不能将 DateTime 值硬编码进输入/输出表，因为用户出生日期合规性会随当前时间而改变。

我们可以像以前那样将其转化为基于 TimeSpan 的函数，但法定年龄并不基于一个确切的天数，而是一个绝对的日期时间。表 4.2 相较之前变得更加合适，因为它准确地反映了你的思维模型。我们用-1 表示小于、1 表示大于、0 表示相等，并使用这些值作为参考，来准备我们的实际输入值。

清单 4.6 按照表 4.2 创建我们的测试函数

```
[TestCase(18, 0, -1, ExpectedResult = true)]
[TestCase(18, 0, 0, ExpectedResult = false)]
[TestCase(18, 0, 1, ExpectedResult = false)]
[TestCase(18, -1, 0, ExpectedResult = true)]
[TestCase(18, 1, 0, ExpectedResult = false)]
[TestCase(19, 0, 0, ExpectedResult = true)]
[TestCase(17, 0, 0, ExpectedResult = false)]
public bool IsLegalBirthdate_ReturnsExpectedValues(
  int yearDifference, int monthDifference, int dayDifference) {
  var now = DateTime.Now;
  var input = now.AddYears(-yearDifference)
    .AddMonths(monthDifference)            在这准备我们的实际输入
    .AddDays(dayDifference);
  return DateTimeExtensions.IsLegalBirthdate(input);
}
```

我们做到了！我们缩小了潜在可能输入的范围，考虑清楚了在函数中的实际测试对象，创建了一个实实在在管用的测试计划。

当你需要搞清楚到底要测试函数中的什么东西时，应当从设计规范开始。然后你就得依照设定好的规范好好开始测试了。实战中，你可能会发现一个之前从来没有存在过的，或者在很久以前就过时的规范。所以，退而求其次的办法就是从边界条件入手。使用参数化测试还可以帮助我们更加专注于要测试的对象而不是仅仅写一份重复的测试代码。偶尔不可避免的是，我们必须为每个测试创建一个新的函数，但特别是像这样的数据绑定测试（data-bound test），参数化测试可以为你节省大量的时间。

4.5.2 代码覆盖率

代码覆盖率是一种魔法，而且和其他魔法一样，具有被夸大的成分。通过给你的每一行代码插入回调函数[①]来度量测试代码被调用的部分和它没有被调用的部分的占比，这就是代码覆盖率的测算方式。这样你就可以发现哪部分代码没有被执行，也就是没有被测试所覆盖。

在开发环境中很少有开箱即用的代码覆盖率测量工具，它们要么存在于 Visual Studio 的"天价版本"中，要么存在于其他付费的第三方工具中，比如 NCrunch、dotCover、and NCover 等。Codecov 是一个可以与你的在线代码库对接的服务，并且它有免费计划可选。在我编写本书的时候，只有 Visual Studio Code 中的 Coverlet 库和代码覆盖率报告扩展可以在.NET 本地进行免费的代码覆盖率测量。

代码覆盖率工具可以告诉你，当你运行测试时，代码的哪些部分在运行。你可以通过查看你缺少什么样的测试，来让所有的代码路径（code path）都得到测试覆盖，这非常方便。代码覆盖率工具的用处可不仅限于此，况且这也不是最能体现其作用的部分。因为即便你达成了 100%的代码覆盖率，也依然存在出现测试遗漏的可能性。我会在本章后面的内容中对其进行详细解释。

假设我们将调用 IsLegalBirthdate 函数的测试注释掉，用户正好是 18 岁，如清单 4.7 所示。

清单 4.7 缺失的测试

```
//[TestCase(18, 0, -1, ExpectedResult = true)]
//[TestCase(18, 0, 0, ExpectedResult = false)]
//[TestCase(18, 0, 1, ExpectedResult = false)]     注释掉的测试用例
//[TestCase(18, -1, 0, ExpectedResult = true)]
//[TestCase(18, 1, 0, ExpectedResult = false)]
[TestCase(19, 0, 0, ExpectedResult = true)]
[TestCase(17, 0, 0, ExpectedResult = false)]
public bool IsLegalBirthdate_ReturnsExpectedValues(
  int yearDifference, int monthDifference, int dayDifference) {
  var now = DateTime.Now;
  var input = now.AddYears(-yearDifference)
```

① 回调函数是一种特殊类型的函数，它在特定事件发生时被自动执行。——译者注

```
    .AddMonths(monthDifference)
    .AddDays(dayDifference);
  return DateTimeExtensions.IsLegalBirthdate(input);
}
```

在这种情况下，像 NCrunch 这样的工具会显示出缺失的代码测试，如图 4.4 所示。在 `if` 语句里面的 `return` 语句旁边的覆盖圈是灰色的，因为我们从来没有用一个符合 `age == legalAge` 条件的参数来调用函数。这意味着我们缺少一些输入值。

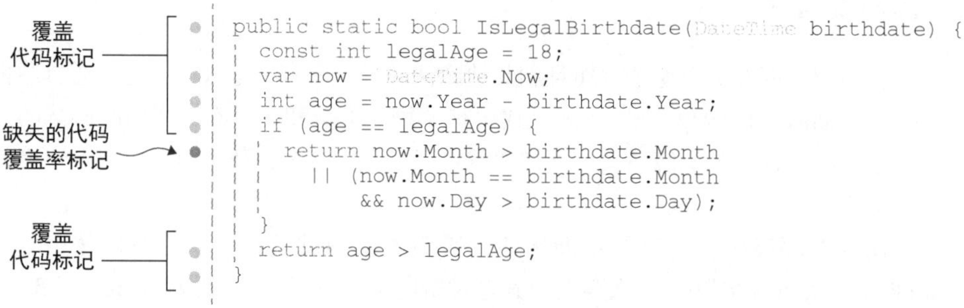

覆盖代码标记

缺失的代码覆盖率标记

覆盖代码标记

```
public static bool IsLegalBirthdate(DateTime birthdate) {
  const int legalAge = 18;
  var now = DateTime.Now;
  int age = now.Year - birthdate.Year;
  if (age == legalAge) {
    return now.Month > birthdate.Month
      || (now.Month == birthdate.Month
          && now.Day > birthdate.Day);
  }
  return age > legalAge;
}
```

图 4.4 缺失的代码测试

当你取消对这些测试用例的注释并再次运行测试时，显示你有 100%的代码覆盖率，如图 4.5 所示。

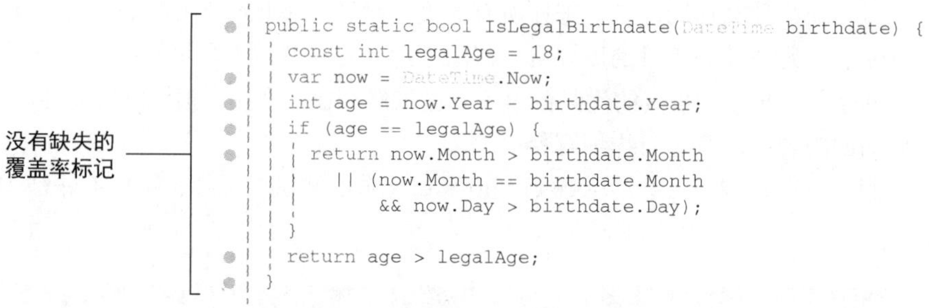

没有缺失的覆盖率标记

```
public static bool IsLegalBirthdate(DateTime birthdate) {
  const int legalAge = 18;
  var now = DateTime.Now;
  int age = now.Year - birthdate.Year;
  if (age == legalAge) {
    return now.Month > birthdate.Month
      || (now.Month == birthdate.Month
          && now.Day > birthdate.Day);
  }
  return age > legalAge;
}
```

图 4.5 完整的代码测试

代码覆盖率工具能为工作开一个好头，但它们在显示实际测试覆盖率方面并不完全有效。你仍然应该对输入值的范围和边界有一个很好的理解。100%的代码覆盖率并不意味着 100%的测试覆盖率。来看看下面这个函数，你需要从列表中按索引返回一个条目。

```
public Tag GetTagDetails(byte numberOfItems, int index) {
  return GetTrendingTags(numberOfItems)[index];
}
```

调用函数 `GetTagDetail(1,0)` 成功。我们立马就达成了 100%的代码覆盖率。我们是否已经测试了所有可能的情况？当然没有，我们的输入覆盖率远远达不到这个要求。如果 `numberOfItems` 是 0，而 `index` 不是 0 呢？如果 `index` 是负数会怎样？

这些问题意味着我们不应该只关注代码覆盖率，并试图填补所有空白的地方。相反，我们应该有意识地考虑到所有可能的输入，并仔细考虑边界值，从而完成我们的测试覆盖。也就是说，它们并不相互排斥，你可以同时使用。

4.6 不要写测试

测试的确是很有用的，但是没有什么比完全避免写测试更完美的了。你如何在不写测试的情况下仍然保持代码的可靠性？

4.6.1 不要写代码

如果一段代码不存在，它就不需要被测试。被删掉的代码是没有 bug 的。你在写代码的时候要考虑到这一点。这段代码真的值得你写吗？或许你根本不需要写这段代码。你会使用现有的包而不是从头开始实现类似的包吗？你会利用现有的类来完成你现在尝试实现的东西吗？例如，你可能想写自定义的正则表达式来验证 URL，而你所需要做的只是利用 `System.Uri` 类。

当然，第三方代码并不能保证是完美的，也不一定适合你的目的。你可能后来发现这些代码不适合你，但在试图从头开始造轮子之前，这个风险还是值得冒的。同样，在你与同事一起使用的一个代码库中，可能有实现了你所需功能的代码。搜索你的代码库，看看那里是否有用得上的代码吧。

如果以上方法都不行，那就准备好自己造一个轮子。不要害怕重新造轮子。正如我们在第 3 章中所讨论的，这对你帮助很大。

4.6.2 不要一次写完所有的测试

著名的帕累托法则（Pareto principle）指出，80%的后果是 20%的原因所导致的。至少，80%的定义是这样说的。它有一个更有名的名字：二八法则。它在测试中也适用。如果你明智地选择测试，你可以用 20%的测试覆盖率获得 80%的可靠性。

bug 不会连续出现。不是每一行代码都有相同的概率产生一个错误。在常用的代码和快速流转（high churn）的代码中更有可能发现 bug。你可以把那些更有可能产生问题的代码称作热门路径（hot paths）。

这正是我对我的网站所做的事情。即便它成为土耳其最受欢迎的网站之后，也还是没有测试。在那之后我不得不开始增加测试（是的，我还是开始测试了），因为文本标签解析器（text markup parser）开始不断出现错误。标签是纯自定义的，几乎不像

Markdown，但我开发它的时候还没有 Markdown 这门标记语言呢。因为它的代码的解析逻辑很复杂，而且容易出错，所以在部署到生产后，把每个问题都修复的话，出于经济角度实在是不划算。我为它开发了一个测试框架，那个时候，还没有任何测试框架出现，所以没办法，只能自己开发一个。当更多的错误出现之后，我逐渐增加了测试的数量，因为我讨厌创造同样的错误。后来我们开发了一个相当多人用的测试框架，这为我们避免了成千上万次生产部署的失败。测试起作用了。

即使只是查看你的网站主页，也能提供大量的代码覆盖，因为它与其他页面共享了许多代码路径。这在行内被称为冒烟测试（smoke testing）。这个名称来源于早先科学家开发的第一个计算机原型，他们只是试着打开机箱，看看是否有烟冒出来。如果没有烟冒出来，就算好兆头。同样地，对关键的、共享的组件有良好的测试覆盖率比 100%的代码覆盖率更重要。如果测与不测区别不大，就不要花几个钟头去给一行基础构造器代码写测试覆盖。你已经知道，代码覆盖率并非万能的。

4.7 让编译器测试你的代码

在强类型语言中，你可以利用类型系统来减少需要的测试数量。我们已经讨论过可空引用是如何帮助你在代码中避免 null 检查的，这也避免了写检验 null 情况的测试。让我们看一个简单的例子。在 4.6 节中，我们对那些想要注册的用户的年龄至少为 18 岁进行了验证。现在我们需要验证所选择的用户名是否有效，所以我们需要一个验证用户名的函数。

4.7.1 消除 null 检查

我们对用户名设定的规则是，包括小写字母或数字字符，长度不超过 8 个字符。这样一个用户名的正则表达式是`^[a-z0-9]{1,8}$`。我们可以定义一个用户名类，如清单 4.8 所示，定义一个 `Username` 类来表示代码中的所有用户名。通过传递参数给需要接收用户名的代码，我们可以避免考虑应该在哪里验证输入。

为了确保用户名不会无效，我们会在构造函数中验证参数，如果它的格式不正确，就抛出一个异常。除了构造函数之外，其余的代码都是模板（boilerplate），记住，你总是可以通过创建一个基础的 `StringValue` 类，并为每个基于字符串的值类编写最少的代码来派生一个用户名类。我想要在书中保留重复的实现，让你注意使用 `nameof` 操作符而不是硬编码的字符串来引用参数。它可以让你在重命名后保持名字的同步。它也可以用于字段和属性，对于数据存储在一个单独的字段并且你不得不引用它名字的情况，这特别有用。

清单 4.8 一个用户名类的实现

```
public class Username {
  public string Value { get; private set; }
  private const string validUsernamePattern = @"^[a-z0-9]{1,8}$";

  public Username(string username) {
    if (username is null) {
      throw new ArgumentNullException(nameof(username));
    }
    if (!Regex.IsMatch(username, validUsernamePattern)) {
      throw new ArgumentException(nameof(username),
        "用户名不可用");
    }
    this.Value = username;
  }

  public override string ToString() => base.ToString();
  public override int GetHashCode() => Value.GetHashCode();
  public override bool Equals(object obj) {
    return obj is Username other && other.Value == Value;
  }
  public static implicit operator string(Username username) {
    return username.Value;
  }
  public static bool operator==(Username a, Username b) {
    return a.Value == b.Value;
  }
  public static bool operator !=(Username a, Username b) {
    return !(a == b);
  }
}
```

我们在这里一劳永逸地验证用户名

让类具有可比的模板

围绕正则表达式的“神话”

正则表达式无疑是计算机科学史上最牛的发明之一。我们常把它的出现归功于令人尊敬的斯蒂芬 • 科尔 • 克莱因（Stephen Cole Kleene）。通过它，仅凭几个字符，就可以创建一个文本分析器。模式“light”只匹配字符串“light”，而“[ln]ight”同时匹配“light”和“night”。同样，“li(gh){1,2}t”只匹配“light”和“lighght”，后者不是错字，而是阿拉姆 • 萨罗扬（Aram Saroyan）的一首单字诗。

杰米 • 泽文斯基（Jamie Zawinski）有一句名言，“有些人在遇到问题时，会想‘我知道了，我应该用正则表达式’，好，他们现在有两个问题了。”“正则表达式”这个短语暗示了某些解析特性。正则表达式不能感知上下文，所以你不能用一个正则表达式来寻找 HTML 文档中最内层的标签，也不能检测不匹配的关闭标签。这意味着它不适合用于复杂的解析任务。不过，你还是可以用它来解析具有非嵌套结构的文本。

正则表达式在它适合的情况下还是有让人惊讶的性能的。如果你需要额外的性能，你可以在 C#中通过创建一个带有 `RegexOptions.Compiled` 选项的 `Regex` 对象来预编译它。上面的操作意味着你的模式会变成 C#代码，最终变成机器代码。对同一 `Regex` 对象的连续调用将重复使用编译后的代码，给你提供多次迭代的性能。

尽管正则表达式的性能确实很好，但如果存在更简单的替代方法，你就不应该使用正则表达式。如果你需要检查一个字符串是否有一定的长度，简单的"str.Length==5"会比"Regex.IsMatch (@"^.{5}$",str)"更快、更易读。同样地，string 类中包含许多高性能的方法，用于常见的字符串检查操作，如 StartsWith、EndsWith、IndexOf、LastIndexOf、IsNullOrEmpty 以及 IsNullOrWhiteSpace。在特定的使用情况下，你应该总是倾向于使用所提供的方法，而不是正则表达式。

也就是说，你至少要知道正则表达式的基本语法，这一点也很重要，因为它在开发环境中功能很强大。你可以用相当复杂的方式来操作代码，这可以节省你的工作时间。所有流行的文本编辑器都支持正则表达式的查找和替换操作。我说的是像"我想在那几百个括号出现在某一行代码旁边时，将这几百个括号移到下一行"这样的操作。你可以在几分钟内思考正确的正则表达式模式，而不是手动做 1 个小时工作。

测试 Username 的构造函数需要我们创建 3 个不同的测试方法，如清单 4.9 所示：一个针对空的输入，因为会引发不同类型的异常；一个针对非空但无效的输入；一个针对有效的输入，因为我们需要确保它将有效的输入识别为有效。

清单 4.9 Username 类的测试

```
class UsernameTest {
  [Test]
  public void ctor_nullUsername_ThrowsArgumentNullException() {
    Assert.Throws<ArgumentNullException>(
      () => new Username(null));
  }

  [TestCase("")]
  [TestCase("Upper")]
  [TestCase("toolongusername")]
  [TestCase("root!!")]
  [TestCase("a b")]
  public void ctor_invalidUsername_ThrowsArgumentException(string username) {
    Assert.Throws<ArgumentException>(
      () => new Username(username));
  }

  [TestCase("a")]
  [TestCase("1")]
  [TestCase("hunter2")]
  [TestCase("12345678")]
  [TestCase("abcdefgh")]
  public void ctor_validUsername_DoesNotThrow(string username) {
    Assert.DoesNotThrow(() => new Username(username));
  }
}
```

如果我们对 Username 类所在的项目启用可空引用，那我们就根本不用为 null 情况写测试。唯一的例外是，当我们在写一个公共 API 的时候，它可能不会在可感知可空引用（nullable-reference-aware）的代码中运行。在这种情况下，我们就还得进行 null 检查。

在恰当的时候将 Username 声明为结构（struct），它就会成为一个值类型，这也让它免去了进行 null 检查的操作。使用正确的参数类型和正确的结构类型将帮助我们减少测试的数量。编译器则用于确保我们代码的语法正确。

针对我们的需求而使用特定的参数类型可以减少测试的数量。当注册函数接收到一个 `Username` 而不是一个字符串的时候，你就不需要再注意注册函数是否验证了参数，因为设定的参数类型就保证了它不需要验证。同样的道理，当函数接收到的一个 URL 参数为 `Uri` 类时，你不需要再检查函数是否正确处理了 URL。

4.7.2 消除范围检查

使用无符号整数类型，可以减小可能的无效输入值的范围。你可以在表 4.3 中看到原始整数类型的无符号版本。在表中你可以看到各种数据类型，其中有些类型的值范围较为适合用在代码里。还有一件重要的事，你要记住无符号整数类型是否和 `int` 类型直接兼容，因为它是.NET 中整数的默认类型。你可能先前已经选择了几种类型，但并没有将它们与为你在测试上省点事联系在一起。例如，如果函数只需要正值，那为什么还用 `int` 类型检查负值并抛出异常呢？直接接收 `uint` 类型就可以了。

表 4.3 具有不同值范围的替代整数类型

名称	类型	值范围	转换为 int 时会有损耗吗?
int	32 位有符号	−2147483648～2147483647	
unit	32 位无符号	0～4294967295	无
long	64 位有符号	−9223372036854775808～9223372036854775807	无
ulong	64 位无符号	0～18446744073709551615	无
short	16 位有符号	−32768～32767	有
ushort	16 位无符号	0～65535	有
sbyte	8 位有符号	−128～127	有
byte	8 位无符号	0～255	有

当你使用无符号类型时，你往函数引入一个负值就会引起编译错误。如果要传一个负值，只能通过明确的类型转换才可以达成。这就使得你要考虑，你的值是否真的适合用在函数中。验证负值参数就再也不是函数的任务了。假设一个函数需要返回你的微博网站的趋势标签，但标签数量仅限于某个指定值。它收到了一个检索帖子项目数量的参

数，如清单4.10所示。

在清单4.10中，GetTrendingTags函数依据项目的数量来返回项目。注意，输入值是byte类型而不是int类型，因为趋势标签的数量根本没有超过255个。这就避免了输入值可能是负值或者太大的情况。我们就不用再对输入值进行验证了。这样我们就省掉了一次测试，而且输入值的范围也大为改善，显著减少了错误的发生。

清单4.10 接收只属于某个页面的帖子

```
using System;
using System.Collections.Generic;
using System.Linq;

namespace Posts {
  public class Tag {
    public Guid Id { get; set; }
    public string Title { get; set; }
  }

  public class PostService {
    public const int MaxPageSize = 100;
    private readonly IPostRepository db;

    public PostService(IPostRepository db) {
      this.db = db;
    }

  public IList<Tag> GetTrendingTags(byte numberOfItems) {   <-- 我们选择byte而不是int
    return db.GetTrendingTagTable()
      .Take(numberOfItems)   <-- byte或者ushort可以与int一样安全地传递
      .ToList();
    }
  }
}
```

这里有两件事得你注意。第一，我们为这种情况选择了一个值范围较小的数据类型。我们并不打算让一个趋势标签框支持数十亿行，那种样子无法想象。我们已经大大缩小了输入范围。第二，我们选择了byte类型，一种无符号类型，其值不能是负数。这样我们就在省掉一次测试的基础上，避免了一个潜在的异常问题。LINQ的Take函数不会对List数据抛出异常，但当它被翻译成像Microsoft SQL Server这样的数据库的查询时，就会出现异常。通过改变数据类型，我们就可以避免这些情况，同样省去了为它们写测试的麻烦。

请注意，.NET使用int作为标准类型，并用于各种操作，比如索引和计数。如果你碰巧与标准的.NET组件进行交互，你可能需要将数值投射并转化为int类型的数据。你需要确保自己不会因为优柔寡断而陷入停滞。你的生活质量和从写代码获得的单纯快乐要比你试图避免的某种情况更重要。例如，如果你将来需要超过255个条目，你就必须用 short 或 int 来替换所有对 byte 的引用，虽然这很耗时。你需要确定为这省去一次测试是否是件值得的事。很多情况下你不得不承认，自己麻烦一点，乖乖去写测试会比处理不同的数据类型要来得更方便。最后，你得记住，你的舒适度和你的时间才是最重要的，而使用数据类型来让数据自带有效值范围带来的好处只是其次。

4.7.3 消除有效值检查

有些时候，我们用值来表示函数的操作。一个常见的例子是 C 语言中的 fopen 函数。这个函数的第二个字符串参数就体现了函数名中的“open”，它可以代表读取、添加、写入操作等。

在 C 语言诞生几十年后，.NET 团队做出了一个更棒的决定：为每种情况创建单独的函数。现在你有单独的 File.Create、File.OpenRead 和 File.OpenWrite 方法了，这可以避免添加额外参数和对该参数的解析操作，就不可能传递错误的参数了，函数也就不会因为没有参数而在参数解析中出现 bug。

使用值来表示一种操作是很常见的，这应该对你有所启发。根据功能，把一个函数分成不同的函数，既可以更好地传达意图，又可以减少测试工作。

在 C#中，一个常见的技术是使用布尔参数来改变运行函数的逻辑。一个例子是在趋势标签检索函数中有一个排序选项，如清单 4.11 所示。假设我们的标签管理页面也需要趋势标签，而且最好是在页面里按标题排序显示。与热力学定律相悖，开发者总是倾向于熵减。他们总是试图做出熵值最小的改变，而不去考虑将来会有多大的负担。开发者的第一直觉可能是添加一个布尔参数就可以了。

清单 4.11 布尔参数

```
public IList<Tag> GetTrendingTags(byte numberOfItems,
  bool sortByTitle) {                              <-- 新增参数
  var query = db.GetTrendingTagTable();
  if (sortByTitle) {
    query = query.OrderBy(p => p.Title);           <-- 新引入的条件
  }
  return query.Take(numberOfItems).ToList();
}
```

清单 4.12 更多布尔参数

```
public IList<Tag> GetTrendingTags(byte numberOfItems,     更多参数
  bool sortByTitle, bool yesterdaysTags) {         <--
  var query = yesterdaysTags
    ? db.GetTrendingTagTable()                      更多条件句
    : db.GetYesterdaysTrendingTagTable();
  if (sortByTitle) {
    query = query.OrderBy(p => p.Title);
```

```
  }
  return query.Take(numberOfItems).ToList();
}
```

这个趋势是持续进行下去的。我们的函数会随着布尔参数数量的增加而越来越复杂。尽管我们有 3 种不同的用例，但是我们有 4 种类型的函数。每添加一个布尔参数，我们就创建一个没有人会使用的虚拟版本的函数。一种更好的方法是让每个客户端单独使用一个函数，如清单 4.13 所示。

清单 4.13　互相独立的函数

```
public IList<Tag> GetTrendingTags(byte numberOfItems) {
  return db.GetTrendingTagTable()
    .Take(numberOfItems)
    .ToList();
}

public IList<Tag> GetTrendingTagsByTitle(
  byte numberOfItems) {
  return db.GetTrendingTagTable()
    .OrderBy(p => p.Title)
    .Take(numberOfItems)
    .ToList();
}

public IList<Tag> GetYesterdaysTrendingTags(byte numberOfItems) {
  return db.GetYesterdaysTrendingTagTable()
    .Take(numberOfItems)
    .ToList();
}
```

我们通过函数名而不是参数来分隔函数

你现在又省了一次测试。与此同时，你没有付出任何成本，也获得了更好的可读性和些许提高的性能。当然，这些收获虽然算不上什么（在仅仅一个函数的情况下，的确有些无法察觉），但是在代码需要扩展的地方，它们就在潜移默化当中显现出差异了。当你不在参数和杠杆函数中传递状态时，产生的收获会以指数级的速度增加，很简单，你可以把它重构为通用函数，就像清单 4.14 所示的那样。

清单 4.14　通过重构后的通用逻辑来分隔函数

```
private IList<Tag> toListTrimmed(byte numberOfItems,
  IQueryable<Tag> query) {
  return query.Take(numberOfItems).ToList();
}

public IList<Tag> GetTrendingTags(byte numberOfItems) {
  return toListTrimmed(numberOfItems, db.GetTrendingTagTable());
}

public IList<Tag> GetTrendingTagsByTitle(byte numberOfItems) {
  return toListTrimmed(numberOfItems, db.GetTrendingTagTable()
```

相同功能

```
    .OrderBy(p => p.Title));
}

public IList<Tag> GetYesterdaysTrendingTags(byte numberOfItems) {
  return toListTrimmed(numberOfItems,
    db.GetYesterdaysTrendingTagTable());
}
```

现在我们的收获可能还不是那么明显，但是在别的情况下，再深一步重构，就完全是另外一回事了。最重要的启示就是，通过使用重构以免陷入代码重复和粘连的一团乱麻当中。

同样的技术还可以用在 enum 参数上，这个参数是用来给函数规定某种操作的，使用单独的函数，你甚至可以把这些函数组合起来，而不是把这些函数当成一个写满一连串参数的“购物清单”。

4.8 命名测试

一个名称可以包含很多信息。这就是为什么在生产和测试代码中都得有良好的命名规则，尽管它们有的时候会有点冲突。一个有良好覆盖率表现的测试，如果它的命名也很优秀，那你就可以直接把它纳入你的测试规范中了。从一个测试的名称中，你应该看出以下信息。

- 被测试的函数的名称。
- 输入和输出状态。
- 预期的行为。
- 知道谁要“背锅”。

当然，最后一条是我开的玩笑。还记得吗？你已经在代码审查中为那段代码开了“绿灯”，你没有权利再责怪别人。充其量，你可以分担责任。我通常使用“A_B_C”的格式来命名测试，这与你习惯于命名常规函数的格式应该是完全不同的。在以前的例子中，我使用了一个更简单的命名方案，因为我能够使用 TestCase 属性来描述测试的初始状态。我使用了一个额外的 ReturnsExpectedValues，但你可以简单地在函数名后加上 Test。最好不要使用正常的函数名，因为当它出现在代码完成列表中时，可能会让你对这个函数感到疑惑。同样，如果函数不接受任何输入或不依赖于任何初始状态，你可以跳过描述部分。这样做的目的是让你花更少的时间来处理测试，而不是让你经历一次关于怎么起名的“演习”。假设你的老板让你为一个注册表单写一个新的验证规则，以确保如果用户没有接受政策条款，注册代码会返回失败。这个测试的名称是这样的：Register_LicenseNotAccepted_ShouldReturnFalse，如图 4.6 所示。

这当然不是唯一的命名规则。有些人喜欢为每个要测试的函数创建内部类，并且只用状态和预期行为来命名测试，但我感觉这样做有点不必要。不过，说一千道一万，你要选择最适合你的方式。

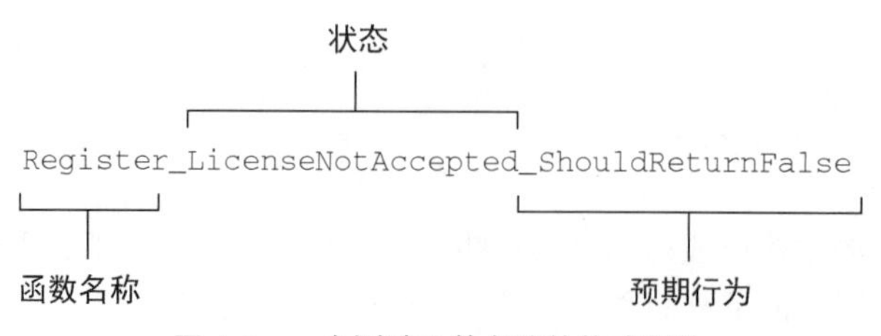

图 4.6 一个测试函数名称的构成要件

本章总结

- 你可以先让自己能够不写测试，通过思考过程来克服之前对测试的偏见。
- 以测试驱动开发和类似的条框会让你更讨厌写测试。争取写出能激发你热情的测试。
- 写测试的工作时间可以通过测试框架大大缩短，特别是参数化、数据驱动的测试。
- 通过正确分析函数输入的边界值，可以大大减少测试的数量。
- 正确使用数据类型可以让你避免写许多不必要的测试。
- 测试不只可以确保代码的质量，也可以帮助你提高自己的开发技能和产出。
- 只要你不怕丢了工作，那我不反对你在生产环境里进行测试。

第 5 章　正名重构

本章主要内容：

- 适应重构。
- 对重大修改进行增量重构。
- 使用测试来使代码修改得更快。
- 依赖注入（dependency injection）。

在第 3 章中，我谈到了抵制变革如何导致法国皇室和软件开发者的衰败。重构是改变代码结构的艺术。根据马丁·福勒（Martin Fowler）的说法[①]，利奥·布罗迪（Leo Brodie）早在 1984 年就在他的《Forth 语言思维》（*Thinking Forth*）一书中创造了这个术语。这个术语古老得与我儿时最喜欢的两部电影《回到未来》和《功夫小子》是一辈。

写出好代码通常只是成为高效开发者的一半标准。另一半标准则是敏捷地转换代码。在理想世界里，我们的思维有多快，编写和修改代码的速度就有多快。编写代码、修改语法、记忆语言中的关键字，还有换咖啡滤纸，都是想法和产品之间的障碍。由于我们可能还需要一段时间才能让人工智能为我们做编程工作，所以磨炼我们的重构技能是个好主意。

IDE 提供了很好的重构工具。你可以用一个按键（在 Windows 操作系统的 Visual Studio 上为 F2 键）来重命名一个类，并立即修改对它的所有引用。你甚至可以用一个按键来访问大部分的重构选项。我强烈建议你熟悉你最喜欢的编辑器上经常使用的功能

① 重构的词源学（etymology of refactoring），马丁·福勒。

对应的快捷键，以此节省下来的时间也算可观，而且你会在同事面前显得很酷。

5.1 为什么要重构?

变化是不可避免的，而改变代码更是如此。重构的目的可不仅仅是简单地改变代码，它可以让你像下面这样。

- 减少重复，增加代码的可复用场景。你可以将一个可以被其他组件复用的类移到公共位置，这样其他组件就能使用它。同样地，你可以从代码中提取方法并使它们能够被复用。
- 让实现代码和你的心理预期更加接近。名字是很重要的，有些名字可能不像其他名字那样容易理解。重命名是重构过程中的一部分，可以帮你实现更好的设计，使之更接近你的心理预期。
- 让代码更容易理解和维护。你可以通过将较长的函数分割成更小的、更容易维护的函数来降低代码的复杂度。同样地，如果将复杂的数据类型归纳为较小的基础类型，其模型也会更容易理解。
- 防止某些类别的 bug 出现。某些重构操作，比如把一个类改成一个结构，可以防止与 null 有关的 bug。同样，可在项目中启用可空引用（nullable reference）并将数据类型改为不可为空（non-nullable）的，这是重构中避免 bug 的基本操作。
- 为重大的架构变化做准备。如果你事先为重构准备好代码，发生重大变化时，应对效率也会提升。你将在 5.2 节中看到如何实现这一点。
- 摆脱代码中的刚性部分（rigid part of the code）。通过依赖注入，你可以去掉依赖关系，拥有一个松散的耦合设计。

大多数时候，将重构视为一项日常任务，是我们编程工作的一部分。重构也是独立的外部工作，即使你不写一行代码，你也会做。因为某段代码很难掌握，你甚至可以为了阅读它而去做重构。理查德·费曼（Richard Feynman）曾经说过："如果你想真正学习一门学科，就写一本关于它的书。"与此类似，你可以通过重构代码来真正了解代码。

其实，如果只是简单地重构，根本不需要人来指导你。你要想重命名一个类？那就去做！提取方法或接口？根本不费吹灰之力。它们都在 Visual Studio 的右键菜单上，在 Windows 操作系统上也可以用 Ctrl-调出这个菜单。大多数时候，重构操作根本不影响代码的可靠性。然而，当重构涉及数据库的重大架构变化时，你可能就得听听别人的建议了。

5.2 架构修改

一次性进行大规模的架构修改几乎没有什么好下场。这并不是因为它在技术实现上很难，而主要是因为这种修改工作时间长、范围广，会产生大量的 bug 和整合问题。所谓整合问题，是当你在进行大的修改时，你需要在很长一段时间内进行这项工作，但是不能整合其他开发者做的修改（见图 5.1），会让你一下子陷入困境。你是等到自己的工作完成后，手动应用该时间段内对代码所进行的每一处修改，并自己修复所有的冲突，还是告诉你的团队成员停止工作，直到你完成修改？当你开发一个新功能时，你不会有同样的问题，因为与其他开发者发生冲突的可能性要小得多：功能压根儿就不存在。这就是为什么增量的方法更好。

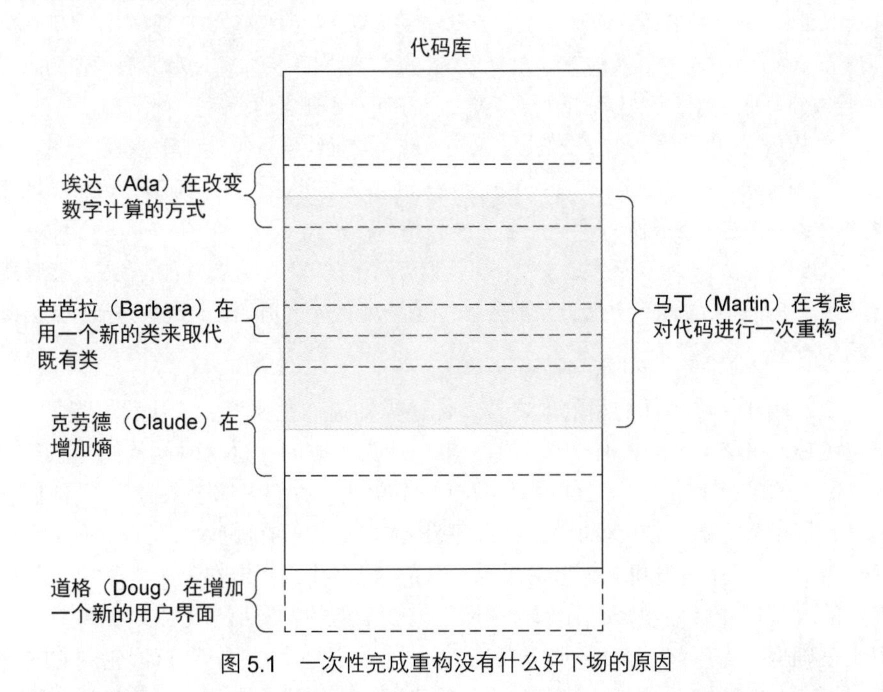

图 5.1 一次性完成重构没有什么好下场的原因

比如说，你要画一个路线图，你首先需要一个目的地，而且你还得知道你在哪，以及你希望的最终结果是什么样子的。你不可能一下子就想到所有的可能性，因为在大型软件里，错综复杂的结构真的很容易把你绕晕。然而，你可以有一个确定的需求清单。

我们拿某次迁移打比方。微软有两种.NET 框架。第一种是已经有几十年历史的.NET Framework，而第二种只是叫作.NET（以前被称为.NET Core），它是在 2016 年发布的。截至编写本书时，两者仍由微软提供支持，但很明显，微软希望在某个时间点上推进.NET 并放弃.NET Framework。你很可能会遇到需要从.NET Framework 迁移到.NET 的工作。

.NET Framework 已死，.NET 永恒！

.NET 这个名字在 20 世纪 90 年代意味着很多东西，当时互联网正在迅速壮大。甚至有一本名为“.net”的杂志，内容与互联网有关，提供类似谷歌搜索那样的在线服务，不过比谷歌搜索要慢一些。那时，浏览网络通常被称为“上网冲浪”“走上了信息高速公路”“连接网络空间”，或者其他具有误导性的比喻和生造名词的组合。

.NET Framework 是最初的软件生态系统，在 20 世纪 90 年代末创建，增强了开发者的生活幸福感。它带有运行时、标准库、C#、Visual Basic 以及后来的 F#语言的编译器。.NET Framework 相当于 JDK（Java 开发工具包），JDK 也有 Java 运行时、Java 语言编译器、Java 虚拟机，可能还有一些从 Java 衍生的其他东西。

随着时间的推移，出现了其他与.NET Framework 不直接兼容的.NET 框架 ，如.NET Compact Framework 和 Mono。为了允许不同框架之间的代码共享，微软创建了一个通用的 API 规范，定义了一个通用的.NET 功能子集，被称为.NET 标准。Java 没有类似的问题，因为甲骨文公司用它的律师“梦之队”成功地扼杀了所有不兼容的竞品。

微软后来创建了新一代的.NET Framework，它是跨平台的。它最初被称为.NET Core，从.NET 5 开始改名为.NET。它与.NET Framework 不直接兼容，但它们可以使用一个共同的.NET 标准子集规范进行互操作。

.NET Framework 仍受微软支持，但我们可能在 5 年后不会看到它的存在。我强烈建议任何使用.NET 的人从.NET 开始，而不是从.NET Framework 开始，这就是为什么我选择了一个基于这个迁移场景的例子。

说回刚才，除了你的目的地之外，你还得知道你在哪里。这让我想起了一个故事，某位 CEO 在乘坐直升机时，遇上了大雾，迷失了方向。这个时候他们注意到有一栋大楼，上面的阳台上有人。CEO 说：“我有一个想法，我们去那个人旁边。”他们就把直升机开到那个人旁边，CEO 冲他喊道：“喂！你知道我们在哪吗？”那个人应声回答道：“嗯，你们在一架直升机上。”CEO 说：“好，现在我们一定在某个大学里，这就是工程专业的大楼！”阳台上的人很惊讶，“你是怎么知道的？”那个 CEO 回答道：“你给我的答案正确但一点用都没有！”那个人吼道：“你一定是个 CEO！”这回轮到 CEO 惊讶了，“你是怎么知道的？”那人回答道：“你迷路了，不知道你在哪，也不知道你要去哪，这竟然还是我的错！”

看到这个故事时，我脑中不由得浮现出一幕场景：CEO 从直升机跳到阳台上，与那位工程师展开一场黑客帝国式的太刀搏斗。这一幕之所以发生，只不过因为飞行员读不懂 GPS，却能准确地驾驶直升机靠近阳台。

我们的匿名微博网站叫作 Blabber[①]，是用.NET Framework 和 ASP.NET 写的，我们想把它移到新的.NET 平台和 ASP.NET Core。不幸的是，ASP.NET Core 和 ASP.NET 并不是二进制兼容的，只是在源代码上略有兼容。该网站的代码包含在本书的源代码中。我不会在这里列出完整的代码，因为 ASP.NET 带有相当多的模板，但我将勾勒出架构细节，这将指导我们创建一个重构路线图。你不需要知道 ASP.NET 的架构，也不需要

① blabber，即喋喋不休，喜欢多嘴的人。——译者注

知道一般的 Web 应用程序是如何工作的，就能理解我们的重构过程，因为这与重构工作没有直接关系。

5.2.1 识别组件

处理大型重构工作的最好方式就是将你的代码分割成在语义上不同的组件（component）。只为重构，我们把代码分成几个部分。我们的项目带有一些 ASP.NET MVC 应用程序，我们添加的模型、类和控制器有一个大致的组件列表，如图 5.2 所示。它不需要多么精确，包含你最初想到的组件就可以，反正它总是要修改的。

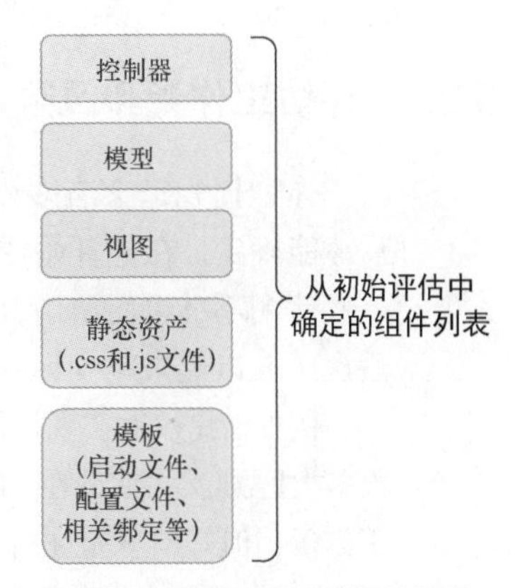

图 5.2 我们对组件的初始评估

在你有了组件列表之后，开始评估有多少组件你可以直接转移到“目的地”。注意，目的地是指象征最终结果的目标状态。在不破坏任何东西的情况下，组件是否可以被操作到目标状态？你认为这些组件要做哪些工作？对每个组件进行评估，我们利用评估结果来确定工作的优先次序。你真的不需要对这些了解得很详细，因为这个时候仅仅是猜测，允许试错。你可以有一个像表 5.1 那样的工作估算表。

表 5.1 评估操作组件的相对风险

组件	需要的修改	与其他开发者产生冲突的风险
控制器	几乎没有	高
模型	没有	中等
视图	几乎没有	高
静态资产	一些	低
模板	重写	低

什么是 MVC?

整个计算机科学的历史可以概括为与熵的斗争。MVC（model-view-controller，模型-视图-控制器模式）将代码分成 3 部分，以避免过多的相互依赖，也就是“意大利面条式代码”的风格：决定用户界面外观的部分，为你的业务逻辑建模的部分，以及协调两者的部分。它们分别被叫作视图、模型和控制器。还有许多其他类似的尝试，比如将应用程序代码分割成在逻辑上独立的部分，如 MVVM（model-view-view model，模型-视图-视图模型）或 MVP（model-view-presentation，模型-视图-演示模式），但这些模式背后的原理都是差不多的：将不同的关注点相互解耦。

这种分割可以帮助你编写代码、创建测试和重构，因为这些部分之间的依赖关系经过分割后变得更容易管理。但是，正如科学家戴维·沃尔珀特（David Wolpert）和威廉·麦克雷迪（William Macready）在“没有免费的午餐定理”中明确指出的，这一切都是有代价的。你只有在编写大量代码、处理冗杂的文件、有浩如烟海的子目录、对着屏幕手足无措的时刻才能体会到MVC的好处。然而，从总体上看，你的工作其实会变得更快、更有效率。

5.2.2 评估工作量和风险

你如何知道会有多少工作量？你只有在对两个框架的工作方式有了初步的概念之后才能确定。在你开始往目的地启程前，最重要的一点就是知道目的地在哪。就算你的一些猜测不准也无所谓，但你得知道，按照这种方式的原因是依据猜测来估计工作的先后次序，以此来减少你的工作量，与此同时还不对任何东西造成破坏。

例如，我知道实现控制器和视图不需要费多少精力，因为它们的语法在不同框架之间没多大区别。我估计在 HTML 格式的帮助文档或者控制器结构的语法方面可能会有一些工作量，但好消息是在对它们做转移的时候，应该没什么问题。同样，我知道静态资产在 ASP.NET Core 中被移到 www/root/文件夹下，这只有一点工作量，但它们肯定不能直接被转移。我也知道启动和配置代码在 ASP.NET Core 中被完全修改了，我肯定得从头开始写。

我认为其他所有的开发者都会致力于功能的开发，他们的工作将包括设计控制器、视图和模型。我并不觉得现有的模型会像业务逻辑或者功能外观一样频繁变化，所以我将模型设置为中等风险，而控制器和视图的风险较高。记住，其他的开发者在你进行重构的时候也没有停下来，依然在写着代码。所以你必须要找到一种工作方法，在不破坏他们工作节奏的情况下，尽可能快地将自己的工作整合到他们的工作流当中。要达成以上目的，最可行的组件大概就是表 5.1 中的。尽管有可能出现需要微小调整的冲突，但小规模的修改对于解决冲突仍是可接受的。

这个组件不需要重构。怎么样让现有的代码和既有代码同时具有相同的组件呢？你可以把它移到一个单独的项目里。我在第 3 章就谈到了这个问题，当时我提到了打破依赖关系来让项目结构更加灵活。

5.2.3 树立威信

在不影响同事的情况下完成重构，就相当于你在高速公路上边行驶边更换汽车轮胎一样。这就是自欺欺人，你让旧的架构消失，并且在没有任何人意识到的情况下用新架构取代它（类似于“只要食品包装上没写明热量，那一定就是零热量”）。当你打算开始做时，最好的方法就是将代码提取成可共享的部分，如图 5.3 所示。

当然，其他开发同事不可能没注意到代码库里的新项目，但只要你事先和他们沟通你要实现的改动，并且他们能直接适应，那么在项目进展中实现改动应该是没有问题的。

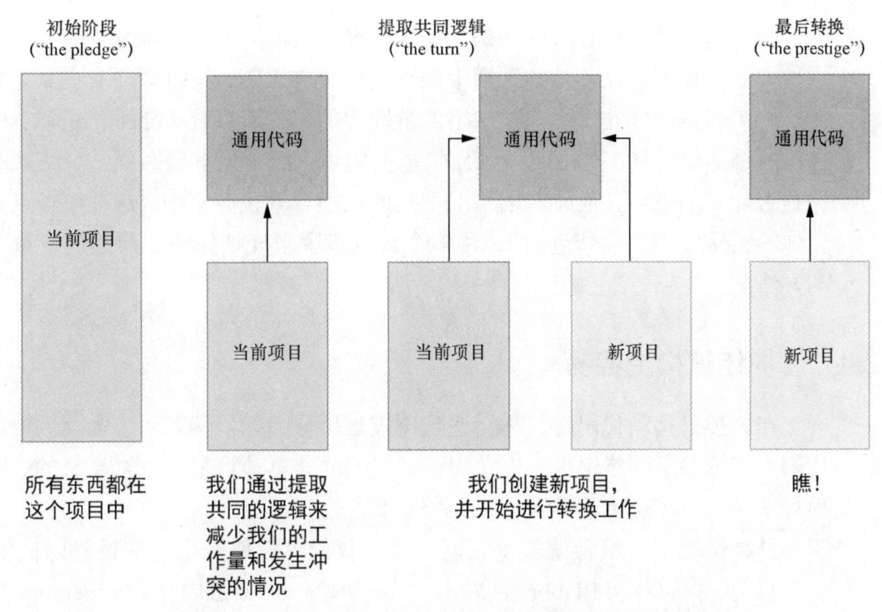

图 5.3 在没有一个开发者注意到的情况下开始重构的错觉

你创建一个单独的项目，就像我们的例子 `Blabber.Models`，把你的 `Models` 类移到这个项目当中，然后从 Web 项目当中添加对这个项目的引用。你的代码会像之前一样运行，但是新代码需要被添加进 `Blabber.Models` 项目中，而不是 `Blabber`，并且得让你的同事注意这个改动。你可以新建一个项目，在这里引用 `Blabber.Models`。我们项目的重构路线图类似于图 5.4。

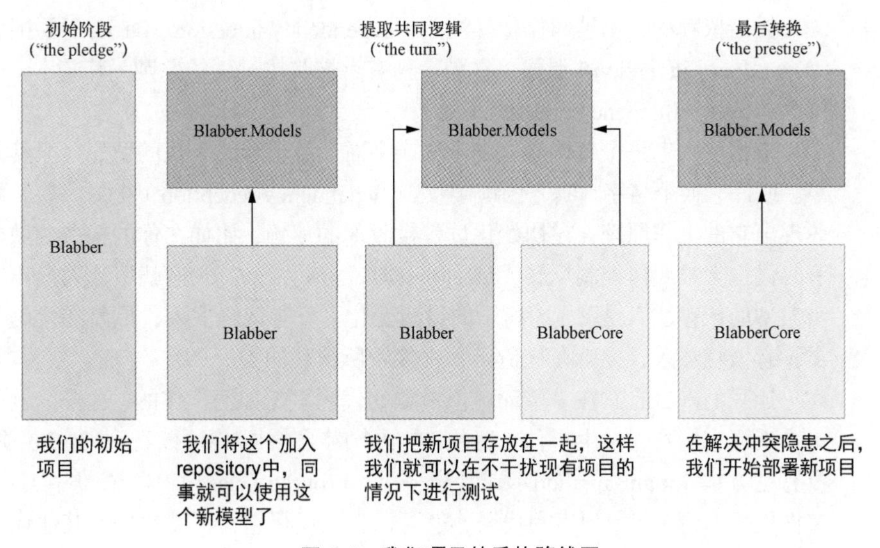

图 5.4 我们项目的重构路线图

我们这样做的核心目的还是减少工作量，与此同时尽可能地保持与主分支的同步。这种方法让你可以在较长的工期中顺利进行重构工作，同时即便有更紧急的工作，也能让这些工作挤入你的日程表。这很像游戏中的检查点系统（checkpoint system），你可以在《战神》里，100 次打同一场瓦尔基里战斗，而不是重新回到整个游戏的开始。不管你是否能在不破坏其他架构的情况下把改动整合到主分支中，这种检查点系统都会成为让你不再重复的“温馨港湾”。用多个集成步骤来规划你的工作是进行重大重构最可行的方法。

5.2.4 重构让重构更容易

在跨项目移动代码时，你会遇到比较难拆分的强依赖关系。在我们的例子中，有些代码可能依赖于网络组件，把它们移到我们的共享项目里是没有意义的，因为我们的新项目 `BlabberCore` 不会与旧的网络组件一起工作。

这种情况下，组合就救了我们一命。我们可提取一个主项目可以提供的接口。

目前，我们对在 Blabber 网站上发布的内容，是通过内存（in-memory）进行存储的。这就意味着重新启动网站之后，所有的内容都会丢失。往好的一面想，假如 Blabber 是一个后现代艺术项目，那倒是也算合理。不过用户还是喜欢内容多少能够保留的。假设一下，基于现在正在使用的框架，我们想使用 Entity 框架或者 Entity Framework Core，但我们仍然希望迁移过程中，在两个项目中共享共同的数据库访问代码，因此迁移的最后阶段所需的实际工作量将大大减少。

依赖注入

凭借依赖的技术被叫作依赖注入（dependency injection，DI），不要把它和依赖倒置（dependency inversion）混淆。它是一种有点被吹捧过度的原则，其基本含义是“在抽象层面的依赖”（depend on abstraction）。

依赖注入也是个有误导性的术语，字面上有干涉或干扰的意思，但其实没有这样的事。或许它换个名字，叫“依赖接收”（dependency reception）更好一些，因为这样更能体现出它的工作原理：在初始化过程接收你的依赖，比如在你的构造函数中。依赖注入有时候也会被叫作控制反转（inversion of control，IoC），这就更让人摸不着头脑了。一个典型的依赖注入是图 5.5 所示的设计变化。没有依赖注入，你就在代码中实例化依赖类；有依赖注入，你就在构造函数中接收所依赖的类。

让我们来看看它在一些简单但抽象的代码里是如何工作的，这样你就可以集中注意力来观察它们到底发生了什么变化。在这个例子当中，你可以看到 C# 9.0 顶层代码设计，没有主方法（main method）或者程序类（program class）本身。你在项目文件夹的.cs 文件里输入清单 5.1 列出的代码，就可以直接运行它，不需要任何其他代码。注意类 A 如何在每次调用方法 X 时初始化类 B 的实例。

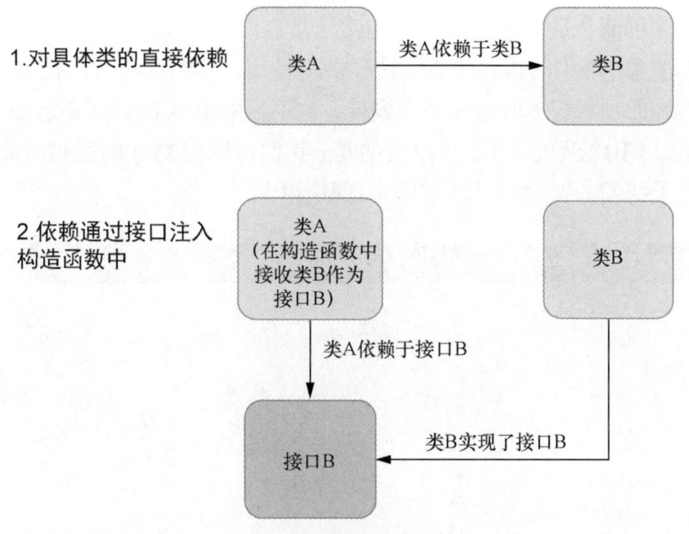

图 5.5　依赖注入是如何影响类的设计的

清单 5.1　使用直接依赖关系的代码

```
using System;

var a = new A();   ← 这里创建了一个类 A 的实例
a.X();

public class A {
  public void X() {
    Console.WriteLine("X 被调用");
    var b = new B();   ← 类 A 创建类 B 的实例
    b.Y();
}
}

public class B {
  public void Y() {
    Console.WriteLine("Y 被调用");
  }
}
```

当你应用依赖注入的时候，你的代码会在类 A 的构造函数中通过接口获得类 B 的实例，因此类 A 和类 B 间是零耦合的状态。你可以在清单 5.2 中看到这一过程。然而这在实际工作中会有点不同，因为我们把类 B 的初始化代码挪到了构造函数里，它就直接把一个现成的类 B 的实例拿来用，而不是每次又创建一个新的类 B 的实例。清单 5.1 所示的工作方式就是这样的。这种方式真的很不错，确实减少了垃圾回收器的负担。但是如果类的状态会随着时间的推移而改变，你就得注意可能会有一些意想不到的事情发生。你可能会造成一些破坏。这就是要求最好有较高的测试覆盖率的原因。

清单 5.2 中的代码达成了这样的一件事：我们现在可以把类 B 的代码迁移到一个完全不同的项目，然后把它完全删掉，这不会对类 A 的代码造成影响，只要保留我们创建的接口（IB）就可以了。更重要的是，我们可以把类 B 的代码所需要的一切都一起迁移。这给了我们非常大的灵活空间来迁移代码。

清单 5.2 带有依赖注入的代码

```
using System;

var b = new B();        ← 这次调用初始化了类 B
var a = new A(b);       ← 它作为参数传给了类 A
a.X();

public interface IB {
  void Y();
}

public class A {
  private readonly IB b;      ← 类 B 的实例被保存在这里
  public A(IB b) {
    this.b = b;
  }
public void X() {
  Console.WriteLine("X()被调用了");
    b.Y();      ← 通用的类 B 的实例被调用
  }
}

public class B : IB {
  public void Y() {
    Console.WriteLine("Y()被调用了");
  }
}
```

现在让我们把这个技术应用到 Blabber 例子当中，改写代码，将原先的通过内存存储的方式变更为使用数据库存储。这样即便重启计算机，我们的数据内容仍然还在。在上述例子当中，我们并没有依赖于某种特定的数据库引擎，而是使用 Entity Framework 和 Entity Framework Core。通过它们，我们可以设计一个接口来为项目组件提供所需的功能。这使得两个具有不同技术的项目可以使用相同的代码库，即使这个代码库依赖于特定的数据库功能。为了实现这一点，我们创建了一个公共接口，即 `IBlabDb`（它指向数据库功能），并且把它用在我们的通用代码里。我们重构前后的两种 Blabber 共享这段相同代码：它们让通用代码使用了不同的数据库访问技术。我们的实现将如图 5.6 所示的那样。

为了实现这一点，我们首先更改了重构后的 Blabber.Models 中 BlabStorage 的实现。更改完后，它就把工作推给了一个接口。使用内存存储的 BlabStorage 类的实现就像清单 5.3 所示的那样。它保留了一个静态的列表实例，在所有请求之间进行共享。因此，它使用锁来确保各类数据不会变得不一致。我们并不关心 Items 属性是否一致，因为我们仅仅将添加项加入这个列表里，永远不会把它们删掉。否则，这就会成为一个麻烦。请注意，我们在 Add() 方法中使用 Insert 而不是 Add，是因为这样可以让我们按照帖子的创建日期来保持它们降序排列，而不需要额外借助其他排序方法。

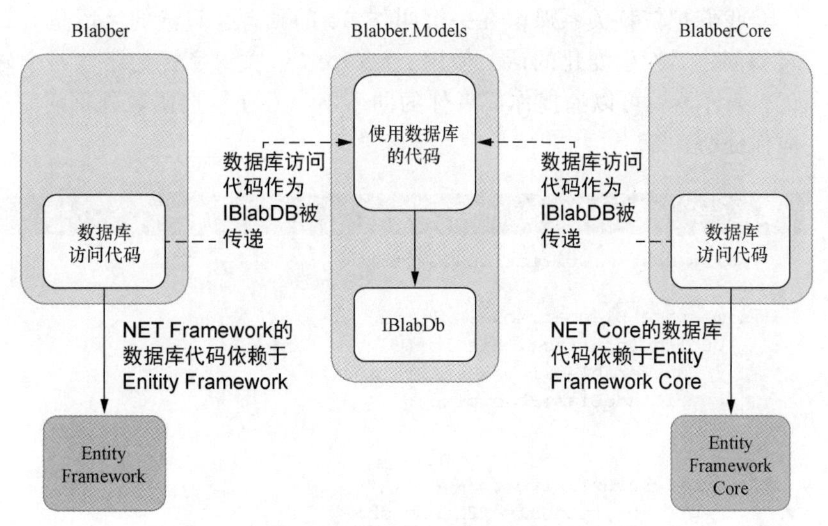

图 5.6 在通用代码中使用不同的数据库访问技术

清单 5.3 BlabStorage 使用内存存储版本

```
using System.Collections.Generic;

namespace Blabber.Models {
    public class BlabStorage {
        public IList<Blab> items = new List<Blab>();          ← 创建一个空列表
        public IEnumerable<Blab> Items => items;
        public object lockObject = new object();             ← 我们使用锁对象来实现并发
        public static readonly BlabStorage Default =
new BlabStorage();                  ← 在任何地方都会使用的一个默认单例模式实例

        public BlabStorage() {
        }

        public void Add(Blab blab) {
            lock (lockObject) {
                items.Insert(0, blab);          ← 最新的添加项会被放在最上面
```

```
                }
            }
        }
    }
```

实现依赖注入后，我们移除了所有跟内存存储列表有关的内容，使用了一个抽象接口来处理有关数据库的全部事宜。新版本就像清单 5.4 所示的那样。你可以看到我们如何移除了所有跟数据存储有关的逻辑，以及 BlabStorage 类的抽象过程。BlabStorage 看起来似乎没做任何额外的事情，但是当我们开始做一些复杂任务时，我们就可以凭借它在两个项目之间共享一些逻辑了。就我们的这个例子而言，这可以接受。

我们把依赖关系保留在一个叫作 db 的私有且只读的字段里。如果字段不会在对象创建后发生变化的话，使用 readonly 关键字标记字段是个好习惯。通过标记，编译器就可以捕捉你或者你的同事不小心在构造函数外部对它的修改行为，并向你提醒。

清单 5.4 带有依赖注入的 BlabStorage

```
using System.Collections.Generic;

namespace Blabber.Models {
  public interface IBlabDb {
    IEnumerable<Blab> GetAllBlabs();
    void AddBlab(Blab blab);
  }

  public class BlabStorage {
    private readonly IBlabDb db;
                                                从构造函数中接收依赖关系
    public BlabStorage(IBlabDb db) {      <--
      this.db = db;
    }

    public IEnumerable<Blab> GetAllBlabs() {
      return db.GetAllBlabs();        <--
    }                                      将工作推给实际执行的组件

    public void Add(Blab blab) {
      db.AddBlab(blab);               <--
    }
  }
}
```

做实际工作的组件叫作 BlabDb，它实现了 IBlabeDb 接口，并且做到让它驻留在 BlabberCore 项目中，而不是 Blabber.Models 中。它使用 SQLite 数据库。它并不需要其他第三方软件，所以你可以直接运行它。SQLite 是上帝在放弃人类之前给世界的最后的礼物。哈哈，开玩笑的。理查德 · 基普（Richard Kipp）在人类被放弃之前就创造了它。BlabberCore 通过 Entity Framework Core 实现，就像清单 5.5 所示的那样。

你或许还不太熟悉 Entity Framework Core、Entity Framework 或者对象关系映射（object relation mapping，ORM）。这没问题，你也没必要熟悉。跟你看到的一样，它们非常直观。AddBlab 方法的功能是在内存里创建一个新数据库记录，紧接着把添加项插入 Blabs 表里，再调用 SaveChange 来将更改写入数据库。类似地，GetAllBlabs 方法简单地从数据库里获取所有记录，并将其按照日期降序排列。请注意，我们需要将日期转换成世界协调时（universal time coordinated，UTC）来确保时区信息不会丢失，因为 SQLite 并不支持 DateTimeOffset 格式。不管你已经学会了多少最佳实践，你总是会遇到它们出状况的时候。这时就需要你随机应变、适应，最后改变状况。

清单 5.5 Entity Framework Core 版本的 BlabDb

```
using Blabber.Models;
using System;
using System.Collections.Generic;
using System.Linq;

namespace Blabber.DB {
  public class BlabDb : IBlabDb {
    private readonly BlabberContext db;    ◁ Entity Framework Core 数据库文本

    public BlabDb(BlabberContext db) {    ◁ 通过依赖注入来接收文本
      this.db = db;
    }

    public void AddBlab(Blab blab) {
      db.Blabs.Add(new BlabEntity() {
        Content = blab.Content,
        CreatedOn = blab.CreatedOn.UtcDateTime,    ◁ 将 DateTimeOffset 转换为数据库的兼容格式
      });
      db.SaveChanges();
    }

    public IEnumerable<Blab> GetAllBlabs() {
      return db.Blabs
        .OrderByDescending(b => b.CreatedOn)
        .Select(b => new Blab(b.Content,
          new DateTimeOffset(b.CreatedOn, TimeSpan.Zero)))    ◁ 将数据库时间格式转换成 DateTimeOffset
        .ToList();
    }
  }
}
```

我们成功地在重构期间引入了一个数据库存储后端，并且没有影响正常的开发工作流。我们使用依赖注入来避免出现直接的依赖关系。更重要的是，如图 5.7 所示，我们的内容现在可以跨越会话（session），并且重启后不丢失。

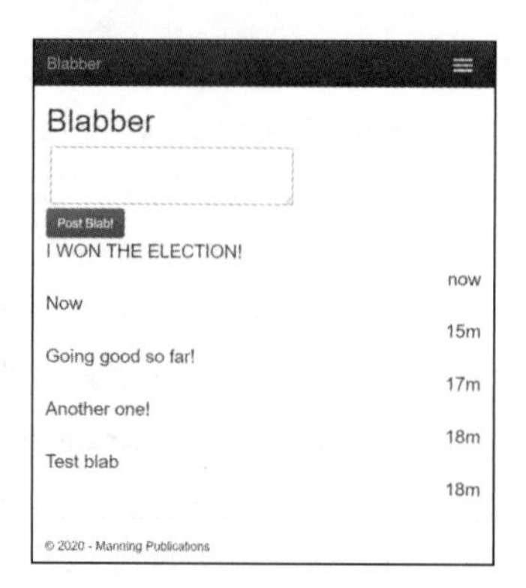

图 5.7 在 SQLite 数据库上运行的 Blabber

5.2.5 最后冲刺

你可以尽可能多地提取可在新旧项目之间共享的组件，但最终，你会发现还是有一大堆不能在两个 Web 项目之间共享的组件。举个例子，我们的控制器代码在 ASP.NET 和 ASP.NET Core 中不需要改变，因为不管在哪，语法都是一样的，但在两者之间并不能共享控制器代码，因为它们使用完全不同的类型。ASP.NET MVC 控制器源自 `System.Web.Mvc.Controller`，而 ASP.NET Core 控制器源自 `Microsoft.AspNetCore.Mvc.Controller`。有一些理论上成立的解决方案。比如用一个接口抽象出控制器的实现，再写一个使用这个接口的自定义类，而不是直接使用这个控制器类的子类，但是这实在太过麻烦了。当你想到一个相当优雅的解决方案时，你真的应该扪心自问，"这样真的值得吗？" 工程中的优雅是要付出代价的。

这就意味着，在某些时候，你必须冒着与其他开发者起冲突的风险，将你的代码迁移到新的代码库中。我把这叫作"最后冲刺"（the final stretch）。由于有你之前在重构方面的前期工作，这一步的时间不会很长。你的前期工作和你在最后过程中的分割设计，会使得以后的重构操作时间大大缩短。这操作划得来。

在我们的例子里，模型组件在项目里所占比例很小，因此我们的操作实现的节省效果不是特别起眼。然而，在大型项目里，大概率有非常多的可共享代码，这就大大减少了你的工作量。

在最后冲刺中，你需要将所有的代码和资产转移到新项目里，然后让项目正常运行起来。我给这个代码实例增加了一个单独的项目，叫作 `BlabberCore`，它包含新版本的.NET 代码。你可以从中看出一些结构是如何转换为.NET Core 结构的。

5.3 可靠重构

你的 IDE 非常努力，保证了你不会因为随意选择 IDE 的菜单命令而破坏代码。如果你手动更改一个名称，任何引用到这个名称的其他代码都会被破坏。如果你使用 IDE 的重命名功能，所有对该名称的引用也会被重命名，但这依然不是一个万全之策。你还是有很多方法可以在编译器没察觉的情况下引用一个名称。例如，可以用一个字符串来实例化一个类。在我们的例子 Blabber 的代码中，我们把每一块内容都称为 blab，而定义其中内容的类就叫作 Blab（见清单 5.6）。

清单 5.6 代表一个 blab 的类

```
using System;

namespace Blabber
{
    public class Blab
    {
        public string Content { get; private set; }   ◁── 构造函数确保没有无效的 blab
        public DateTimeOffset CreatedOn { get; private set; }
        public Blab(string content, DateTimeOffset createdOn) {
            if (string.IsNullOrWhiteSpace(content)) {
                throw new ArgumentException(nameof(content));
            }
            Content = content;
            CreatedOn = createdOn;
        }
    }
```

我们通常使用 new 操作符来实例化一个类，但是在某些情况下，也可以使用反射来实例化 Blab 类，比如在编译时你不知道要创建什么类。

```
var blab = Activator.CreateInstance("Blabber.Models",
    "Blabber", "test content", DateTimeOffset.Now);
```

每当我们在字符串中引用一个名称时，我们就多了一个在重命名后破坏代码的隐患：因为 IDE 无法跟踪字符串的内容。希望未来我们在和我们造出的人工智能（AI）一起做代码审查的时候，这不再是一个问题。我不知道怎么都到科幻般的未来了，我们还得自己干活，人工智能仅仅给我们的工作打分。它们不应该替我们干活吗？事实证明，它们要比我们想的聪明。

在人工智能接管世界之前，你的 IDE 并不能完全保证重构的可靠性。是的，你有一些回旋的余地，比如使用 `nameof()` 这样的结构来引用类型，而不是将其硬编码为字符串，就像我们在第 4 章里讨论的那样。但这对你帮助不大。

让重构可靠的“秘术”是测试。如果你能确保你的代码有一个良好的测试覆盖率，你可以有更多重构的操作空间。因此，在开始一个长期的重构项目前，明智的做法就是，为重构相关的代码做好测试。如果我们以第 3 章中的架构变化为例，一个更贴近实际的项目路线图应该包括为整个架构添加缺失测试的部分。我们在例子里跳过了这个步骤是因为我们的代码库非常小，手动测试（比如运行应用，发布帖子，看看会不会有什么问题出现，等等）也很简单，图 5.8 所示就是我们的项目路线图的修改版本，它新增了我们对项目添加测试的阶段，为重构增加可靠性。

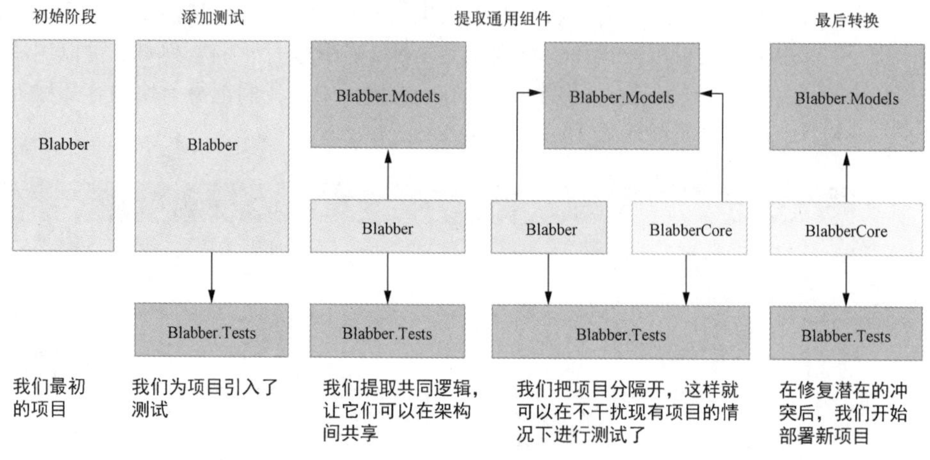

图 5.8 用测试来保障可靠重构

5.4 什么时候不重构

重构的好处是，它能让你思考代码如何改进。重构的坏处是，在某些时候，你可能会仅仅为了重构而重构，它成了一种目的而不是一种方法，就像 Emacs 一样。对于外行来说，Emacs 是文本编辑器、开发环境、网络浏览器、操作系统、末界角色扮演游戏，因为总有人按捺不住要尝试种种可能。同样的情况也会发生在重构上。你开始对每一段代码都感觉不顺眼，总觉得有改进的空间。这慢慢地成了一种"瘾"，你可能会为了能做出改变而编造借口，根本不管它是否对你有好处。这不仅浪费了你的时间，也浪费了你团队的时间，因为他们不得不针对你做的每处改动修改自己的代码。

从事软件开发工作，你应该对"足够好的代码"和"什么才是有价值的"有基本的理解。是的，如果不加理会，代码就会锈蚀，但足够好的代码能够轻易对付这种情况。足够好的代码的判断标准应该是下面这样的。

- 重构的唯一理由是"这样更优雅 "。这对你来说是一个很严重的问题，因为优雅不仅是主观的，而且是模糊的，因此意义不大。试着举出站得住脚的原因和切切实实的好处，比如"这将使这个组件更容易使用，因为它减少了我们每次使用它时需要写的模板""这将使我们为迁移到新的库做好准备""这将消除我们对组件×的依赖"等。
- 目标组件赖于一个非常小的组件集。这意味着以后对它的重构和迁移会非常方便。我们的重构练习可能对我们识别代码中的刚性部分起不到多大作用，但它可以让你在准备好一个更可靠的重构方案之后，再进行重构。
- 重构缺乏测试覆盖。这是阻止你重构的红灯，尤其是在这个组件的依赖包袱非常重的情况下。组件缺少测试也意味着你不知道你在做什么，所以，放弃重构吧。

- 这是一个公共依赖项。这句话的意思是，即便测试覆盖率还不错，并且重构理由也很充分，你也可能会打乱团队的工作流程，影响到你同事的工作效率。如果你追求的好处不足以抵消操作成本，那你应该考虑推迟重构操作。

如果你的情况符合这些标准中的任何一条，你就应该考虑避免重构，或者至少推迟重构的时间。

本章总结

- 拥抱重构，因为它带来的好处比你认为的还要多。
- 你可以在增量步骤来完成重大的架构改动。
- 使用测试以在大型重构工作中减少隐患。
- 你要估计的不仅仅是成本，还有风险。
- 在你实施大型重构工作的时候，在脑海中或者纸面上，总得有一个路线图来指导进行增量工作。
- 当进行重构的时候，记得使用依赖注入来消解那些强依赖关系。与此同时，这样也可以降低代码的刚性。
- 当重构的成本大于收益时，就得对重构打个问号了。

第 6 章　安全审查

本章主要内容：
- 全面理解何为安全。
- 利用威胁模型。
- 避免常见的安全隐患，如 SQL 注入攻击、跨站脚本攻击等。
- 降低攻击影响的技术。
- 正确存储秘密。

早在土耳其西部的古城特洛伊发生那件不幸的事之时，安全就已成为被普遍误解的问题。特洛伊人以为他们的城墙坚不可摧，自可高枕无忧，就像那些现代社交平台一样，低估了对手的社会工程学能力。希腊人佯装退出战场，将一匹巨型木马留给胜利者。特洛伊人对这种姿态很受用，就把木马运到城墙里珍藏起来。午夜时分，藏在木马里的希腊士兵偷偷出来，打开了特洛伊城门，让外面的希腊军队进来，导致了特洛伊城的沦陷。至少，这是我们从荷马（Homeros）的复盘报告——《荷马史诗》中所知道的，可谓历史上第一次向公众披露漏洞报告（irresponsible disclosure）。

安全，这是一个广泛而又深刻的术语，就像特洛伊人的故事一样，它关乎人类心理学。这是你首先得接收的观点：安全从来不只跟软件和信息有关，也跟人和环境有关。安全这个主题太过宽泛，你把本章看完，也不可能成为一个安全专家，但是，会成为一个更好的开发者，对安全有更好的理解。

复盘报告和负责任的披露

复盘报告（postmortem blog post）是一篇长文，通常是在一次非常让人尴尬的安全事件发生之后写的，目的是清晰地、极尽细节地向管理层描述事件始末，实际上是为了掩盖他们搞砸了的事实。

负责任的披露（responsible disclosure）指的是那些没有在快速识别问题方面投入较多资源的公司，在利用充足的时间来修复问题后，再向公众公布修复安全漏洞的做法。安全漏洞本身总是被叫作事故（incident），绝不是不负责任的。我认为，负责任的披露从一开始就应该被称为限时披露。

6.1 黑客之外

提到软件安全，一般人想到的无外乎漏洞、渗透、攻击和黑客。但是安全可能还与那些你认为不相关的因素有关。打个比方，你可能不小心将用户名和密码留在了你的网络日志里，也许这种事也会发生在市值数十亿美元的 Twitter 这样的公司身上，它发现网站内部日志[①]中保存了明文密码，竞争对手可以直接使用这些明文密码而不用费劲地破译经过哈希（hash）的密码。

Facebook 给开发者提供了一个 API，让他们可以浏览用户的好友列表。2016 年，一个公司通过这些信息生成用户的政治倾向图，然后通过精准投放广告影响大选。这个功能是完全按照需求来设计的，没有错误，没有安全漏洞，没有后门，也没有黑客介入。某些人创造了这个功能，另一些人使用它，但是获得的数据却能违背他人意愿而操控他们，并因此导致伤害，

如果告诉你真相，你会惊讶地发现，有不计其数的公司让它们的数据库在互联网上没有密码就可以被访问。像 MongoDB 和 Redis 这样的数据库技术默认不对用户进行认证，你必须手动启用认证。很明显，很多开发者并没有这样做，这导致了大量的数据泄露。

在开发人员和 DevOps 人员中，有一句名言："不要在星期五进行部署"。这句话的逻辑很简单，即如果你把事情搞砸了，周末不会有人来处理，所以你应该在一周的第一天来进行一些高危操作。如果你不这样做，对员工和公司来说，可能会造成严重后果。周末存在的本身不是一个安全漏洞，但它仍然可能导致灾难性的结果。

这就让我们开始关注安全和可靠性之间的关系。安全，就像测试一样，是你的服务、数据和业务的可靠性的一个子集。当你从可靠性的角度来看安全这件事时，就能更容易地做出与安全有关的决定，因为你已掌握了安全要诀，如同掌握我在前文章节谈到的测试等关乎可靠性的技术一般。

即便你对你所开发的产品的安全性没有任何责任感，但考虑到让你的代码变得可靠

① 详情参见"Twitter says bug exposed user plaintext passwords"一文。

至少也会有助于你做出决定，免得后面你再为它出问题而头疼，也会对它进行优化，而不只在意当下。我们的目标是，做最少的工作，在你的一生中获得最大的成功。应当将与安全有关的决定看作可靠性技术债，它能帮你优化整个人生。我推荐你在每个项目里都这样做，无论是否会有潜在的安全影响。打个比方，你可能开发一个内部的看板（internal dashboard），只有受信任的用户才可以访问。我仍然建议你考虑借鉴安全软件的最佳实践，比如使用参数化查询方式来运行 SQL 语句，这种情况的细节我会在后面谈到。这看起来似乎增加了细微的工作量，但它可以帮助你养成习惯。从长远来看，这种习惯会让你受益匪浅。如果一条捷径阻碍了你的进步，那么它就不是真正的捷径。

既然对于开发者都是人类这一点，我们并没有异议，那么你就得接受开发者有着人类的弱点，主要的弱点就是对概率的错误估计。我承认这一点，在 21 世纪的头几年中，我一直都在所有平台上用“password”作为我的密码。我认为没有人会觉得我是那么笨的人。事实证明我是对的；没有人注意到我是那么笨。幸运的是，我从来没有被“黑”过，至少我的密码没有被泄露过，虽然在那个时候，我也没有成为很多人的目标。这意味着我的威胁模型（threat model）精准地，或者说凑巧地正确了。

6.2 威胁模型

威胁模型是对安全方面可能会出现的问题的清晰理解。对威胁模型的评估的演变过程通常表现为：从“不慌，问题不大”到“咦？不对，你等下”。拥有威胁模型的目的是提高你需要采取的安全措施的优先级，精简成本，提高效用。威胁模型这个术语听起来很专业，是因为其描述的过程很复杂，但理解一个模型就不是那么复杂了。

威胁模型有效地阐述了什么不是安全风险或者什么不是值得保护的东西。这类似于不用担心西雅图出现灾难性干旱或旧金山突然出现经济适用房，尽管这些在理论上是存在可能性的。

实际上我们没有下功夫建立威胁模型。例如，最常见的威胁模型之一可能是用“反正我也没什么值得看的东西！”的想法来应对黑客攻击、平台管控，或者心怀恶意的前合作伙伴。我们并不真正关心数据是否被泄露和滥用，这种情况产生的原因主要是我们缺乏想象力来思考数据的用途。从这个意义上说，隐私就像安全带：你在大多数时间里不需要它，但当你需要它的时候，它可以救你的命。当黑客知道你的身份信息并以你的名义来申请信用贷款，拿走你所有的钱，让你背上天文数字的债务时，你就会慢慢开始意识到，你还是有些信息需要隐藏的。当你的手机数据错误地与谋杀案的时间和地点相吻合时，我想你一定会是隐私保护的最大支持者。

实际的威胁建模要稍微复杂一些。它涉及分析行为者（analyzing actor）、数据流（data flow）和信任边界（trust boundary）。虽然创建威胁模型已经有了正式的方法，但除非你是职业安全研究员，并且你对你工作的机构的安全负责，否则你不需要正式的威胁模型创建方法，但你确实需要对它有基本的了解：优先考虑安全。首先，你需要接受这个规则：安全问题迟早会在你的应用程序或平台中产生。这一点是无法避免的。“但这只是一个内部网站”“但我们使用 VPN”“但这只是一个加密设备上的移动应用”“反正没有人知道我的网站”“但我们使用 PHP”，这些话都不能真正对你的情况起到帮助——尤其是最后那个。

安全问题的不可避免也强调了事无绝对，没有绝对安全的系统。银行、医院、信用评分公司、核研究机构、政府机构、加密货币交易所以及几乎所有其他机构都经历过不同程度的安全事件。你可能会觉得自己创建的最佳猫咪图片网站会躲过攻击，但问题是，你的网站可以被用作复杂攻击的跳板。你存储的用户信息可能包含与该人在其工作的核研究机构中相同的登录信息。你可以在图 6.1 中看到这种可能性。

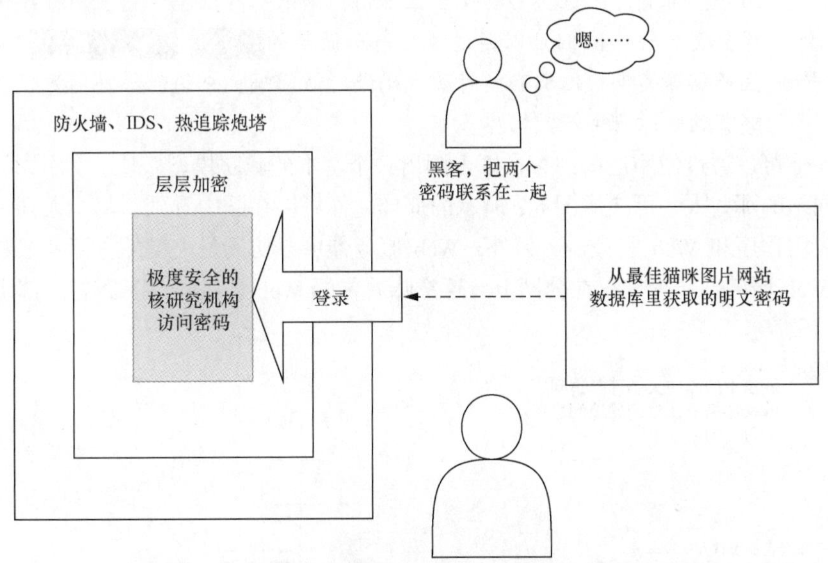

图 6.1　安全并不总是与软件有关

但大多数情况下，黑客甚至都不记得他们何时入侵过你的网站，因为他们不会挨个去“黑”世界上所有的网站。他们使用机器人来完成扫描漏洞的艰苦工作，然后在事后收集数据。

袖珍威胁模型

你可能不应该为你的应用程序创建所有的威胁模型，你也可能不会受到安全事件的影响。但是，你应该写出最低限度的安全代码，如果你按照某些原则的话，这并不是一件难事。基本上，你需要为你的应用程序建立一个小型威胁模型。它包含下面这些内容。

- 你的应用程序的资产。基本上，任何你不想丢失或泄露的东西都是资产，包括你的源代码、设计文档、数据库、私钥、API 令牌、服务器配置，还有 Netflix 观看清单。
- 资产所处的服务器。每台服务器都会被一些人访问，而每台服务器都会访问其他一些服务器。了解这些关系对你了解潜在的问题很重要。
- 信息敏感性。你可以通过问自己几个问题来评估信息敏感性："如果这些信息被公开，有多少人和机构会受到伤害？""潜在伤害的严重性是什么？""我会不会因泄露这些信息进监狱？"
- 访问资源的路径。你的应用程序可以访问你的数据库，是否有其他途径可以访问它？谁有访问权？它的安全性如何？如果有人欺骗你的应用程序来访问数据库会怎么样？他们可以通过执行一个简单的████ ████████[①]命令来删除生产数据库吗？他们只能对源代码进行访问吗？任何能够访问源代码的人也能够有效地访问生产数据库。

你可以通过使用这些内容在纸上画出一个基本的威胁模型。对于使用你的应用程序或网站的那些人，可能像图 6.2 所示的那样。你可以在图中看到，每个人都只能访问移动应用程序和 Web 服务器。另外，Web 服务器可以访问最关键的资源，如数据库，而且 Web 服务器还得暴露在公网上。这意味着你的 Web 服务器是暴露在外部世界的最危险的资产。

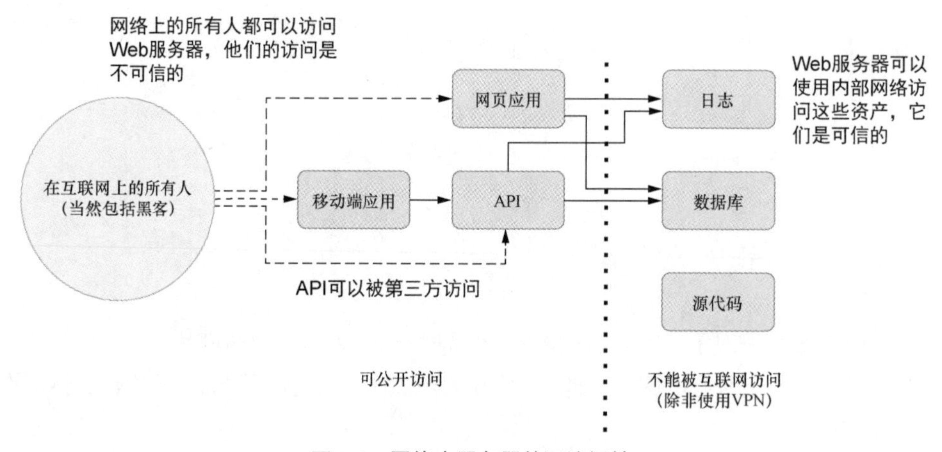

图 6.2 网络中服务器的可访问性

除了普通用户，你还有其他类型的用户，他们对你的服务器和它所包含的资产有不同的访问权限。在图 6.3 中，你可以看到不同类型的用户如何访问不同的应用。因为 CEO

① 涂黑。绝密信息。这样我们的数据库就安全无忧了。

的控制欲，他对每一件小事都要去访问和控制，所以渗透到这个服务器的最简单的方法是给 CEO 发一封电子邮件。你会想让其他用户只对他们需要访问的资源有有限的访问权限，但情况通常不是这样的。

当你俯瞰这个模型时，很明显，如果黑客给 CEO 发一封电子邮件，要求他登录 VPN 检查一些东西，然后把他重定向到钓鱼网站，黑客就得到了公司的一切。威胁模型使这种事情变得明显，并帮助你了解风险因素。

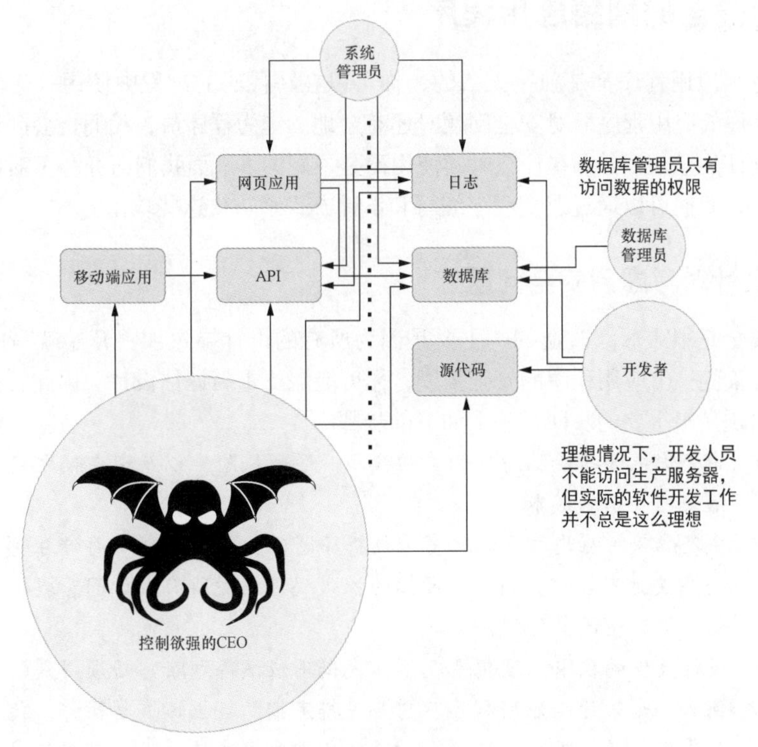

图 6.3 基于特权用户的服务器可访问情况

如果控制狂 CEO 在伤害你们公司这件事上是第一因素，那么在你服务器上运行的代码就是第二因素，仅仅是指你的代码。你延迟了服务器上的安全更新，结果导致机器被“黑”。但是，最糟糕的莫过于在网站上的一个表格中输入一些文字，就可以获得访问权限或破坏数据库中的所有数据。

在你的 CEO 之后，你的网页应用程序（或 API）是黑客或他们的机器人实现其目标的最容易的入口之一。这是因为你的应用程序是独一无二的，它只存在于你的服务器上。你是唯一一个测试过它的人，但你服务器上的所有第三方组件就不一样了，它们都经过了数百万次的测试、错误修复和安全审计。即使你有预算去对你的应用和 API 做这些事，也不是你短期内能干成的。

黑客或者他们的机器人的目的可以仅仅是简单地让你的服务停下来，比如他们直接租用 DDOS 攻击，因为他们除此以外没有别的办法与你竞争；或者提取用户数据以获取具有相同密码的有价值的资源；也可以只是访问你服务器上的私人数据。

当你有一个针对你产品的威胁清单时，你可以通过补上漏洞来解决这些威胁。你的网页应用和 API 这么受欢迎，所以你在创建它们的时候知道如何写安全代码是很重要的。

6.3 编写安全的网络应用程序

每个应用程序都是独一无二的，你可以在写代码的过程中使用一些便于实施的做法，使你的应用程序面对安全问题时还有余地。作为程序员，我们也会问这些做法在什么时候使用是最好的，在什么时候使用不是最好的。下面我们研究一下对网络应用的流行攻击，我们可以通过改变程序编写和设计方式来防止这些攻击。

6.3.1 在设计时考虑到安全问题

安全是很难后续改造的，主要是因为所有的设计导致你一开始就写了不安全的代码。要改变一个应用程序的安全强度，你可能需要重新评估设计。因此，在设计时考虑安全问题是很重要的。回顾一下如下的步骤。

- 审查你纸面的或脑海里的威胁模型。了解风险，以及现在使之安全的成本和以后使之安全的成本。
- 决定你将把应用程序的秘密（数据库密码、API 密钥）存储在哪里。让它成为一个铁打不动的原则。假设你的源代码可以被所有人访问。我将在本章后面介绍存储秘密的最佳做法。
- 设计最少的权限。理想情况下，代码不应该得到除它必须用到的之外的权限。例如，如果你的应用程序不需要安排定期的数据库恢复操作，就不要给它数据库管理员的权限。如果只有少数任务需要更高的权限，可以考虑将它们分解成单独的、隔离的实体，例如单独的应用程序。尽可能在最低权限的账户下运行网页应用程序。
- 将安全原则应用于你的整个组织。员工不应该访问他们执行日常任务时不需要的资源。CEO 根本就不该有访问数据库或服务器的权限。这并不是因为没有人可以被信任，而是因为他们的访问权可能会被外部人员恶意取得。

你为新应用或者新功能写代码之前，就应该完成上面那些步骤，从长远来看，你会受益。

在接下来的章节中，有些主题只适用于 Web/API 开发，而且例子通常是针对单个库的。如果你不做任何远程访问的事情，你可以跳到关于存储用户秘密的部分。否则，请继续阅读。

6.3.2　隐蔽性安全的用处

软件安全是一场与时间的竞赛。也许你认为你的软件很安全，但前提是用户很安全以及围绕你的软件的一切很安全。每个安全措施最终都可能被破坏。曾经有人估计，破解 4096 位 RSA 密钥需要比宇宙的寿命还要长的时间，但事实证明，这只需要等到量子计算机产生。这意味着所有安全措施的唯一目的是为你赢得时间，让攻击者做无用功。

信息安全专家厌恶隐蔽性安全。正如本杰明·富兰克林所说："那些试图通过隐蔽性实现安全的人既得不到安全也得不到隐蔽"。好吧，也许不是他原话，但至少相差不大。反对隐蔽性安全的理由是，它不能为你赢得时间，或者也许它可以，但只是杯水车薪。专家们反对的点是：具有隐蔽性就足够了。事实当然不是那样，而且隐蔽性本身永远不会有效。你不应该把它放在第一位，你只应该在你有多余资源的情况下才考虑它。但最终，它会给你带来边际安全。

也就是说，让我们先认清这么一个事实：边际安全并不是真正的安全。它就像临时的绷带，让你的项目就算达到一定程度的增长水平，依然能保证项目的正常运行。在创立酸字典网站的第一年，我记得我把管理页面放在一个光看 URL 名字绝对不会知道这是管理页面的地方，没有加任何认证。让我解释一下：那是 1999 年，网站最多只有 1000 个用户，而且我没有与任何人分享这个 URL。我没在任何授权机制上面花太多的心思，而是专注于与用户相关的网站动态。我当然知道肯定迟早有人会发现这一点，所以我很快就把管理页面升级，添加了一个认证系统。

同样，我的网站的网络使用 HTTP，运行了很长时间，使用的是最基本的认证方案，没有对密码进行加密，只是用 Base64[①]进行编码。是的，没有一个理智的安全专家会推荐它，但许多网站都在使用它，不管它们的开发者是否知道其中的风险。如果你和用户在同一个网络上，比如一个公共 Wi-Fi 网络，你可以很容易地从那些使用它的人的会话中提取密码和网络流量。最终，中间人（man-in-the-middle，MITM）攻击和密码窃取应用变得如此普遍，以至于在过去 10 年里，人们大力推动转向 HTTPS、HTTP/2、TLS 1.3 和更安全的认证协议，如 OAuth2。隐蔽性安全在我们面前运行了几十年。

这让我们想到一点：根据你的威胁模型来确定安全的优先级，如果你的模型允许，隐蔽性安全可以为你工作，就像即使你没有养狗，在你的篱笆上贴上"小心恶犬"的标志也可以减少被盗窃的风险。

完美的安全是不可能实现的，你总会遇到用户体验和安全之间的权衡，就像聊天应用 Telegram 选择了比 WhatsApp 更差的安全模式，但它提供了更好的可用性，所以人们即使意识到了后果，也会使用它。你对你所做的权衡决定的后果有同样程度的认识是很重要的。简单地以"隐蔽性安全是不好的"为借口拒绝一切措施，并不能使你的工作更有效率。

也就是说，真正的安全正变得越来越便宜。原先你必须购买 500 美元的 SSL 证书才

---

① Base64 是一种二进制编码方法，将想要保护的字符转换成没有可读性的字符。

能让你的网站启动并运行 HTTPS，但现在你可以通过使用 Let's Encrypt 倡议的证书完全免费地做到这一点。要拥有一个安全的认证系统，现在只需将一个库插入你的项目中即可。确保你没有夸大获得良好安全的要求，也没有为使用隐蔽性安全来获得真正糟糕的安全性找借口。当你在安全这件事上努力的程度是大是小都没什么区别而且风险很大时，更推荐你采用真正的安全而不是隐蔽性安全。隐蔽性并不会给你带来真正的安全，但它偶尔会给你争取补救时间，直到你把问题解决掉。

6.3.3 不要光靠你自己去实现安全

安全是一件很复杂的事。你不应该编写一种仅属于自己的安全机制，无论它是哈希、加密还是节流。写些实验性质的代码是完全可以的，但是不要在生产环境当中用你自己的安全代码。这个建议通常被称为“不要自己搞安全”。通常情况下，与安全有关的具体规定的目的是希望读者了解开发安全软件的要求，而一个普通的开发者在实现自己软件的安全时可能会错过关键的细节，基本上造成的结果就是毫不安全（zero security）。

以哈希为例，即使是一个密码学专家团队也很难创造出一种没有弱点的密码学安全哈希算法。在 SHA2 之前，几乎所有的哈希算法都有严重的安全弱点。

所以，我不希望你变得激进，以至于敢尝试编写自己的哈希算法。你知道你甚至都不应该实现你自己的字符串比较函数，因为它根本不会安全。我会在 6.5 节当中详细介绍存储的秘密。

不用一切重来，你仍然可以通过简单地改变自己的日常工作方式来防御漏洞。我将会介绍常见的攻击手段，但并不是给你列一份宽泛的清单，而是通过按照优先级排列的例子，让你知晓想要获得体面的安全保障，并不需要你付出多大的努力。你可以像以前一样高效，并写出更安全的软件。

6.3.4 SQL 注入攻击

SQL 注入攻击是一个早就被解决的问题，但它依然是网站攻击的流行方法。它应该在乔治 • 卢卡斯（George Lucas）的导演生涯结束的同时从地球上消失，但不知何故，它却坚持了下来，可惜乔治 • 卢卡斯没有。

它的攻击原理非常简单。你的网站上有一个 SQL 查询。比方说，你想根据给出的用户名找到某个用户的 ID，以查看该用户的资料，这种场景很常见。假设语句看起来像这样。

```
SELECT id FROM users WHERE username='<username here>'
```

通过将给定的用户名当作输入，清单 6.1 显示了一个简单的 `GetUserId` 函数，它接受一个用户名作为参数，并通过串联字符串建立实际的查询。这就是初学者写出的 SQL 查询语句，刚开始看的话，也还不错。这条语句基本上是创建了一个指令，然后用我们想要查询的用户名作为查询用户名。执行它，返回的结果是一个可空整数，因为查询的那个对象可能并不存在。另外，请注意，我们虽然是在连接字符串，但是并不是以循环的方式来完成连接的，这一点我已经在第 2 章讲过了。这种技术没有多余的内存分配开销。

可选的返回值

在清单 6.1 中的 GetUserId 函数中，我们专门使用了一个可空的返回类型，而不是一个表示没有值的伪标识符，如-1 或 0。这是因为编译器可以在调用者的代码中捕捉到未被选中的可忽略的返回值，从而发现代码里的错误。如果我们使用一个普通的整数值，如 0 或-1，编译器就不会知道这是否是一个有效的值。在 8.0 版本之前的 C#中，编译器还没有这些功能。未来已至！

清单 6.1 天真地从数据库中检索一个用户 ID

```
public int? GetUserId(string username) {
  var cmd = db.CreateCommand();
  cmd.CommandText = @"
    SELECT id
      FROM users
      WHERE name='" + username + "'";      <- 我们已经在这建立了一个查询
  return cmd.ExecuteScalar() as int?;      <- 检索结果，如果结果不存在则为空
}
```

让我们先在脑海里把 SQL 语句运行一遍。想象着，用 placid_turn 值来运行它。如果我们把多余的空白删掉，执行的 SQL 语句就看起来像这样。

```
SELECT id FROM users WHERE username='placid_turn'
```

现在，考虑一下，假如一个用户名包含一个“'”，类似于：hackin'，我们的查询就看起来像这样。

```
SELECT id FROM users WHERE username='hackin''
```

注意一下，这会导致什么？我们引入了一个语法错误。这个查询会因为语法错误而失败，SqlCommand 类会引发 SqlException，而用户会看到一个错误页面。这听起来并不可怕，但也仅仅是听起来不可怕而已。我们目前只是引入了一个错误，对服务可靠性和数据安全性没有影响。现在，假如有一个用户名是' OR username='one_lame'，这也会引起一个语法错误，但它会像这样。

```
SELECT id FROM users WHERE username='' OR username='one_lame''
```

第一个“'”闭合了引号，我们可以在后面附加表达式继续我们的查询。事情变得越来越可怕了。你看，我们可以通过在用户名的末尾添加双短横线来消除语法错误，从而操纵查询，看到我们不应该看到的记录。

```
SELECT id FROM users WHERE username='' OR username='one_lame' --'
```

双短横线意味着内联注释，它假定后面的部分是 SQL 中的注释。它的作用类似于所有类 C 语言中的双斜线（//），除了 C 语言——至少是它的早期版本。这意味着查询完美运行，并返回 `one_lame` 而不是 `placid_turn` 的信息。

我们也不局限于单一的 SQL 语句。在大多数 SQL 语言中，我们可以通过用分号隔开来运行多个 SQL 语句。在足够长的用户名的限制下，你可以这么写。

```
SELECT id FROM users WHERE username='';DROP TABLE users --'
```

除非存在锁或者事务超时，否则这条查询会立即删除表用户和表中的所有记录。想一想，你可以通过简单地输入一个用户名并单击一个按钮，对一个网络应用进行远程操作，就能造成数据泄露或窃取数据了。你或许也可以从备份中恢复丢失的数据，这取决于你的能力，但为时已晚。

备份和 3-2-1 备份规则

还记得我们在前面的章节中讨论过，回退是最糟糕的错误类型，会浪费我们的时间，就像毁掉一座完美的建筑，只能从头开始建造。没有备份可能比这更糟糕。回退的操作让你又得修复一次 bug，而丢失的数据则使你从头开始创建数据库。如果这不是你的数据，你的用户永远不会再去管它。这是我在职业生涯中最先学到的一个教训。在我的职业生涯早期，我是一个非常敢于冒险的人。早在 1992 年，我就写了一个压缩工具，并在自己的源代码上试用，取代了原来的代码。这个工具将我的所有源代码转换为一个字节，其内容为 255。我仍然相信在不远的未来，会有一个算法可以解压那段源代码，但我当时很粗心，认为版本控制在个人发展中算不上一件重要的事。我当时只意识到了拥有备份的重要性。

2000 年初，我学到了关于备份的第二个教训。那时，自我创建酸字典网站以来，已经过去了一年，幸运的是没有出现任何千年虫问题（Y2K issue）。我确信备份的重要性，但我习惯于在同一台服务器上每小时才备份一次，并且每周只将这些备份复制到远程服务器上一次。有一天，服务器上的磁盘被烧毁了——确切地说，它们自燃了，上面的数据完全无法恢复了。就在那时，我明白了采用一台独立服务器来进行备份的重要性。在我后来的职业生涯中，我了解到在业内有一条被称为“3-2-1 备份规则”（3-2-1 backup rule）的潜规则，即“有三个独立的备份，两个在独立的媒介上，一个在独立的地点”。显然，制定一个理智的备份策略仅仅做到这点还远远不够，而且它可能永远不会是你工作的主要内容，但它是你可以考虑接受的最低限度。

SQL 注入的错误解决方案

你会如何修复应用程序的 SQL 注入漏洞？可能你第一时间想到了转义（escaping）：用双“'”（''）替换每一个单“'”（'），这样黑客就不能闭合你的 SQL 查询打开的引号，因为双“'”被认为是普通字符，而不是语法关键字符。

这种方法的问题是，在 Unicode 字母表中没有单独的“'”。你转义的那个“'”的 Unicode 值是 U+0027（APOSTROPHE），而 U+02BC（MODIFIED LETTER APOSTROPHE）也代表“'”，尽管目的不同，你使用的数据库有可能把它当作一个普通的“'”，或者把所有其他的跟“'”看起来差不多的符号翻译成数据库接受的字符。因此，问题就归结为对于底层技术你还是了解得不透彻，所以没法得到你想要的结果。

SQL 注入的理想解决方案

解决 SQL 注入问题的最安全方法是使用参数化查询（parameterized query）。你不用修改查询字符串本身，而是传递一个额外的参数列表，由底层的数据库来处理这一切。当使用参数化查询时，清单 6.1 中的代码看起来就像清单 6.2 中的代码。我们用 `@parameterName` 指定一个参数，并在与该命令相关的单独的 `Parameters` 对象中指定这个参数的值，而不是把字符串作为参数放在查询中。

清单 6.2 使用参数化查询

```
public int? GetUserId(string username) {
  var cmd = db.CreateCommand();
  cmd.CommandText = @"
    SELECT id
      FROM users
      WHERE username=@username";  <-- 参数的名称
  cmd.Parameters.AddWithValue("username", username);  <-- 我们在这传递实际的值
  return cmd.ExecuteScalar() as int?;
}
```

瞧！你可以在用户名中发送任何你想要的字符，但你再也没法对查询做出更改了。过程中甚至没有任何转义发生，因为查询和参数的值是在不同的数据结构中发送的。

使用参数化查询的另一个好处是可以减少查询计划缓存（query plan cache）污染。查询计划是数据库在第一次运行一个查询时制定的执行策略。数据库把这个计划保存在缓存中，如果你再次运行相同的查询，它就会重复使用现有的计划。它使用一个类似字典的结构，所以查找的时间复杂度是 $O(1)$，真的很快。但是，查询计划缓存的容量是有限的。如果你把如下这些查询发送到数据库，它们在缓存中都会有不同的查询计划条目。

```
SELECT id FROM users WHERE username='oracle'
SELECT id FROM users WHERE username='neo'
SELECT id FROM users WHERE username='trinity'
SELECT id FROM users WHERE username='morpheus'
SELECT id FROM users WHERE username='apoc'
SELECT id FROM users WHERE username='cypher'
SELECT id FROM users WHERE username='tank'
SELECT id FROM users WHERE username='dozer'
SELECT id FROM users WHERE username='mouse'
```

因为查询计划缓存的容量是有限的，如果你用大量的不同用户名运行这个查询，其

他有用的查询计划条目将从缓存中被挤出，而缓存将被这些可能无用的条目填满，这就叫作查询计划缓存污染。当你使用参数化查询时，你执行的查询看起来都是一样的。

```
SELECT id FROM users WHERE username=@username
SELECT id FROM users WHERE username=@username
SELECT id FROM users WHERE username=@username
SELECT id FROM users WHERE username=@username
SELECT id FROM users WHERE username=@username
SELECT id FROM users WHERE username=@username
SELECT id FROM users WHERE username=@username
SELECT id FROM users WHERE username=@username
SELECT id FROM users WHERE username=@username
SELECT id FROM users WHERE username=@username
```

由于所有的查询都有相同的文本，数据库会对你这样运行的所有查询只使用一个查询计划条目。你的其他查询就有更好的机会在缓存中保留一席之地，你也得到了更好的整体查询性能，此外还能完全避免 SQL 注入。完全不必付出额外代价！

就像本书的每条建议一样，你仍然要记住，参数化查询并不是灵丹妙药。你可能会想说："如果它真的那么好，我就把所有东西都参数化！"但是你不应该实现不必要的参数化，比如常量值，因为查询计划优化器（query plan optimizer）可以为某些值找到更合适的查询计划。例如，你可能想写这样一个查询，但是你老是用 `active` 作为 `status` 的值。

```
SELECT id FROM users WHERE username=@username AND status=@status
```

查询计划优化器会认为你可以发送任何值来作为 `status` 的值，这可能意味着为 `active` 使用错误的索引，得到一个性能更差的查询。或许我得另写一章关于数据库的内容了？

当你不能使用参数化查询时

参数化查询是非常通用的。你甚至可以在代码中通过命名@p0、@p1 和@p2 等，来选择参数的数量，并在一个循环中添加参数。但是，在有些情况下，你可能真的不能使用参数化查询，或者说，你不想使用，比如避免再次污染查询计划缓存；或者你可能需要某些 SQL 语法，比如模式匹配（想想 `LIKE` 操作符、`%`和_等字符），而参数化查询可能不支持这些字符。你能做的就是积极地对文本进行"消毒"（sanitize），而不是转义。

如果参数是一个数字，则把它解析成正确的数字类型（`int`、`float`、`double`、`decimal` 等），并在查询中使用，而不是直接将其放在字符串中，即使这意味着不必要地在整数和字符串之间进行多次类型转换。

如果它是一个字符串而你又不需要任何特殊字符或者你只需要一个特殊字符的某一部分，那么从字符串中删掉除有效字符以外所有的字符。现在的允许列表（allow-listing）的原理就是这样，即有一个允许哪些字符的列表，而不是有一个拒绝哪些字符的列表。这可以帮助你避免在你的 SQL 查询中意外地潜入一个恶意的字符。

有些数据库的抽象似乎不支持常见的参数化查询，这些数据库的抽象有其他的方法来进行参数化查询。举个例子，Entity Framework Core 使用 `FormattableString` 接口来实现相同的效果。在 Entity Framework Core 的这种情况下，清单 6.2 中的代码看起来会像清单 6.3 中的代码一样。`FromSqlInterpolated` 函数通过使用 `FormattableString` 和 C# 中的字符串插值语法（interpolation syntax）做了一个很妙的操作。这样，库就可以使用字符串模板，用形参（parameter）来替换实参（argument），并在后台建立一个你没有察觉的参数化查询。

插值我，复杂我，提升我（感谢 Rush 乐队提供歌词）

太初即有 `String.Format()`。你可以用它来替代字符串，而不用处理混乱的字符串连接语法。例如，你可以不使用 `a.ToString()+"+"+b.ToString()+"="+c.ToString()`，而是直接写 `String.Format("{0}+{1}={2}" a, b, a + b)`。这样就更容易理解使用 `String.Format` 之后最终字符串将会长什么样，但哪个参数对应哪个表达式其实并不直截了当。然后，C# 6.0 出现了字符串插值语法，它可以让你写出与`$"{a}+{b}={a+b}"`相同的表达式，而且它很聪明：它可以让你了解结果字符串会是什么样子，但又很清楚哪个变量对应于模板的哪个位置。

问题是，`$."..."`可以算是 `String.Format(..., ...)`语法的“语法糖”，它在调用函数之前处理字符串。如果我们的函数本身需要插值函数，我们就必须编写类似于 `String.Format` 的新函数名，并自己调用格式化，这就让事情变得复杂了。

还好，新的字符串插值语法也允许自动传参到同时拥有字符串模板和参数的 `FormattableString` 类。如果你将字符串参数的类型更改为 `FormattableString`，那么你的函数可以分别接收字符串和参数。这就产生了一些有趣的用法，比如在日志库中处理延迟文本，或者像清单 6.3 中的例子，在不处理字符串的情况下进行参数化查询。

清单 6.3　Entity Framework Core 中的参数化查询

```
public int? GetUserId(string username) {
  return dataContext.Users
    .FromSqlInterpolated(
      $@"SELECT * FROM users WHERE username={username}")
    .Select(u => (int?)u.Id)
    .FirstOrDefault();
}
```

使用字符串插值来创建一个参数化查询

当传参给 FromSqlInterpolated() 时，先转换为 FormattableString 格式

在类型转换为可空类型后，设定我们的默认值是 null 而不是 0

如果此处有值，则返回查询结果中的第一个值

小结

不要力求全部查询都实现参数化，尤其是在用户输入方面。参数化潜力无穷，在保障你的应用程序安全和保持查询计划缓存有一个合适的大小方面，它是完美选择。不过，还是要了解参数化的弊端，比如查询优化不佳，并避免将其用于常量值。

6.3.5 跨站脚本攻击

我觉得，跨站脚本（cross-site scripting）攻击应该被叫作“JavaScript 注入攻击”，这样比较有节目效果。（我更喜欢把跨站脚本称为 XSS，因为 CSS 是网络上流行的一种语言。）cross-site scripting 听起来就像一个编程里的竞技体育项目，比如越野滑雪（cross-country skiing）。如果我不知道这是什么东西的话，我很有可能会被这个名称给迷惑住。“哇！cross-site scripting？听起来就很酷。我很愿意我的脚本（scripting）来参加这个项目。”

XSS 攻击分为两个阶段。第一阶段是将 JavaScript 的代码插入网页当中，第二阶段就是通过网络传输更多的 JavaScript 代码，并在网页上执行。这样做的好处有很多，你可以捕获用户的行为和信息，甚至可以通过从其他会话中窃取会话 cookie 来捕获这些会话，这个操作叫作会话劫持（session hijacking）。

对不起，我不能在这注入

导致 XSS 攻击出现的原因往往是存在问题的 HTML 代码。在这个意义上，它类似于 SQL 注入攻击。不同于在用户输入中添加一个“'”，我们输入包括 HTML 代码的角括号文本。如果可以修改 HTML 代码，我们就可以往里塞<script>标识符，在里面放 JavaScript 代码。

一个简单的例子是网站的搜索功能。当你搜索某样东西，但搜索结果为空时，通常会有一个错误信息，例如会显示你搜索的“通量电容器怎么买”没有得到任何结果。那么，如果我们搜索“`<script>alert('hello!');</script>`”会怎样？如果输出没有被正确处理，就会出现图 6.4 所示的情况。

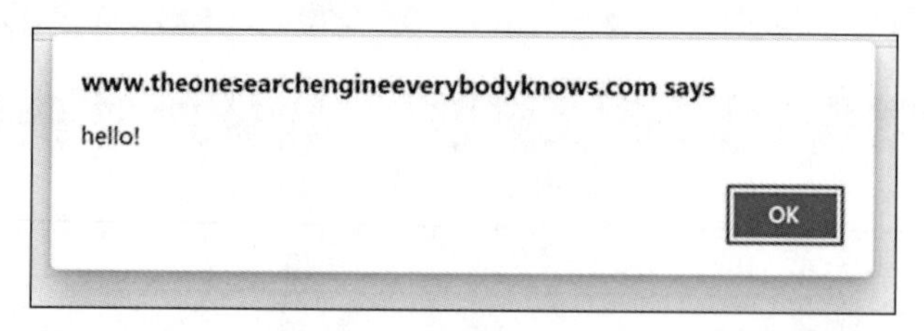

图 6.4 如果你的代码在别人的网站上运行，会出什么问题?

如果你能注入简单的警报命令，那么注入更多命令对你来说也就是照葫芦画瓢了。你可以读取 cookie 并将其发送到另一个网页。你甚至可以从远程 URL 加载整个 JavaScript 代码并在页面上运行，这就是“跨站”一词的来历。允许 JavaScript 代码向第三方网站发送的请求被认为是跨站请求。

防止 XSS 攻击

抵御 XSS 攻击的最简单方法是对文本进行重编码，使特殊的 HTML 字符被转义。

这样一来，原有的文本就被等价的 HTML 代码所替换，特殊字符的 HTML 字符对应关系如表 6.1 所示。通常情况下，你不需要背下表格中的内容，使用现有的、经过测试的函数来写代码就可以了。这个表中的内容只是供你参考，为了使你在 HTML 中看到这些字符时，可以识别它们。当用 HTML 实体进行转义时，用户的输入不会被视为 HTML 代码，而会被显示为纯文本，如图 6.5 所示。

表 6.1　特殊字符的 HTML 字符对应关系

特殊字符	转换的 HTML 字符	代替字符
&	&	&
<	<	<
>	>	>
"	"	"
'	'	'

Your search - "**<script>alert("hello!");</script>**" - did not match any documents.

Suggestions:

- Make sure all words are spelled correctly.
- Try different keywords.
- Try more general keywords.

图 6.5　当正确转义时，HTML 简直“人畜无害”

许多现代框架实际上默认将 HTML 代码编码为普通文本。请看我们自己的搜索引擎 Fooble 中的 Razor 模板代码，如清单 6.4 所示。正如你所看到的，我们使用@语法来直接将一个值包含在我们生成的 HTML 页面中，而完全没有进行任何重编码。

清单 6.4　我们的搜索引擎结果页面的部分内容

```
<p>
  没有找到你搜索的 <em>"@Model.Query"</em> 的任何相关内容   ◁—— 我们没有用到额外的代码进行编码
</p>
```

即使我们直接输出查询字符串，也不会出现有关 XSS 攻击的错误，如图 6.6 所示。如果你去看用于生成网页的源代码（在网页中单击鼠标右键，单击“查看源代码”），你会发现它被完美地引用了，就像清单 6.5 所示的一样。

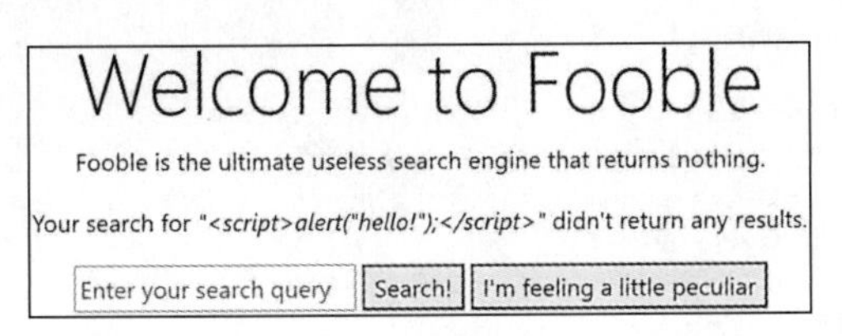
Welcome to Fooble
Fooble is the ultimate useless search engine that returns nothing.
Your search for "<script>alert("hello!");</script>" didn't return any results.
Enter your search query
Search!
I'm feeling a little peculiar

图 6.6　我们在这完美地避免了 XSS 攻击

清单 6.5 实际生成的 HTML 源代码

```
<p>
    没有找到你搜索的
    ➥ <em>"&lt;script&gt;alert(&quot;hello!&quot;);&lt;/script&gt;"</em>
    的任何相关内容
</p>
```

完美的转义，一切浑然天成

现在想想，我们为什么还要关心 XSS 攻击呢？那是因为，开发者也只是普通人。尽管代码里的模板已经实现得足够优雅，但在有些情况下，你可能仍会觉得使用原始的 HTML 输出会更好。

常见的 XSS 攻击的误区

一个流行已久的误区就是对关注点分离的无知，例如在你的模型中保留 HTML 代码。你这样做的原因可能是想返回一个嵌入了一些 HTML 代码的字符串，因为它很容易将逻辑整合到你的页面代码中。例如，你可能想在你的 get 方法中返回一个纯文本或者链接，这取决这个文本是否可以单击。在 ASP.NET 的 MVC 中，这可能更容易写成这样。

```
return View(isUserActive
    ? $"<a href='/profile/{username}'>{username}</a>"
    : username);
```

然后在视图中。

```
@Html.Raw(Model)
```

并不采取新创建一个类的方法来将 `active` 和 `username` 放在一起，比如这样。

```
public class UserViewModel {
    public bool IsActive { get; set; }
    public string Username { get; set; }
}
```

再在控制器创建模型。

```
return View(new UserViewModel()
{
    IsActive = isUserActive,
    Username = username,
});
```

接着在模板中创建条件逻辑，来正确呈现用户名。

```
@model UserViewModel
//其他代码
@if (Model.IsActive) {
    <a href="/profile/@Model.IsActive">
        @Model.Username
    </a>
} else {
    @Model.Username
}
```

当你的唯一目标是少写点代码的时候，似乎很多行为就变得合理起来。不过，也有一些方法可以避免开销。你甚至可以通过将 ASP.NET MVC 换成 Razor Pages 来让你的工作变轻松。但如果这样做不行，你也可以在代码上多动点心思。例如，你可以用一个元组来代替一个单独的模型。

```
return View((Active: isUserActive, Username: username));
```

通过这种方式，你可以保持模板代码不变，避免创建一个新的类，这样也有一些好处，比如复用就方便一些。通过将一行代码声明为不可变的视图模型，可以从新的 C# 记录中获得同样的好处。

```
public record UserViewModel(bool IsActive, string Username);
```

Razor Pages 可以帮助你减少代码量，因为借助它，你不再需要单独的模型类。控制器逻辑封装在页面创建的视图模型中了。

如果无法避免在 MVC 或 Razor Pages 视图模型里包含 HTML 代码，你可以考虑使用 `HtmlString` 或 `IHtmlContent` 类型,这样可以使用显式声明来定义那些 HTML 字符串。如果你必须用 `HtmlString` 来实现同样的效果，你可以看一下清单 6.6 所示的代码。由于 ASP.NET 不对 `HtmlString` 进行编码，你就不用使用 `Html.Raw` 语句来对它进行包装。

在清单 6.6 中，你可以看到我们怎么样实现 XSS 安全的 HTML 输出。我们将 `Username` 定义为 `IHtmlContent` 类型，而不是 `string` 类型。这样 Razor Pages 将直接使用字符串的内容，而不经过编码。`HtmlContentBuilder` 仅负责处理显式指定部分的代码。

清单 6.6　使用 XSS 安全的结构来进行 HTML 编码

```
public class UserModel : PageModel {
  public IHtmlContent? Username { get; set; }

  public void OnGet(string username) {
    bool isActive = isUserActive(username);
    var content = new HtmlContentBuilder();
    if (isActive) {
      content.AppendFormat("<a href='/user/{0}'>", username);   // HTML 只编码了 username
    }
    content.Append(username);   // 这里也编码了 username
    if (isActive) {
      content.AppendHtml("</a>");   // 这里根本不用任何编码
    }
    Username = content;
  }
}
```

CSP（content security policy，内容安全策略）

CSP 是应对 XSS 攻击的另一个手段。它是一个 HTTP 头，限制了可以从第三方服务器请求的资源。不过我发现 CSP 很难用，因为现代网站中，会涉及许多外部资源，比如字体、脚本文件、分析代码或者 CDN 内容。所有这些资源和可信域随时都可以发生变动，而维护一个可信域列表并且使它保持最新状态是一件很费力、费时的事情。不只要处理其复杂的语法，验证它的正确性也很难。如果你的网站在没有警告的情况正常工作，那到底是 CSP 设置有误，还是说你的网站政策太灵活了呢？其实，CSP 可以成为你的有力帮手。不过我也不会就这样打马虎眼，让你对 CSP 糊里糊涂。无论你是否打算使用 CSP，都应该注意正确编码 HTML 输出。

总结

只要不忽略注入 HTML 代码和完全不进行编码等问题，那么避免 XSS 攻击还是很容易的。如果你必须注入 HTML 代码，那在编码时要加倍小心。如果你认为对 XSS 攻击做防御措施会增加代码量，那么还有一些方法可以减少代码量。

6.3.6 跨站请求伪造

在 HTTP 中，修改网络内容的操作是用 `POST`，而不是用 `GET` 来实现的，这是有原因的。你没办法生成指向 `POST` 地址的可单击链接。它只能被 `POST` 一次，如果操作失败，浏览器会警告你是否需要再次提交。因此，在论坛上发帖、登录和进行一些修改时通常用 `POST` 来表示。请求中还有 `DELETE` 和 `PUT`，它们也有类似的作用，但它们没有那么常用，而且它们不能在 HTML 表单中触发。

`POST` 的这种性质使我们对它过于信任。`POST` 的隐患是，原始表单不一定要和 `POST` 请求所在的域相同。

它可以来自互联网上的任意一个网页，这就让攻击者可以通过诱使你单击他们网页上的一个链接来进行 `POST` 提交。假设 Twitter 的删除操作就类似于对 .com/delete/{tweet_id}的链接进行了 `POST` 操作。

我把在 streetcoder 域名下放一个网站，写为清单 6.7 中的代码，一行 JavaScript 都不用，会发生什么呢？

清单 6.7 一个完全人畜无害的网页表格，我骗你的！

```
<h1>欢迎来到我的超级私密网站！</h1>
<p>请单击下面的按钮来继续操作</p>
<form method="POST"
      action="Twitter 网址">
    <input type="hidden" name="id" value="123" />
    <button type="submit">Continue</button>
</form>
```

还好，没有人的 Twitter ID 是 123，但如果有的话，那 Twitter 公司就变成了一个连 CSRF 保护都不知道做的简单创业公司，我们就可以通过要求别人访问我们的“黑幕”

网站来删除别人的推文。如果你会用 JavaScript，你甚至可以在不需要单击网页 form 元素的情况下发送 POST 请求。

要避免这种问题的产生，可以对每个生成的 form 使用一个随机生成的数字，这个数字会被复制在 form 本身和网站响应标题上。因为我们的“黑幕”网站并不知道这些数字，而且无法操纵 Web 服务器的响应头，因此它无法将其请求伪造为来自用户的请求。好消息是，通常你使用的框架都考虑到了这些情况并为你提供保障，所以你只需要在客户端启用 token 的生成和验证。ASP.NET Core 2.0 会自动将它们包含在表单中，你不需要做任何事情，但你需要确保这些 token 得到验证，以免你以不同的方式来创建 form。在这种情况下，你需要在模板中使用帮助器明确地产生伪造请求 token。

```
<form method="post">
    @Html.AntiForgeryToken()
    ...
</form>
```

你需要确保它在服务器端也得到了验证。同样，这通常是自动的，但如果你全局禁用它，你可以选择性地在控制器上使用 ValidateAntiForgeryToken 属性或在 Razor Pages 页面上启用它。

```
[ValidateAntiForgeryToken]
public class LoginModel: PageModel {
    ...
}
```

因为 CSRF 防范在像 ASP.NET Core 这样的现代框架中已经是自动的，你只需要知道它基本的好处。但如果你需要自己实现它，那么知道它的工作原理是很重要的。

6.4 引发第一次“洪水”

拒绝服务（denial of service，DoS）是一系列让你没法正常提供网络服务的攻击手段的通用名称。它可以简单地导致你的服务器停止、挂起或崩溃，也可以使 CPU 使用率飙升或者让你的网络带宽过载。有时候，我们把后面这种类型的攻击称为“洪水”。下面我们来专门研究洪水，以及抵御这种攻击的措施。

对于洪水这种攻击，其实并没有一个完美的解决方案，因为在正常情况下，数量到一定量级的用户也同样会让网站瘫痪，很难区分合法用户和攻击者。但我们有一些方法可以缓解 DoS 攻击，从而限制攻击者的手段。一个较为通用的方法就是使用验证码。

6.4.1 不要使用验证码

验证码简直是万维网祸根。验证码的工作原理类似于区分小麦和谷壳，但它对于人类来说，简直是一场精神折磨。其工作原理是去询问一个计算上复杂的问题，这种问题人类容易解决，而攻击者使用的自动化软件很难解决。比如，“我们中午吃什么？”

如果把这个问题作为验证码的问题的话，我想，这对人类来说也同样困难。看看这个验证码问题：“标记包含交通灯的所有方块。”我是只标记显示交通灯本身的方块，还是要标记交通灯的围栏？我要沿着灯杆标记吗？那些“容易理解”的涂鸦艺术又如何？这些字符是 rn 还是 m？5 是一个字母吗？我犯了什么罪，你要这么折磨我？这种体验你可以在图 6.7 中感受到。

图 6.7 我还算人类吗？

我承认，验证码的确有它的作用，但是弊大于利，它算另一种形式的 DoS。看不出来是什么？那我拒绝为你服务。你不会希望你还在成长阶段的用户程序就这样破坏用户体验吧？当我 1999 年首次发布酸字典网站的时候，它连登录功能都没有。所有人都可以使用他们喜欢的任何昵称马上在网站上写任何东西。这很快就引发了问题，因为人们开始用其他人的昵称发帖，不过这是在他们确实喜欢网站之后才发生的。在网站变得足够受欢迎之前不要折磨用户。直至自动化工具机器人发现了你的网站并对其进行了攻击，再添加验证码。到那时，你的用户会甘愿忍受一些痛苦，因为他们已经爱上了你的网站。

这一点适用于所有涉及用户体验取舍的技术解决方案。Cloudflare 的“请等待 5 秒，我们将确定你是否是攻击者”的网页也是如此。53%的访问者在不得不等待 3 秒的时间来加载网页的情况面前，最后选择了离开。你实际上是在失去用户，而且有人会发现你的网站值得攻击。你想一直失去 53%的访问者，还是每月失去一次 1 小时内的所有访问者？

6.4.2 验证码的代替品

无外乎：编写高性能的代码，积极进行缓存，并在必要时使用节流。我们已经讨论了某些编程技术的性能优势，也讨论了性能优化方面的内容。

这里有一个问题。假如你对某个 IP 地址设定节流（throttled）操作，你的节流操作会对使用这个 IP 地址的所有对象都进行节流，比如一个组织或一个公司。当你的网站正处于增长期时，这样的操作可能会阻碍你向相当数量的用户提供快速请求。

有一个代替节流的办法：工作量证明（proof of work）。你或许听说过加密货币的工作量证明。假如想要提出一个请求，你的计算机或者其他设备需要解决一个非常困难的问题，保证这个过程需要一定的时间，其中一个方法就是计算整数因数分解（integer factorization）。

工作量证明相当消耗客户端的运算资源，对那些性能较低的设备不友好，并且它还会影响设备电池的使用寿命。这就有可能会严重降低用户体验，其后果甚至比验证码的还要恶劣。

当然，你可以把对用户体验改得更好一些，比如在你的网站度过新手期并进入用户增长期后加入注册/登录功能。检查、认证不算费事，但是在你的网站上注册和确认电子邮件地址肯定需要时间。这是一种用户门槛（user friction）。如果你让用户要访问网站内容就必须做一些事情，比如注册或者安装移动应用程序，用户很有可能直接离开你的网站。当你想要限制攻击者的手段时，需要考虑采取上述措施的利弊。

6.4.3 不要使用缓存

字典可能是网络框架中最常用的数据结构。HTTP 请求和响应头、cookie 和缓存条目都被保存在字典当中。这样做的原因是，正如我在第 2 章中所讨论的，字典的运算速度快得惊人，因为它们的复杂度为 $O(1)$。查询得到结果基本是瞬时的。

字典的隐患是，正因为它非常实用，以至于我们可能直接启用字典当作保存某个东西的缓存。在.NET 中甚至有 `ConcurrentDictionary`，它是线程安全（thread-safe）的，使得它有作为手动缓存的潜力。

内嵌进框架的常规字典通常不是为了保存用户输入而设计的。如果攻击者知道你使用的运行时，他们可能发起哈希碰撞攻击（hash collision attack）。他们可能发送具有许多不同的键的请求，这些键对应到相同的哈希代码，从而导致冲突，正如我们在第 2 章中讨论的那样，这将导致查找速度更接近 $O(N)$而不是 $O(1)$，并使应用程序崩溃。

为面向网络的组件开发的自定义字典，如 SipHash，通常使用一种不同的哈希算法，它具有更好的分布特性，因此碰撞概率更小。这种算法的平均运算速度可能比常规哈希算法略慢，但由于它们能抵抗哈希碰撞攻击，因此在最坏的情况下表现得更好。

字典没有默认的限制机制，它们会无限制地增长。当你在本地测试时，这可能看起来还不错，但在执行时可能会失败得很惨。理想情况下，一个缓存数据结构应该能够驱逐旧的条目以控制内存的使用。

由于以上所有原因，当你有了“我知道我在做什么，我只是把这些东西缓存在一个字典里而已”的想法时，请考虑利用现有的缓存基础设施，最好是框架提供的缓存。

6.5 存储机密信息

机密信息（密码、私钥和 API 令牌）是通向你“领地”的钥匙。它们本身可能仅仅是一小块数据而已，但与此同时，它们却有着跟体量不相称的访问权限。你有生产数据库的密码？那可以说你拥有一切了。你有了 API 令牌？那你就可以做 API 授予权限范围内的所有事。这就是为什么说机密信息必须是你的威胁模型的一部分的原因。

分区是缓解安全威胁最好的措施之一。安全存储机密信息是实现这一目标的方法之一。

保存源代码中的机密信息

程序员善于寻找通往解决方案的最短路径，包括走捷径和“偷工减料”。这就是我们下意识会把密码放在源代码中的原因。我们喜欢快速地得到一个原型，因为我们讨厌所有拖慢工作节奏的东西。

你可能认为在源代码中保留机密信息是可以的，因为除了你以外没有人可以访问源代码，或者因为开发人员已经可以访问生产数据库的密码，因此在源代码中保留机密信息不会有什么影响。问题是，你没有把时间维度考虑进去。从长远来看，所有的源代码都被托管在 GitHub 上。源代码并不像你的生产数据库那样受到同等敏感程度的对待。你的客户可以根据合同要求你提供源代码。你的开发者可以保留源代码的本地副本来对它进行代码审查，他们的计算机有可能被攻破。但开发者不能以同样的方式保存数据库，因为它通常很大，难以处理，而且大家对它也都是战战兢兢的。

正确的存储

如果你不把机密信息放在源代码中，那源代码怎么会知道这些机密信息呢？你可以把它保存在数据库中，但这产生了一个悖论。你把数据库的密码存放在哪里呢？这是一个坏主意，因为它不必要地将所有受保护的资源与数据库放在同一个信任组中。如果你有数据库的密码，你就拥有了一切。你的应用程序可能有 API 权限，能够访问比你的数据库还要重要的资源。你需要在威胁模型中考虑到这种情况的存在。

理想的方法是将机密信息存储在专门为该目的而设计的独立存储中，如作为冷存储的密码管理器和云钥匙库（如 Azure Key Vault、AWS KMS）。如果你的 Web 服务器和数据库在你的威胁模型里处于同一信任边界，你就可以简单地将这些机密信息添加到服务器的环境变量当中。云服务可以给你提供管理界面来设置环境变量。

现代网络框架支持各种机密信息的存储选项，除了可以直接映射到你的配置中的环境变量外，还有操作系统或云提供商的安全存储设施的支持。比方说，你的应用程序配置是这样的。

```
{
    "Logging": {
        "LogLevel": {
            "Default": "Information"
        }
    },
    "MyAPIKey": "somesecretvalue"
}
```

你肯定不想把“MyAPIKey”明文放在你的配置里吧？毕竟所有有访问源代码权限的人都可以看到它。所以，你就此删掉这里的 API 密钥，并在生产环境当中将其当作一个环境变量传递。在一台机器上，你可以使用用户机密来代替环境变量。使用.NET，你可以通过运行 dotnet 命令来初始化和设置用户机密。

```
dotnet user-secrets init -id myproject
```

这个命令会初始化项目，项目会使用“myproject id”来作为相关用户机密的访问识别符。然后你可以通过运行这个命令为开发者账户添加用户机密。

```
dotnet user-secrets set MyAPIkey somesecretvalue
```

现在，当你设置在配置中加载用户机密时，机密项将从用户机密文件中加载，并将覆盖配置。你现在可以用与访问配置同样的方式来访问机密信息，如 API 密钥。

```
string apiKey = Configuration["MyAPIKey"];
```

像 Azure Key Voult 或 AWS KMS 这样的云服务能让你通过其环境变量或密钥库来配置相同的机密存取手段。

数据将被泄露

流行网站 Have I Been Pwned？与电子邮件密码泄露相关。截至目前，我似乎已经在不同的数据泄露中被 pwn 了 16 次。数据已经泄露了，而且数据会继续泄露。你应该承担起公开数据所带来的风险，并对其做出方案设计。

别收集你不需要的数据

如果数据一开始就不存在，那么它就不会被泄露。除了你的服务必须的数据之外，绝不收集其他数据。这样做的好处是：存储需求更少，性能更强，数据管理工作更少，用户体验更好。例如，许多网站在注册的时候都会让你填写名字和姓氏，但你想想，网站真的需要这些数据吗？

网站注册可能确实需要一些数据，比如密码。然而，拥有某人的密码的责任是很大的，因为人们往往在多个服务中使用同一个密码。这意味着如果你的密码数据被泄露，用户的银行账户密码也可能被泄露。你可能认为这是用户没有使用密码管理器的责任，但你服务的对象是普通人。有一些很简单的事情你可以去做，来避免这种情况发生。

正确的密码哈希算法

防止密码被泄露的最常见方法是使用哈希算法。你存储的不再是密码本身，而是密码的加密安全哈希值。我们不能随便用一个哈希算法，比如第 2 章中的 GetHashCode()，因为普通哈希算法很容易被破解或引起碰撞。密码学上安全的哈希算法是刻意放慢速度的，并能抵御几种形式的攻击。

密码学上安全的哈希算法在其特征上有所不同。对于进行密码哈希，首选的方法是只使用一种加密算法，将这一种算法进行多次迭代，来降低执行速度。类似地，现代算法也可能因实现算法功能而需要大量内存，来防止为破解某种算法而定制的芯片的攻击。

永远不要使用单次迭代的哈希算法，即使它们在密码学上是安全的，如 SHA2、SHA3，而且永远不要使用 MD5 或 SHA1，因为它们早已被破解。密码学上的安全属性只能确保算法具有特别低的碰撞概率，并不能确保它们能抵抗暴力攻击。如果你想算法获得对暴力破解的抵抗力，你需要确保该算法工作得非常慢。

一个常见的专门用来减缓工作速度的哈希函数为 PBKDF2，这个名字是"password-based key derivation function two"（基于密码的密钥导出函数二）的缩写。它可以与任何哈希函数一起工作，因为它只在一个循环里运行那些函数，并把各个哈希之后的结果汇总合并。它属于 SHA1 哈希算法的一个变种，不过这个函数现在被认为强度较弱，不应该被运用到任何应用之中，因为它每天都会变得更容易与 SHA1 产生碰撞。

很可惜，PBKDF2 在被破解速度上并不慢，因为它可以在 GPU 上进行并行处理，因此有专门的 ASIC（定制芯片）和 FPGA（可编程芯片）设计来破解它。当你那些刚刚泄露的数据被黑客拿到并被他们破解时，你肯定希望他们只能用一种方法来进行破解，而不是可以同时使用多种方法来加快破解速度。有一些较新的哈希算法，如 bcrypt、scrypt 和 Argon2，也能抵抗基于 GPU 或 ASIC 的攻击。

所有现代的抗暴力哈希算法要么以难度系数（difficulty coefficient）为参数，要么以迭代次数（number of iteration）为参数。不过你也应该确保你的网站对于登录密码设置的难度不会太高，不然对登录的尝试都夸张到成为一种 DoS 攻击。你可能不应该把目标放在任何在你的生产服务器上运行超过 100 毫秒的难度上。我强烈建议对你的密码哈希难度进行基准测试，以确保它不会在以后为难你，因为一旦方案开展，再去改变哈希算法是很困难的。像 ASP.NET Core 这样的现代框架提供了开箱即用的密码哈希功能，你甚至不需要知道它是如何工作的，但它目前的实现依赖于 PBKDF2，正如我刚提到的，它在安全性方面有点落后。在哈希算法的选择上做出清晰、正确的决定是很重要的。

当选择一种算法时，我建议优先选择你使用的框架所支持的算法。如果没有，那么你应该选择经过最多测试的一种。新的算法通常不会有像老的算法那样多的测试和验证次数。

安全地比较字符串

现在，你已经选择了一种算法，并且你存储的是密码的哈希值而不是密码本身。现在你需要做的是，从用户那里读取密码，对其进行哈希，并将其与数据库中的密码进行比较。这听起来很简单，对吗？但这容易被理解成一个简单的循环比较，就像清单 6.8 所示的那样。你可以看到，我们实现了一个直接的数组比较。我们首先检查长度，然后在一个循环中迭代，看每个值是否匹配。如果我们发现不匹配，立即返回，所以我们不必费心去检查其余的值。

清单 6.8　比较两个哈希值的天真函数

```
private static bool compareBytes(byte[] a, byte[] b) {
  if (a.Length != b.Length) {
    return false;    ⊲ 长度不匹配的检查，只是以防万一
  }
  for (int n = 0; n < a.Length; n++) {
    if (a[n] != b[n]) {
      return false;    ⊲ 值不匹配
    }
  }
  return true;    ⊲ 成功！
}
```

这段代码为什么不安全呢？这个问题来自我们的小规模优化操作，即当我们发现不匹配的值时，提前跳出。这意味着我们可以通过测量函数的返回速度来找出匹配的时间，如图 6.8 所示，如果我们知道哈希算法，通过产生与哈希值的第一个值匹配的密码，然后产生与哈希值的前两个值匹配的密码，以此类推，就可以找到正确的哈希值。是的，时间上的差异将是很小的（几毫秒，也许是几纳秒），但它们仍然可以根据一个基线进行测量，可以重复测量以获得更准确的结果。这比尝试每个可能的组合要快得多。

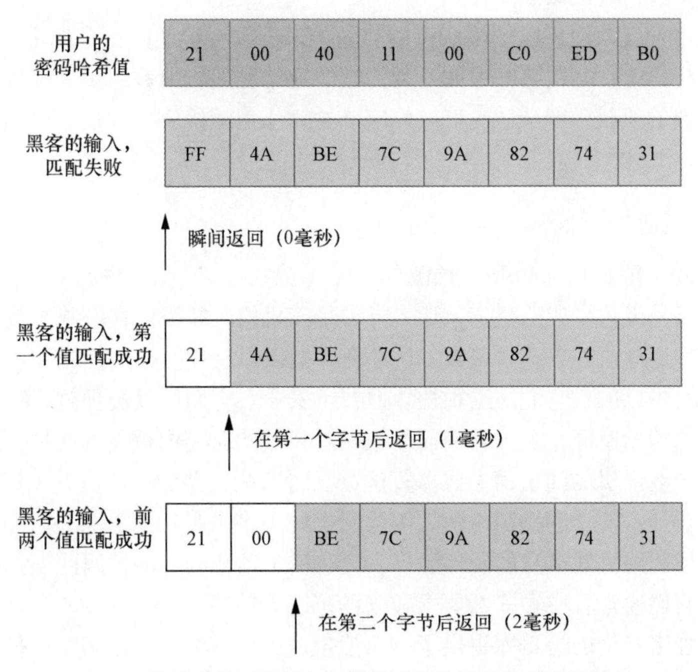

图 6.8　快速比较过程是如何帮助黑客搞清楚你的哈希值的

为了解决这个问题，你需要一个时间恒定的比较函数，如清单 6.9 所示。我们不提

前返回，而是保留结果，即使比较失败也继续进行比较。因此，我们所有的比较都需要一个恒定的时间，避免泄露用户的哈希值。

清单 6.9 安全哈希比较

```
private static bool compareBytesSafe(byte[] a, byte[] b) {
  if (a.Length != b.Length) {
    return false;    ◁— 这是一个例外情况，理想情况下它永远不会出现，我们这里先保留它。
  }
  bool success = true;
  for (int n = 0; n < a.Length; n++) {
    success = success && (a[n] == b[n]);    ◁— 先不提早结束，我们继续更新结果。
  }
  return success;    ◁— 我们得到最终结果
}
```

不要使用固定的“盐”

“盐”，是引入密码哈希算法中的附加值，使得加密值产生偏离。它旨在解决相同哈希值这一问题。原因是，你不希望攻击者只通过猜测一个密码的哈希值就能破解所有相同的密码。这样一来，即便用户的所有密码都是 hunter2，但所有密码都会有不同的哈希值，增加了攻击者的破解难度。

开发者发现他们可以使用众所周知的值来进行哈希加盐——如用户姓名的哈希值，或用户的标识符，是足够安全的，因为它们通常比随机值数组更容易生成，但这是一个完全不必要的捷径，安全性更低。你应该始终使用随机值作为盐，但不是普通的伪随机值，而是由 CSPRNG（密码学上安全的伪随机值生成器）生成的值。

嗯，随机？嗯，机遇！

常规随机值是用简单和可预测的算法生成的。它们的目标并不是创造真正的随机值，而仅仅是模仿生成随机值，让人觉得是随机值。如果你在游戏中设置一个不可预测的敌人，你选择这种方式是可以的。还有，如果你想在网站上使用它们来选择今天的特色文章也是可以的。它们速度很快，但并不安全。它们可以被预测，我们也可以缩小有效随机值的搜索空间，因为它们往往在相对较短的时间内重复。在过去的日子里，人们设法弄清了老虎机的随机值生成器算法，当时这些机器的设计者并不了解情况。

你需要加密安全的伪随机值，因为它们使用多个强熵源（entropy source）来增强随机性，比如利用机器本身的硬件组件，还有极难预测的算法。因此，它们的速度自然较慢，所以它们通常只应在安全要求较高的范围内使用。

许多加密安全的哈希库提供了哈希值生成函数，参数仅仅是盐的长度，而不是盐本身的值。该库负责为你生成随机盐，你可以从结果中检索它，如清单 6.10 所示，其中使用 PBKDF2。我们创建了一个 RFC2898 密钥派生函数的实现。它是一个带有

HMAC-SHA1 算法的 PBKDF2 函数。我们使用 using 语句是因为安全原语可以使用操作系统的非管理资源，当它们离开范围时，最好能将其清理掉。我们利用一个简单的记录在一个包中返回哈希值和新生成的盐。

清单 6.10 生成加密方式安全的随机值

```
public record PasswordHash(byte[] Hash, byte[] Salt);  ◁ 哈希值和盐值的记录

private PasswordHash hashPassword(string password) {
  using var pbkdf2 = new Rfc2898DeriveBytes(password,
    saltSizeInBytes, iterations);  ◁ 创建一个哈希值生成器实例
  var hash = pbkdf2.GetBytes(keySizeInBytes);  ◁ 我们在这里生成哈希值
  return new PasswordHash(hash, pbkdf2.Salt);
}
```

UUID 并不是随机的

通用唯一标识符（universally unique identifie，UUID）或者全局唯一标识符（globally unique identifier，GUID），在微软世界里，被称为随机数字（random-looking number），就像 14e87830-bf4c-4bf3-8dc3-57b97488ed0a。它们曾经是依照晦涩难懂的数据生成的，如网络工作适配器的 MAC 地址或系统日期/时间。现在，它们是接近随机的。它们虽然被设计为唯一的，可不一定是安全的。它们仍然可以被预测，因为不能保证它们是用加密安全的伪随机值生成器（CSPRNG）创建的。你不应该依赖 GUID 的随机性，比方说，当你向新注册的用户发送确认邮件时，自己生成一个激活令牌。始终使用 CSPRNG 来生成安全敏感的令牌。UUID 可能不是完全随机的，但它们作为标识符肯定比简单地逐一递增的整数更安全。在使用逐一递增整数的情况下，攻击者有可能通过查看该数字来猜测以前的订单号或商店到目前为止收到了多少订单，这在完全随机的 UUID 中是不可能的。

另外，完全随机的 UUID 的索引散布（index scattering）非常糟糕。即使你插入了两条连续的记录，在数据库索引里，它们还是会被放在完全不相关的两个位置，导致连续读取的速度非常慢。为了避免这种情况，新的 UUID 标准，即 UUID v6、UUID v7 和 UUID v8，已经出现了。这些 UUID 仍然有随机性，但它们包含时间戳，能创造更均匀的索引散布。

本章总结

- 对脑海里或者纸面上的威胁模型确定需要设置的安全措施的优先次序，并找出其中的漏洞。
- 设计时首先要考虑到安全问题，因为在既有基础上去改造安全措施是很难的。

- 隐蔽性安全并不是真正的安全，但它可能是真正的损害。你得权衡利弊。
- 不要光靠你自己去实现安全，即使是在比较两个哈希值的时候。要相信经过良好测试和实施的解决方案。
- 永远不要相信用户的输入。
- 使用参数化查询来对付 SQL 注入攻击。如果你因为任何原因不能使用参数化查询，请积极地验证和处理用户输入。
- 确保用户输入在页面中被正确地 HTML 编码，以避免 XSS 攻击。
- 避免使用验证码以阻止 DoS 攻击，特别是在你网站的发展阶段。首先尝试其他方法，如节流和积极地缓存。
- 将机密信息存储在单独的存储库中，而不是存储在源代码中。
- 在你的数据库中用强大的算法存储密码哈希值，这些算法就是为该目的设计的。
- 在安全相关的文本中使用加密安全的伪随机值，而不是 GUID。

第 7 章　死磕优化

本章主要内容：

- 优化，从早做起。
- 采取自上而下的方法解决性能问题。
- 优化 CPU 和 I/O 瓶颈。
- 让安全代码更快，让不安全代码更安全。

关于优化的编程文献大多以著名的计算机科学家高德纳（Donald Knuth）的一句名言开始：“过早的优化是万恶之源”。这句话不仅是错误的，还总被错误引用。首先，它是错误的，因为很多人都知道面向对象编程才是万恶之源，因为它导致了糟糕的继承和类斗争（class struggle）。再者，它是对科学家原话的断章取义。这句话是从一段本来有意义的拉丁语中引用的。高德纳的原话是：“对于约 97%的微小优化点，我们应该忽略它们：过早的优化是万恶之源。而对于剩下的关键的 3%，我们则不能放弃优化的机会。”[①]

我认为，过早优化是提升自己的根源。不要在你如此热衷的事情上去克制自己。优化就是解决问题，过早优化创造了暂时没有发现的、假想的问题来解决，就像国际象棋选手设置棋局来挑战自己。这是很好的练习。你可以随时放下你的工作，并保留你从这份工作中获得的智慧。只要你能控制好风险和时间，探索性编程是提高技能的合法途径。不要剥夺自己的学习机会。

---

① 高德纳告诉我，原文章中的这句话已被修改和在他的大作 *Literate Programming* 一书中重印。得到高德纳本人的回应，是我写作本书过程中最高光的时刻。

也就是说，人们试图劝阻你不要过早优化是有原因的。优化会增加代码的耦合性，使其更难维护。优化也是一项投资，其回报在很大程度上取决于你能将优化结果保持多久。如果规范发生变化，你所进行的优化可能会让你陷入一个难以摆脱的困境。更重要的是，你可能试图为一个本来就不存在的问题进行优化，而使你的代码变得不那么可靠。

例如，你可能有一个用于文件复制的程序，你可能知道，一次性读写的缓存区越大，整个操作就越快。你可能会想直接读取并写入内存中的所有内容，以获得最大的缓存区。但这可能会让应用程序消耗很多的内存，或者当它试图读取一个特别大的文件时它崩溃了。你需要真正理解你在优化时到底做了什么权衡，这意味着你必须把需要解决的问题了解透彻。

7.1 解决该解决的问题

性能低下，可以通过很多方式来解决。根据问题的性质，解决方式可以发挥的效用和实现它需要花费的时间可能有很大的不同。要了解性能问题的本质，首先要确定是否真的存在性能问题。

7.1.1 简单的基准测试

基准测试（benchmarking）是一种比较性能指标的行为。它可能无法帮助你确定造成性能问题的根本原因，但它可以帮助你确定是否存在性能问题。像 BenchmarkDotNet 这样的库让带有安全措施的基准测试实现起来变得很容易，避免了统计错误。即使你不使用任何库，你仍然可以使用计时器来知晓代码执行所花的时间。

我一直想知道的是，`Math.DivRem()`函数比普通的除法和求余操作能快多少。有人建议，如果你同时需要除法和求余操作的结果，就使用 `DivRem`，但直到现在我还没有机会验证这个说法是否成立。

```
int division = a / b;
int remainder = a % b;
```

这段代码看起来非常原始，以至于总让人觉得编译器优化它应该很容易，而 `Math.DivRem()`版本看起来像是一个精心设计的函数调用。

```
int division = Math.DivRem(a, b, out int remainder);
```

> **提示**
>
> 你或许会尝试把%运算符叫作“取模运算符”，但可惜，它不是。它是 C 或 C#中的余数运算符。对于正值来说，两者之间没有区别，但对负值会产生不同的结果。例如，-7 % 3 在 C#中是-1，而在 Python 中是 2。

你可以马上用 BenchmarkDotNet 创建一个基准测试框架，它非常适用于微观基准测试，微观指的是那些测试得小而快的函数。BenchmarkDotNet 可以消除因测量误差或者调用开销产生的波动。在清单 7.1 中，你可以看到使用 BenchmarkDotNet 来测试 DivRem 与手动除法/求余的速度差距。我们基本上创建了一个新的类，这个类使用由 [Benchmark] 属性标记的基准操作来描述基准套件。BenchmarkDotNet 会计算出需要测试多少次函数才能够得出准确的结果，毕竟只进行一次或几次的测试很容易出现偏差。我们的操作系统是多任务操作系统，在后台运行的其他任务会影响我们在这个系统上进行基准测试的代码的性能。我们用 [Params] 属性标记计算中使用的变量，以防止编译器消除它认为不必要的操作。编译器的确很容易分心，但至少它很聪明。

清单 7.1 BenchmarkDotNet 代码样例

```
public class SampleBenchmarkSuite {
  [Params(1000)]
  public int A;

  [Params(35)]
  public int B;

  [Benchmark]
  public int Manual() {
    int division = A / B;
    int remainder = A % B;
    return division + remainder;
  }

  [Benchmark]
  public int DivRem() {
    int division = Math.DivRem(A, B, out int remainder);
    return division + remainder;
  }
}
```

避免编译器优化

用属性标记要进行基准测试的操作

我们将值返回，这样编译器就不会丢掉计算步骤

你可以通过创建一个控制台应用程序，并在主方法中添加 using 行和 Run 调用来运行基准测试。

```
using System;
using System.Diagnostics;
using BenchmarkDotNet.Running;

namespace SimpleBenchmarkRunner {
  public class Program {
    public static void Main(string[] args) {
      BenchmarkRunner.Run<SampleBenchmarkSuite>();
    }
  }
}
```

程序运行1分钟以后，就会显示基准测试的结果。

```
| Method |  a   | b  |    Mean    |   Error    |   StdDev   |
|------- |----- |--- |---------:|----------:|----------:|
| Manual | 1000 | 35 | 2.575 ns | 0.0353 ns | 0.0330 ns |
| DivRem | 1000 | 35 | 1.163 ns | 0.0105 ns | 0.0093 ns |
```

事实证明，`Math.DivRem()`的速度是分别进行除法和求余操作的两倍。不要被误差（Error）列中的数值吓到，因为误差只是一个统计属性。当BenchmarkDotNet对结果没有足够的信心时，误差可以帮助读者评估准确性。

尽管BenchmarkDotNet非常简单，而且具有减少统计偏差的功能，但你可能并不想为一个简单的基准测试处理一个外部库。在这种情况下，你可以像清单7.2所示的那样，使用`Stopwatch`编写自己的基准测试程序。你可以简单地使用一个迭代循环用足够长的时间来测试函数性能，这样你就可以得到一个关于不同函数性能差距的粗略估计。我们重新使用了为BenchmarkDotNet创建的相同的`suite`类，但我们使用了自己的循环和对结果的测量。

清单7.2　自制基准测试

```
private const int iterations = 1_000_000_000;

private static void runBenchmarks() {
  var suite = new SampleBenchmarkSuite {
    A = 1000,
    B = 35
  };

  long manualTime = runBenchmark(() => suite.Manual());
  long divRemTime = runBenchmark(() => suite.DivRem());
    reportResult("Manual", manualTime);
    reportResult("DivRem", divRemTime);
  }

private static long runBenchmark(Func<int> action) {
  var watch = Stopwatch.StartNew();
  for (int n = 0; n < iterations; n++) {
    action();   <—— 我们在这里调用基准测试代码
  }
  watch.Stop();
  return watch.ElapsedMilliseconds;
}

private static void reportResult(string name, long milliseconds) {
  double nanoseconds = milliseconds * 1_000_000;
  Console.WriteLine("{0} = {1}ns / operation",
    name,
    nanoseconds / iterations);
}
```

当我们运行代码，结果差不多是这样的。

```
Manual = 4.611ns / operation
DivRem = 2.896ns / operation
```

请注意，我们的基准测试并没有试图消除函数调用的开销或 for 循环本身的开销，这导致它多花了一些时间，但我们成功地观察到，DivRem 的速度仍然是手动除法和求余操作的两倍。

7.1.2 性能与响应性

基准测试只能给你一堆用于比较的数字。它不能告诉你代码的运行速度是快还是慢，但它可以告诉你它们比其他一些代码运行得慢还是快。从用户的角度来看，关于缓慢的一般原则是：任何需要超过 100 毫秒的动作都会让人感觉到延迟，而任何需要超过 300 毫秒的动作都被认为是缓慢的，更不要说花整整 1 秒的动作。大多数用户如果不得不等待超过 3 秒，就会离开网页或应用程序。如果一个用户的动作需要超过 5 秒的时间来响应，那仿佛花费了宇宙生命长度一般的时间。图 7.1 说明了这一点。

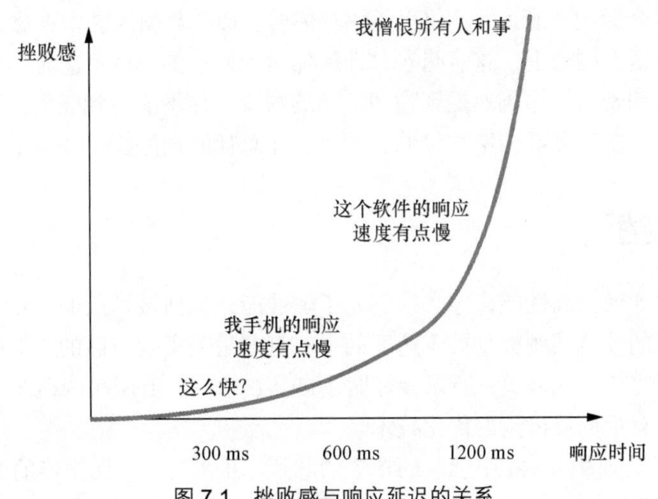

图 7.1 挫败感与响应延迟的关系

很明显，性能并不总是与响应性（responsiveness）有关。事实上，一个响应灵敏的应用，可能需要更慢地执行一个操作。例如，你可能有一个应用，它利用机器学习将视频中的人脸替换成你的脸。因为这样的任务是计算密集型（computationally intensive）的，最快的计算方法是在工作完成之前不做其他事情。但这就意味着出现停止不动的用户界面，会让用户开始怀疑是不是哪里出问题了，然后关掉这个应用程序。因此，与其以最快的速度进行计算，不如腾出一些计算周期来显示一个进度条，也许可以计算出估计的剩余时间，并在用户等待的时候显示一个漂亮的动画。最后，你的代码运行速度会变慢，但结果会更成功。

这意味着，即使基准是相对的，你仍然可以对速度有一些了解。彼得・诺米格（Peter Norvig）在他的博客中提出了一个想法，即延迟数字列表，以了解事情在不同情况下会有多少种缓慢程度类型。表 7.1 是我创建的一个类似的表格，其中有我自己的计算结果。你可以通过查看这个表格得出你自己的结果。

表 7.1 各种情况下的延迟

读取一个字节	时间
CPU 寄存器	1 纳秒
CPU 的一级缓存	2 纳秒
内存	50 纳秒
NVMe 固态硬盘	250000 纳秒
局域网	1000000 纳秒
世界另一边的服务器	150000000 纳秒

延迟也会影响性能，而不仅仅是用户体验。你的数据库驻留在磁盘上，而你的数据库服务器驻留在网络上，这意味着，即使你写了最快的 SQL 查询，并在你的数据库上定义了最快的索引，你仍然受到物理定律的约束，你不能得到任何快于 1 毫秒的结果。你所花费的每一毫秒都会增加你的总耗时，而总耗时最好少于 300 毫秒。

7.2 迟缓的剖析

要了解如何提高性能，你必须首先了解性能是如何被降低的。正如我们所看到的，并不是所有的性能问题都是关于速度的——有些是关于响应性的。不过，速度部分与计算机的一般工作方式有关，所以最好能让自己熟悉一些低层次的概念，这将有助于你理解我们在本章后面要讨论的优化技术。

CPU 是处理从 RAM 中读取的指令的芯片，并在一个永无止境的循环中重复执行这些指令。你可以把它想象成一个在转动的轮子，而轮子的每一次转动通常都会执行一条指令，如图 7.2 所示。有些操作可以让 CPU 转许多圈，但基本单位是一圈，俗称时钟周期（clock cycle），或简称为周期。

CPU 速度通常以赫兹（Hz）为单位，表示它在 1 秒内能处理多少个时钟周期。世界上第一台电子计算机 ENIAC，每秒可以处理 100000 个周期，简记为 100kHz。在 20 世纪 80 年代，我的 8 位家用计算机中的“古董级” 4MHz Z80 CPU 每秒只能处理 400 万个周期。一个现代的 3.4 GHz 的 AMD Ryzen 9 5950X CPU 的每个核心在 1 秒内可以处理 34 亿个周期。这并不意味着 CPU 可以处理那么多指令，因为首先，一些指令需要一个以上的时钟周期来完成，其次，现代 CPU 可以在一个核心上并行处理多条指令。因此，有时 CPU 甚至可以处理比其处理速度所允许的更多指令。

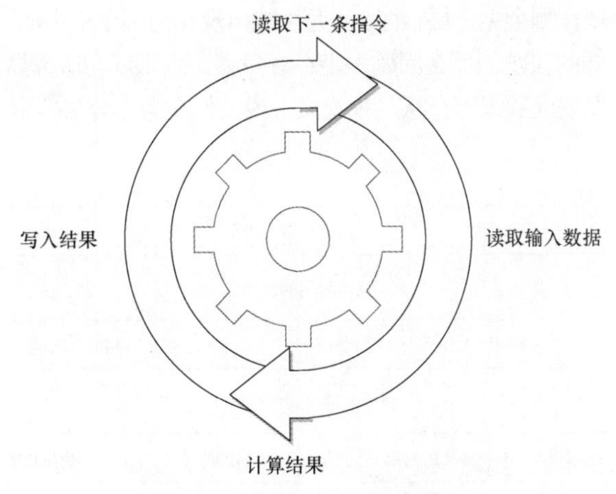

图 7.2 CPU 单个周期极简图示

一些 CPU 指令也可以根据其参数花费任意的时间，例如块状内存复制（block memory copy）指令。根据块的大小，这些指令需要的时间为 $O(N)$。

基本上，每一个与代码执行速度有关的性能问题都归结为有多少条指令被执行和被执行多少次。当你优化代码时，本质上你要做的是减少指令的执行次数，或者使用更快版本的指令。`DivRem` 函数的运行速度比除法和求余操作快，因为它被转换为需要更少周期的指令。

7.3 从头开始

减少执行指令数量第二好的方法是选择一个更快的算法。最好的方法显然是完全删除代码。我是认真的，我说的是删除你不需要的代码。不要在代码库中保留不需要的代码，它们即使不会直接降低代码的性能，也会降低开发人员的“性能”，最终降低代码的性能。甚至不要保留注释过的代码。可以使用你最喜欢的源代码控制系统（如 Git 或 Mercurial）的历史功能来恢复旧代码。如果你偶尔需要这个功能，把它放在配置后面，而不是把它注释出来。这样，当你拂去尘封代码上面落的灰尘时，对于它的无法编译，你根本不会惊讶。成品代码永远是最新的，可以拿起就用。

正如我在第 2 章中指出的，一个更快的算法可以带来巨大的变化，即使它是以一种糟糕的优化方式实现的。因此，首先要问自己，“这是最好的方法吗？”有很多方法可以提高那些糟糕的实现代码的运行速度，但这不如直接在源头解决问题。就像不限制范围，让你深入研究，直到你定位到根本问题。这种方法通常更快，而且最后的结果也更好维护。

有这么一个例子，用户抱怨在应用程序上查看他们的个人资料很慢，而这个问题刚好在你这里又可以复现。性能问题可能来自客户端或服务器，所以你要从头开始确定原因：你首先要确定问题出现在哪个主要层，消除问题可能出现在的两个层中的一个。如果直接进行 API 调用没有出现同样的问题，那么问题一定在客户端，否则就在服务器。你继续沿着这条道路走下去，直到你发现问题根源。从某种意义上说，你在做二分法搜索，如图 7.3 所示。

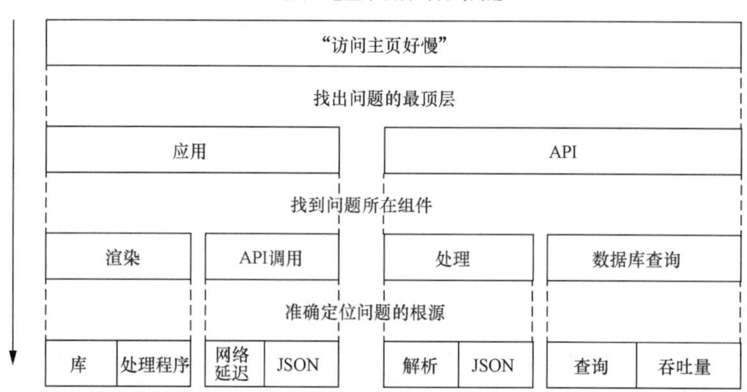

图 7.3　自上而下确定根本原因的方法

当你遵循自上而下的方法时，你就能保证以一种有效的方式找到问题的根源，而不是自己在那里随意猜测。你手工使用了二分法查找，所以是在真实世界中用上了算法，让自己的生活更轻松，干得漂亮！当你确定问题发生的位置时，请检查任何表示明显代码复杂性的红色标志。你当然可以做到识别更复杂的代码执行模式，但在这里，简单的代码就足够了。下面我们来看看其中的一些例子。

7.3.1 嵌套循环

让代码运行速度变慢的最简单的方法之一是把它放在另一个循环里。在写嵌套循环的代码时，我们低估了乘法的影响。嵌套循环不怎么常见。为了见识访问个人主页能有多缓慢，假设你在生成个人资料数据的后端代码当中发现了问题。有一个函数可以返回用户拥有的徽章，并将其在他们的资料中显示出来。代码如下。

```
public IEnumerable<string> GetBadgeNames() {
  var badges = db.GetBadges();
  foreach (var badge in badges) {
    if (badge.IsVisible) {
      yield return badge.Name;
    }
  }
}
```

这里没有明显的嵌套循环。事实上，用 LINQ 写同样的函数也是可以的，根本不需要任何循环，但同样存在运行速度慢的问题。

```
public IEnumerable<string> GetBadgesNames() {
  var badges = db.GetBadges();
  return badges
    .Where(b => b.IsVisible)
    .Select(b => b.Name);
}
```

“暗藏的循环在哪里？”这是你在编程过程中要问自己的问题。罪魁祸首是 `IsVisible` 属性，因为我们不知道它的作用是什么。

C#中的属性（property）之所以被发明，是因为 C#的发明者厌倦了在每个函数名称前面写 `get`，就算这个操作不复杂。事实上，属性代码在编译时被转换为函数，并在其名称中加入前缀 `get_` 和 `set_`。使用属性的好处是，它们允许你在不破坏兼容性的条件下去更改类。不过，属性的缺点是，它们掩盖了潜在的复杂性。它们单看起来像简单的字段，拥有基本的内存访问操作，就让你以为调用一个属性并不麻烦和没消耗什么资源。理想情况下，你不应该把计算密集型的代码放在属性的源代码里面，但你不可能知道别人是否已经这么做了。当我们看 `Badge` 类的 `IsVisible` 属性的源代码时，我们就知道它远比你想的要更消耗资源。

```
public bool IsVisible {
  get {
    var visibleBadgeNames = db.GetVisibleBadgeNames();
    foreach (var name in visibleBadgeNames) {
      if (this.Name == name) {
        return true;
      }
    }
    return false;
  }
}
```

这个属性，竟敢调用数据库来检索可见徽章名称的列表，并且对列表进行遍历比较来确认徽章是否可见。在这段代码中，有太多东西值得展开讨论，但是你现在只需要知道的是：小心属性。它们包含逻辑，而它们的逻辑并不简单。

`IsVisible` 属性中有很多值得优化的地方，最直接的一点就是：不要在每次调用该属性的时候都检索可见徽章名称的列表。你可以把它们保存在一个静态列表中，只检索一次（在我假设这个列表很少变化，而且你能承受重启的情况下）。你也可以缓存列表，我后面会说到这一点。这样一来，你可以把属性代码精简为这样。

```
private static List<string> visibleBadgeNames = getVisibleBadgeNames();

public bool IsVisible {
  get {
    foreach (var name in visibleBadgeNames) {
      if (this.Name == name) {
```

```
            return true;
          }
        }
        return false;
      }
    }
```

保留一个列表的好处是它本身已经有一个 Contains() 函数，这样一来你就可以抵消掉 IsVisbile 里循环对你的影响。

```
public bool IsVisible {
  get => visibleBadgeNames.Contains(this.Name);
}
```

内循环终于消失了，但我们仍然没有将它彻底消灭。我们需要在它身上再浇点油，将它“烧得连灰都不剩”。C#中的列表本质上是数组，它具有 $O(N)$的查找复杂度。这意味着我们的循环并没有消失，只是移到了另一个函数里面，在这个例子中，指的是 List<T>.Contains()。我们不能通过消除循环来降低复杂性——我们必须改变我们的查找算法。

我们可以对列表进行排序并进行二分法查找，从而将查找性能降低到 $O(\log N)$。幸运的是，通过第 2 章的学习，我们已经知道 HashSet<T>数据结构可以提供更好的 $O(1)$查找性能，这要归功于使用哈希值来查找一个项目的位置。我们的属性代码终于开窍了。

```
private static HashSet<string> visibleBadgeNames = getVisibleBadgeNames();

public bool IsVisible {
  get => visibleBadgeNames.Contains(this.Name);
}
```

我们还没有对这段代码做基准测试，但是从计算复杂性的角度入手可以为你提供一些参考。正如你在这个例子里看到的那样，你应该常常对你的那些代码优化进行基准测试，来看看你的优化是否还有更进一步的余地，因为代码中总是会有一些意外和“黑暗的角落”埋伏其中。

GetBadgeNames 方法的故事并没有结束。还有其他的问题要问，比如为什么开发者要在数据库的徽章记录中保留一个单独的可见徽章名称列表，而不是一个单一的位标志，或者为什么不简单地把它放在一个单独的表中，然后在查询数据库的时候把它加进来呢？但就嵌套循环而言，现在可能已经快了好几个数量级了。

7.3.2 面向字符串的编程

字符串是非常实用的。它的可读性强，又可以容纳多个种类的文本，而且它的操作也不复杂。我在之前已经提过，选择适合的类型会比使用字符串拥有更好的性能，但是字符串有一些微妙的方式可以被添加进你的代码里。

为了使用字符串而使用字符串的常见表现之一，就是让每个地方都使用字符串集合。例如你想在 HttpContext.Items 或 ViewData 容器类（container）中保留一个标志（flag），那某些人可能会这么写。

```
HttpContext.Items["Bozo"] = "true";
```

你会发现这些人后来检查标志时是这样写的。

```
if ((string)HttpContext.Items["Bozo"] == "true") {
...
}
```

对字符串的类型转换通常发生在编译器警告你"你确定你要这样做吗？这不是一个字符串集合"时。但是，这其实是一个对象集合。事实上，你可以通过简单地使用一个布尔变量来优化代码。

```
HttpContext.Items["Bozo"] = true;
```

这样检查值。

```
if ((bool?)HttpContext.Items["Bozo"] == true) {
...
}
```

这样你就可以节省存储开销和解析开销，还有助于避免你的打字错误，比如把 True 打成 ture。

这些简单的错误对你来说影响不是特别大，但如果错误变成了习惯，影响就会积小成大。在一艘漏水的船上通过钉钉子来修理是不可能的，但如果你在建造的时候就把钉子钉好，那么你的船就会安然地漂浮在水面上。

7.3.3 评估

if 语句中的布尔表达式是按照它们的书写顺序来评估的。C#编译器会生成智能代码对它们进行评估，以避免进行全局评估造成不必要的耽搁。例如，还记得非常麻烦的 IsVisible 属性吗？来看看这个检查。

```
if (badge.IsVisible && credits > 150_000) {
```

一个非常麻烦的属性通过一个简单的值检查就把评估这事解决了。如果你调用函数时，x 的值是 150000 的话，IsVisible 就不会被调用。你也可以简单地调换表达式的位置。

```
if (credits > 150_000 && badge.IsVisible) {
```

这样一来，你就不会执行一个影响很大的不必要的操作了。你也可以用逻辑 OR 操作（||）来应用这个方法。在这种情况下，第一个部分返回真值，剩余部分会直接跳过。

显然，在真实业务场景中，拥有这种麻烦的属性是很罕见的，但我建议根据操作数类型对表达式进行排序。

1. 变量。
2. 字段。
3. 属性。
4. 方法调用。

不是每个布尔表达式都可以安全地在运算符周围改变执行顺序。看看这个。

```
if (badge.IsVisible && credits > 150_000 || isAdmin) {
```

你不能简单地把 isAdmin 移到开头，因为这将改变评估结果。逻辑符号是有优先级之说的，以确保你在优化布尔运算时不会意外地破坏 if 语句中的逻辑。

7.4 打破瓶颈

在软件中，有 3 个方面会造成延迟：CPU、I/O 和人。你可以通过寻找更快的替代方案、将任务并行化或将它们从代码中移除来优化每一类。

当你确定你所使用的算法或方法适合这项工作时，就要看你如何优化代码本身了。为了评估你的优化选择，你得小心 CPU 为你提供的奢侈资源。

7.4.1 不要打包数据

从某一个内存地址，比如 1023，读取数据的时间会比从内存地址 1024 读取数据的时间要长，因为 CPU 从没有对齐的内存地址（unaligned memory addresses）读取数据时，会造成“惩罚”。这里所说的对齐是指内存地址为 4、8、16 等 2 的倍数，至少是 CPU 的字大小（word size），如图 7.4 所示。在一些旧的处理器上，访问未对齐的内存地址的惩罚是“被无数道小闪电电击而死”。严重的是，有些 CPU 根本不允许你访问未对齐的内存地址，比如 Amiga 计算机中用到的 Motorola 68000 和一些基于 ARM 的处理器。

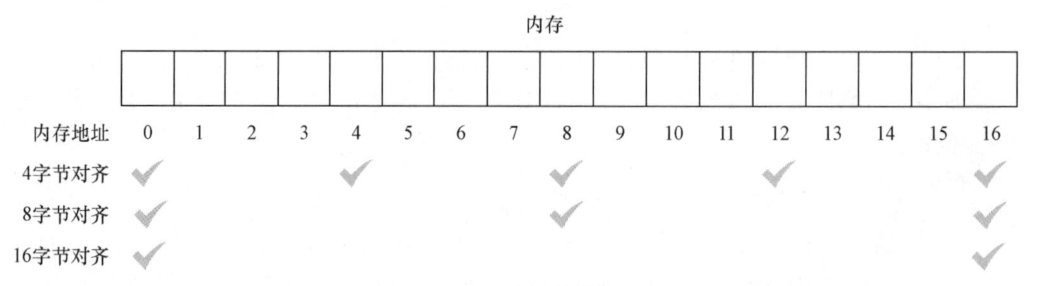

图 7.4 内存地址对齐

CPU 的字大小

字大小（word size）通常由 CPU 一次能处理多少比特的数据来决定。这个概念与 CPU 是 32 位还是 64 位的密切相关。字大小主要反映了 CPU 的累加寄存器的大小。寄存器就像衡量 CPU 级别的标准，而累加器是最常用的寄存器。以 Z80 CPU 为例。它有 16 位的寄存器，可以寻址 16 位的内存，但它被认为是一个 8 位的处理器，因为它有一个 8 位的累加寄存器。

值得庆幸的是，我们有编译器，它通常会处理好对齐问题。但编译器的行为有可能被推翻，编译器有可能觉得没什么问题：你往一个小的内存段里塞进了超出容量的东西，编译器认为这样做的话，需要读取的内存就少了，这加快了速度。下面来看看清单 7.3 所示的数据结构。因为它是一个结构，C#将只根据推测来进行对齐，也就是说，它可能根本没有对齐。你可能会想把这些值保持在字节中，这样它就变成了一个可以传递的小包。

清单 7.3 一个打包的数据结构

```
struct UserPreferences {
  public byte ItemsPerPage;
  public byte NumberOfItemsOnTheHomepage;
  public byte NumberOfAdClicksICanStomach;
  public byte MaxNumberOfTrollsInADay;
  public byte NumberOfCookiesIAmWillingToAccept;
  public byte NumberOfSpamEmailILoveToGetPerDay;
}
```

但是，由于 CPU 对未对齐边界的内存地址的访问速度较慢，你节省空间的好处就被这个速度损失给抵消了。如果你把结构中的数据类型从 `byte` 改为 `int`，并创建一个基准测试来测试二者差异，你可以看到 byte 的访问时间几乎是 int 的两倍，尽管它只占用了 1/4 的内存，如表 7.2 所示。

表 7.2 有符号和无符号成员之间的访问时间差异

方法	平均值
ByteMemberAccess	0.2475 纳秒
IntMemberAccess	0.1359 纳秒

这意味着要避免不必要地优化内存。在某些情况下这样做是有好处的：例如，当你想创建一个包含 10 亿个数字的数组时，`byte` 和 `int` 之间的内存存储差别可以变成 3GB。对于 I/O 来说，较小的尺寸也是可取的，但是，除此之外，要相信内存的排列。基准测试的不变法则是："量两次，切一次，再量一次，然后先别急着切，三思而后行"。

7.4.2 就地取材

缓存是指将经常使用的数据保存在同一个位置，这个位置相较其他位置来说，访问速度更快。CPU 有自己的缓存存储器，访问速度各不相同，但都比 RAM 的访问速度快。

我不会去讨论缓存结构的技术细节，但基本上，CPU 可以比 RAM 中的常规内存更快地读取缓存中的内容。这意味着，顺序读取比随机读取内存的速度要快。顺序读取一个数组可以比顺序读取一个链表更快，尽管两者从头到尾读取一遍需要的时间都为 $O(N)$，但数组的性能比链表更好，原因是数组的下一个元素在内存的缓存区的可能性更大。另外，链表中的元素在内存中是分散的，因为它们是单独分配的。

假设你的 CPU 有一个 16 字节的缓冲区，你有一个包含 3 个整数的数组和一个包含 3 个整数的链表。在图 7.5 中，你可以看到，读取数组的第一个元素也会触发将其余的元素加载到 CPU 缓存区中，而遍历链表会导致缓存缺失，并强制将新区域加载到缓存中。

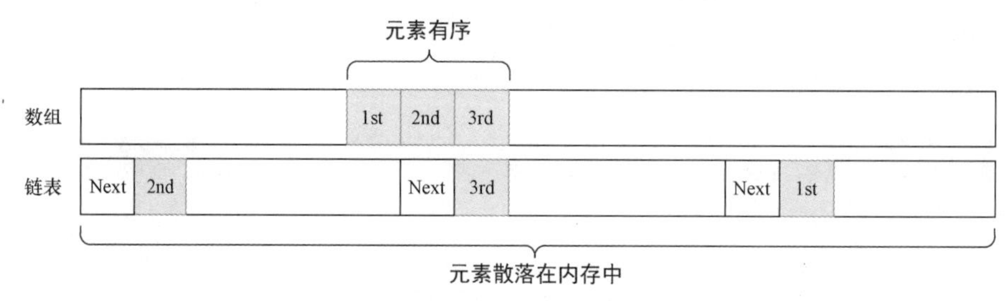

图 7.5 数组与链表的缓存分配

CPU 通常猜你是按顺序读取数据的。不过这并不意味着链表没有用，它有很好的插入/删除性能，而且当它增长时，内存开销较少。基于数组的列表在增长时需要重新分配和复制缓冲区，这非常慢，所以它分配的内存比需要的多，这可能导致大的列表使用的内存多得有些夸张。不过，在大多数情况下，列表对你来说是最优选择，而且它的读取速度更快。

7.4.3 将依赖性工作分开

CPU 指令是由处理器上不连续的单元处理的。例如，一个单元负责对指令进行解码，而另一个单元负责内存访问。但是，由于解码单元需要等待指令完成，它可以在内存访问时为下一条指令做解码工作。这种技术被称为管线（pipelining），意味着 CPU 可以在单个内核上并行执行多条指令，只要下一条指令不依赖于前一条指令的结果。

考虑一个例子：你需要计算一个校验和（checksum），你只需将一个字节数组的值相加就可以得到结果，如清单 7.4 所示。通常情况下，校验和是用来检测错误的，使用数字相加来实现它可能是最糟糕的方式。当你看这段代码的时候，这段代码会不断更新 `result` 的值。因此，每次计算都取决于 `i` 和 `result` 的值。也就是说，`CPU` 不能进行任何并行化的操作，操作都依赖 `i` 和 `result` 的值。

清单 7.4 一个简单的校验和实现

```
public int CalculateChecksum(byte[] array) {
  int result = 0;
```

```
  for (int i = 0; i < array.Length; i++) {
    result = result + array[i];   <-- 同时依赖于 i 和前一个操作的 result 值
  }
  return result;
}
```

有一些方法可以减少依赖性或者至少减少指令流的阻塞影响。一种方法就是重新排序指令，减少代码之间的依赖性，这样一条指令就不会因为依赖上一个操作的结果而阻塞管线上的下一条指令。

由于加法可以按任何顺序进行，我们可以在同一段代码中把加法分成 4 个部分，让 CPU 来并行处理。可以像清单 7.5 那样进行优化。这段代码包含更多的指令，但是 4 个不同的结果累加器现在可以分别实现校验和，再进行求和。然后我们在一个单独的循环中对剩余的字节进行求和。

清单 7.5　在单核上实现并行处理

```
public static int CalculateChecksumParallel(byte[] array) {
  int r0 = 0, r1 = 0, r2 = 0, r3 = 0;   <-- 4 个累加器
  int len = array.Length;
  int i = 0;
  for (; i < len - 4; i += 4) {
    r0 += array[i + 0];
    r1 += array[i + 1];
    r2 += array[i + 2];   这些计算之间没有依赖
    r3 += array[i + 3];
  }
  int remainingSum = 0;
  for (; i < len; i++) {   <-- 计算剩余字节的总量
    remainingSum += i;
  }
  return r0 + r1 + r2 + r3 + remainingSum;   <-- 把所有值相加
}
```

与清单 7.4 中的简单代码相比，清单 7.5 中我们做了更多的工作，然而，运行这段代码在我的机器上被证明快了 15%。虽然并不能寄希望于这种微小优化能让代码有什么翻天覆地的变化，但是当你处理 CPU 计算密集型代码时，你会感谢它的存在。从过程中你能汲取的最有用的经验应该是，重新排序代码，减少代码间的依赖性，这可以帮你提高代码的运行速度，因为强依赖代码会阻塞管线。

7.4.4　要有可预测性

在 Stack Overflow 上，得到最多人点赞的问题是："为什么处理一个已排序的数组比处理一个没有排序的数组要快？" 为了优化执行时间，CPU 在代码运行之前就开始运转了，在有需要之前做好准备。这里用到的 CPU 技术叫作分支预测（branch prediction）。下面的代码只是比较和分支的一个"糖衣"（sugarcoated）版本。

```
if (x == 5) {
  Console.WriteLine("X 的值是 5!");
} else {
  Console.WriteLine("X 的值不是 5");
}
```

if 语句和花括号是结构化编程的关键要素。它们在 CPU 处理的事务上盖了一层糖衣。在计算机底层，代码在编译阶段会被转换成像这样的代码。

```
  compare x with 5
  branch to ELSE if not equal
  write "X 的值是 5"
  branch to SKIP_ELSE
ELSE:
  write "X 的值不是 5"
SKIP_ELSE:
```

我在这里只是大略地介绍，因为实际的代码会更加隐晦，所以这里的例子并不准确。不管你的代码写得多优雅、高级，充满艺术感，到了编译阶段，它们都会变成一堆比较、加法和分支操作。清单 7.6 展示了同一代码在 x86 架构下的实际汇编输出。在你看过伪代码之后，可能会有一种似曾相识的感觉。在 sharplab 网站有一个非常不错的在线工具，可以让你看到你的 C#程序的汇编输出。

清单 7.6 我们实际的汇编代码

```
      cmp ecx, 5  <-- 比较指令
      jne ELSE    <-- 分支指令（如果不等于，则跳转）
      mov ecx, [0xf59d8cc] <-- 指向“x 的值是 5”的指针
      call System.Console.WriteLine(System.String)
      ret                                              <-- 返回指令
ELSE: mov ecx, [0xf59d8d0] <-- 指向“x 的值不是 5”的指针
      call System.Console.WriteLine(System.String)
      ret                                              <-- 返回指令
```

停止焦虑，试着爱上汇编

机器语言，即 CPU 能看懂的原生语言，由一连串的数字组成。而汇编语言是由机器语言转换过来，让人能够看懂的语言。汇编语法在不同的 CPU 架构中有所不同，所以我建议你至少要熟悉一种。这是一种谦卑的体验，它将减少你对“黑箱”内发生的事情的恐惧。它可能看起来很复杂，但它比我们写程序的语言更简单，甚至可以说是原始的。汇编列表的内容是一系列的标签和指令，像这样。

```
   let a, 42
some_label:
   decrement a
   compare a, 0
   jump_if_not_equal some_label
```

这是一个基本的递减循环，从 42 到 0 计数，用伪汇编语法编写。在真正的汇编语法中，指令是比较短的，以让人写它们时更轻松，但这样读起来很费劲。例如，同样的循环在 x86 CPU 上可以这样写。

```
    mov al, 42
some_label:
    dec al
    cmp al, 0
    jne some_label
```

在 ARM 处理器架构上，它可以这样写。

```
    mov r0, #42
some_label:
    sub r0, r0, #1
    cmp r0, #0
    bne some_label
```

这可以用不同的指令写得更简单，只要你熟悉汇编语言的结构，就可以阅读 JIT 编译器生成的机器代码，并了解其实际行为。当你需要了解 CPU 计算密集型的任务时，汇编语言尤其能发挥神奇的作用。

在执行之前，CPU 不可能知道 `compare` 指令是否会执行成功，但由于有了分支预测，它可以根据观察到的情况做出较为靠谱的预测。根据它的预测，CPU 开始处理它预测的那个分支的指令，如果它预测成功，那之前做的准备就派上了用处，提高了性能。

这就是当涉及值的比较时 CPU 处理由随机数组成的数组会比较慢的原因：在这种情况下，分支预测会派不上用场。经过排序后的数组会表现得很好，因为 CPU 可以正确预测排序，并正确预测分支。

当你处理数据的时候要记住这一点：你给 CPU 的“惊喜”越少，它的表现就越好。

7.4.5 SIMD

CPU 也支持专门的指令，可以用一条指令同时对多个数据进行计算。这种技术被称为单指令、多数据（single instruction, multiple data，SIMD）。如果你想对多个变量进行相同的计算，SIMD 可以在其支持的架构上大大提升其性能。

SIMD 的工作原理很像把多支笔绑在一起，你可以画你想画的东西，但这些笔会在纸的不同位置上执行相同的操作。一条 SIMD 指令将对多个值进行算术计算，但操作都是一样的。

C#通过 System.Numerics 命名空间中的 Vector 类型提供 SIMD 功能。由于每个 CPU 对 SIMD 的支持情况是不同的，有些 CPU 根本不支持 SIMD，所以你必须先检查 CPU 上是否有这个功能。

```
if (!Vector.IsHardwareAccelerated) {
//这里是非向量实现
}
```

然后你需要弄清楚 CPU 在同一时间可以处理多少个给定的类型。这在不同的处理器上是不同的，所以你必须先查询一下。

```
int chunkSize = Vector<int>.Count;
```

在这种情况下，我们要处理的是 int 值。CPU 可以处理的项目数量可以根据数据类型而改变。当你知道你一次可以处理的数量时，你可以直接分块处理缓冲区（buffer in chunk）。

举个例子，我们想把一个数组中的每个数值相乘。一连串的数值相乘是数据处理中很常见的操作，比如改变录音的音量和调整图像的亮度，都用到了这个操作。例如，如果你将图像中的像素值乘 2，它的亮度就会变成两倍。同样地，如果你将语音数据乘 2，它就会变得加倍响亮。示例代码如清单 7.7 所示，我们简单地遍历数值，用乘法的结果替换原本的值。

清单 7.7 经典的简单乘法

```
public static void MultiplyEachClassic(int[] buffer, int value) {
  for (int n = 0; n < buffer.Length; n++) {
    buffer[n] *= value;
  }
}
```

当我们使用 Vector 类型来进行清单 7.7 中的计算时，代码变得更加复杂，而且说实话，它看起来运行得更慢。你可以去看清单 7.8 中的代码，大概做了对 SIMD 支持的检查，并且查询了整数值的块大小（chunk size）。之后，我们在给定的块大小上检查缓冲区，并通过创建 Vector<T>的实例将数值复制到向量寄存器（vector register）中。该类型支持标准的算术运算，所以我们简单地将向量与给定的数字相乘。它将自动一次性地将块中的所有元素相乘。注意，我们在 for 循环之外声明了这个变量，因为我们在第二个循环中从它的最后一个值开始。

清单 7.8 “我们永远不再去堪萨斯州”的乘法运算

```
public static void MultiplyEachSIMD(int[] buffer, int value) {
  if (!Vector.IsHardwareAccelerated) {
    MultiplyEachClassic(buffer, value);   <-- 如果 CPU 不支持 SIMD，则调用之前的普通方法来实现
  }
```

```
    int chunkSize = Vector<int>.Count;    ◁─┐ 查询 SIMD 一次可以处理多少值
    int n = 0;
    for (; n < buffer.Length - chunkSize; n += chunkSize) {
      var vector = new Vector<int>(buffer, n);  ◁── 将数组段复制到 SIMD 寄存器当中
      vector *= value;  ◁──一次性乘所有的值
      vector.CopyTo(buffer, n);  ◁─┐ 替换结果
    }

    for (; n < buffer.Length; n++) {   │
      buffer[n] *= value;              │ 用普通的方法处理剩余的字节
    }                                  │
}
```

这看起来工作量太大，不是吗？然而，当你看到这样做的基准测试得分之后，你会理解的，SIMD 的差异如表 7.3 所示。在这种情况下，我们基于 SIMD 的代码的运行速度是普通代码的约两倍。根据你处理的数据类型和你对数据进行的操作，它还可以更快。

表 7.3 SIMD 的差异

方法	平均值
MultiplyEachClassic()	5.641 毫秒
MultiplyEachSIMD()	2.648 毫秒

当你有一个计算密集型的任务，需要同时对多个元素进行相同的操作时，你可以考虑使用 SIMD。

7.5 I/O 的 1 秒与 0 秒

I/O 包含 CPU 与外围硬件沟通的一切，比如磁盘、网络适配器，还有 GPU。I/O 通常是性能链上最慢的环节。想一想：硬盘实际上是一个旋转的磁盘，它的主轴在寻找数据。一个网络工作包可以以光速飞行，然而，它仍然需要超过 100 毫秒的时间来绕地球旋转。打印机的设计理念就是：缓慢，不方便，让人想砸了它。

你不能让 I/O 本身在大多数情况下都更快，因为它的缓慢源自物理学，但硬件可以独立于 CPU 运行，所以它可以在 CPU 做其他工作时保持运行。这意味着你可以把 CPU 和 I/O 的工作重叠起来，在更小的时间范围内完成整体操作。

7.5.1 让 I/O 更快

是的，由于硬件的固有限制，I/O 是很慢的，但它可以变得更快。例如，每一次读取磁盘都会产生一个操作系统调用的开销。请看清单 7.9 中的文件复制代码，操作逻辑是非常简单的，即复制了从源文件中读取的每一个字节，并将这些字节写到目标文件中。

清单 7.9　简单的文件复制

```
public static void Copy(string sourceFileName,
  string destinationFileName) {

  using var inputStream = File.OpenRead(sourceFileName);
  using var outputStream = File.Create(destinationFileName);
  while (true) {
    int b = inputStream.ReadByte();  <-- 读取字节
    if (b < 0) {
      break;
  }
    outputStream.WriteByte((byte)b);  <-- 写入字节
  }
}
```

问题是，每一个系统调用都意味着一个复杂的操作。这里的 `ReadByte` 函数调用操作系统的读取函数。操作系统调用切换到内核模式。这就是说 CPU 得改变其执行模式。操作系统例程查找文件句柄（handle）和必要的数据结构，然后检查 I/O 的结果是否已经存在于缓存中。如果不在，它就调用相关的设备驱动程序，在磁盘上执行实际的 I/O 操作。内存的读取部分被复制到进程地址空间的一个缓冲区。这些操作的速度快如闪电，当你只读一个字节时，它可能会变得尤其快。

许多 I/O 设备都是以块的形式进行读写的，称为块设备（block device）。网络和存储设备通常是块设备。键盘是字符设备，因为它一次发送一个字符。块设备不能读取小于块大小的东西，所以读取小于典型块大小（typical block size）的东西不合理。例如，一个硬盘可以有 512 字节的扇区大小，这为磁盘的典型块大小。现代磁盘可以有更大的块大小，下面我们看看仅仅通过读取 512 字节就可以提高多少性能。清单 7.10 显示了同样的复制操作，它将缓冲区大小作为参数进行读写。

清单 7.10　使用较大缓冲区的文件复制

```
public static void CopyBuffered(string sourceFileName,
  string destinationFileName, int bufferSize) {

  using var inputStream = File.OpenRead(sourceFileName);
  using var outputStream = File.Create(destinationFileName);
  var buffer = new byte[bufferSize];
  while (true) {
    int readBytes = inputStream.Read(buffer, 0, bufferSize);  <-- 一次性读取缓冲区大小的字节
    if (readBytes == 0) {
      break;
  }
    outputStream.Write(buffer, 0, readBytes);  <-- 一次性写入缓冲区大小的字节
  }
}
```

如果我们写一个用于比较速度的基准测试，用它来测试基于字节的复制函数和不同缓

冲区大小，我们会看到一次读取大块时，这两者之间的差距。你可以去看表 7.4 中的结果。

表 7.4 缓冲区大小对 I/O 性能的影响

方法	缓冲区大小（字节）	平均值（毫秒）
Copy()	1	1351.27
CopyBuffered()	512	217.80
CopyBuffered()	1024	214.93
CopyBuffered()	16384	84.53
CopyBuffered()	262144	45.56
CopyBuffered()	1048576	43.81
CopyBuffered()	2097152	44.10

即使使用 512 字节的缓冲区也会产生巨大的作用——复制操作的速度提高了 6 倍。然而，将其增加到 256KB 时效果最好，再大一点也只能产生边际改善。我在一台 Windows 操作系统的计算机上运行这些基准测试，Windows I/O 使用 256KB 作为其 I/O 操作和缓冲区管理的默认缓冲区大小。这就是为什么在 256KB 之后，提升突然变得杯水车薪。就像食品包装标签上写的“宣传图片仅供参考，请以实物为准”，你在操作系统上的实际体验也可能有所不同。当你处理 I/O 时，找到理想的缓冲区大小，并避免分配超过你需要的内存。

7.5.2 避免 I/O 阻塞

编程中被误解最深的概念之一是异步 I/O。它经常与多线程相混淆，多线程是一种并行化模型，通过让一个任务在不同的核心上运行，使得操作的速度变快。异步 I/O 是一种仅适用于 I/O 重度操作的并行化模型，它可以在单个核心上工作。多线程和异步 I/O 也可以一起使用，因为它们分别解决不同场景的痛点。

I/O 自然是异步的，因为外部硬件几乎总是比 CPU 响应慢，而且 CPU 不喜欢等待。中断和直接存储器访问（direct memory access，DMA）等机制的发明是为了让硬件在 I/O 操作完成后向 CPU 发出信号，以便 CPU 能够传输结果。这意味着，当一个 I/O 操作交给了硬件时，CPU 可以在硬件工作时继续执行其他任务，而当 I/O 操作完成时，CPU 再去对这个操作进行确认。这种机制是异步 I/O 的基础。

图 7.6 给出了多线程和异步 I/O 的区别。在图中，二号计算代码都依赖于一号 I/O 代码的结果。由于计算代码不能在同一线程上并行，它们是串联执行的，因此比 4 个核心的计算机上的多线程运行得要更慢。另外，你仍然可以获得并行化给你带来的显著好处，而不需要消耗线程或占用内核。

异步 I/O 的性能优势来自它为代码提供了自然的并行化，而无须你做任何额外的工作。你甚至不需要创建一个额外的线程。异步 I/O 可以并行地运行多个 I/O 操作并收集结果，而不需要忍受多线程带来的问题，如竞态条件，实用又有可扩展性。

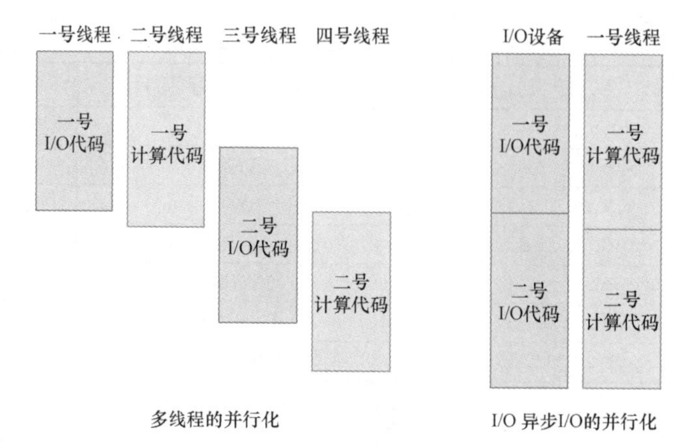

图 7.6 多线程和异步 I/O 的区别

异步代码还可以帮助提高事件驱动机制（event-driven mechanism），特别是用户界面的响应速度，完成这个操作也不需要消耗线程。看起来用户界面与 I/O 无关，但用户输入也来自 I/O 设备，如触摸屏、键盘或鼠标，而用户界面是通过这些媒介来与用户进行交互的。它们是异步 I/O 和异步编程的完美适用对象，因为设备上的计时器的运作方式，即使是基于定时器的动画也是由硬件驱动的，所以它们是异步 I/O 的理想适用对象。

7.5.3 古老的方式

直到 2010 年初，异步 I/O 还是使用回调函数管理的。异步操作系统函数要求你传递给它们一个回调函数，然后操作系统会在 I/O 操作完成后执行你的回调函数。在此期间，你可以去执行其他任务。如果我们用旧的异步语义来写文件复制操作代码，看起来就像清单 7.11 所示的那样。请注意，这是一段非常隐蔽和丑陋的代码，这可能就是那些“后浪”不太喜欢异步 I/O 的原因。事实上，我自己在写这段代码时遇到了很多麻烦，以至于我不得不借助于一些现代的结构，比如 `Task` 来完成它。我给你看这段代码只是为了让你喜欢和欣赏现代结构，并让你看看它们为我们节省了多少时间。

这段古老的代码最有趣的地方是，它能做到立即返回，这很神奇。这意味着 I/O 在后台工作，操作继续进行，在处理过程中你可以做其他工作。你也仍然在同一个线程上。不涉及多线程。事实上，这是异步 I/O 最大的优点之一，因为它节省了操作系统的线程，所以它的可扩展性变得更强，我将在第 8 章介绍。如果你没有其他事情要做，你可以一直等待它完成，这取决于你。

在清单 7.11 中，我们定义了两个处理程序函数（handler function）。一个是名为 `onComplete` 的异步函数，另一个是名为 `onRead` 的本地函数，每次读操作完成后都会被调用。我们将 onRead 处理函数传递给 stream 的 BeginRead() 函数，因此它启动了一个异步 I/O 操作，并将 onRead 注册为一个回调函数，在块被读取时被调用。在 onRead 处理函数中，我们开始对刚读完的缓冲区进行写操作，并确保另一轮读操作被调用，同时将 onReadhandler 设置为一个回调，这样一直持续到代码运行到文件的末尾，这时 onComplete Task 才会开始。这是一种非常复杂的表达异步操作的方式。

清单 7.11 适用异步 I/O 的传统文件复制代码

```
public static Task CopyAsyncOld(string sourceFilename,
  string destinationFilename, int bufferSize) {

  var inputStream = File.OpenRead(sourceFilename);
  var outputStream = File.Create(destinationFilename);

  var buffer = new byte[bufferSize];
  var onComplete = new Task(() => {          <-- 当函数完成时被调用
    inputStream.Dispose();
    outputStream.Dispose();
  });

  void onRead(IAsyncResult readResult) {          <-- 当读操作完成后被调用
    int bytesRead = inputStream.EndRead(readResult);          <-- 获取读取的字节数
    if (bytesRead == 0) {
      onComplete.Start();          <-- 启动最后的工作
      return;
    }
    outputStream.BeginWrite(buffer, 0, bytesRead,          <-- 开始写操作
      writeResult => {
        outputStream.EndWrite(writeResult);          <-- 确认写入完成
        inputStream.BeginRead(buffer, 0, bufferSize, onRead,          <-- 开始读操作
          null);
      }, null);
  }

  var result = inputStream.BeginRead(buffer, 0, bufferSize,          <-- 开始首个读操作
    onRead, null);
  return Task.WhenAll(onComplete);          <-- 返回一个可等待（waitable）的任务
}
```

这种写法的问题是，你开始的异步操作越多，你就越容易失去对操作的控制。也就是说你陷入了“回调地狱”（callback hell）[①]，这个名词由 Node.js 开发者发明。

7.5.4 现代式 async/await

幸运的是，出色的微软设计师们找到了一种使用 async/await 语义来编写异步 I/O 代码

① 回调地狱表示大量的高阶函数嵌套。——译者注

的好方法。这种方法首次在 C#中引入，之后开始流行起来，实践证明了它的实用价值，以至于它被许多其他流行的编程语言采用，如 C++、Rust、JavaScript 和 Python。

你可以在清单 7.12 中看到旧版本的 async/await 代码。我们用 async 关键字声明函数，这样我们就可以在函数中使用 await。它们只是标志着 I/O 操作完成时的返回点，所以我们不必为每个延续定义一个新的回调。我们可以像编写普通的同步代码一样编写代码。正因如此，该函数仍然会立即返回，如清单 7.11 所示。ReadAsync 和 WriteAsync 函数都是返回一个 Task 对象的函数，就像 CopyAsync 本身。顺便说一下，在 Stream 类已经有了一个 CopyToAsync() 函数，让复制操作更容易，但我们在这里保持读写操作分离，以便与前文代码对照。

清单 7.12 摩登时代的 async I/O 文件复制代码

```
public async static Task CopyAsync(string sourceFilename,
  string destinationFilename, int bufferSize) {
  using var inputStream = File.OpenRead(sourceFilename);
  using var outputStream = File.Create(destinationFilename);
  var buffer = new byte[bufferSize];
  while (true) {
    int readBytes = await inputStream.ReadAsync(
buffer, 0, bufferSize);
    if (readBytes == 0) {
      break;
    }
    await outputStream.WriteAsync(buffer, 0, readBytes);
  }
}
```

该函数是用 async 关键字声明的，并且会返回 Task

await 关键字之后的任何操作都会被转换成幕后回调（callback behind the scene）

当你用 async/await 关键字写代码时，幕后的代码在编译过程中会被转换为与清单 7.11 中类似的东西，包括回调和其他内容。async/await 为你省去了大量的工作。

7.5.5 异步 I/O 的弊端

编程语言并不要求你只对 I/O 使用异步机制。你可以声明一个异步函数，完全不调用任何与 I/O 相关的操作。这种情况下，函数又复杂又吃力不讨好。编译器通常会针对这种情况警告你，但我见过许多编译器警告在业务环境中被忽略的例子，因为没有人愿意修复函数而担上之后可能产生的问题的“黑锅”。性能问题会堆积起来，然后你就会被要求同时修复所有这些问题，从而得到更复杂的后果。在代码审查上提出这个问题，让大家听到你的声音。

对于 async/await，你需要记住的一条经验法则是：await 并不需要等待。是的，await 能够确保在它完成执行后再去运行下一行，但它不需要等待或阻塞，这要感谢幕后的异步回调。如果你的异步代码在等待某些东西完成，你就做错了。

7.6 如果所有方法都失败了，试试缓存吧

缓存是立即提高性能的最有力的方法之一。缓存失效可能是个难题，但如果你只缓存你不担心失效的东西，那它就不是个问题。你不需要使用在如 Redis 或 Memcached 这样的单独服务器上的复杂缓存层，你可以使用内存缓存（in-memory cache），比如微软在 `System.Runtime.Caching` 包中提供的 `MemoryCache` 类。诚然，内存缓存的可扩展性有限，但扩展可能不是你在项目开始时要考虑的东西。酸字典网站在 1 台数据库服务器和 4 台 Web 服务器上每天提供 1000 万个请求，但它仍然使用内存缓存。

避免使用那些不是为缓存设计的数据结构。它们通常没有任何驱逐（eviction）或过期机制，从而成为内存泄露的来源，并最终导致程序崩溃。使用那些为缓存而设计的东西。你的数据库也可以成为一个很棒的持久性缓存。

不要害怕缓存会无限存在①，因为无论是缓存的驱逐还是应用程序的重启都会在世界末日前发生。

本章总结

- 把不成熟的优化作为练习，并从中学习。
- 避免为了优化而优化，这会把自己带入“深坑”。
- 始终用基准测试来验证你的优化。
- 保持优化和响应性的平衡。
- 养成识别问题代码的习惯，如嵌套循环、大量字符串代码和低效的布尔表达式。
- 在构建数据结构时，尽可能做到内存对齐，以获得更好的性能。
- 当你需要进行微观优化时，了解 CPU 的行为方式，并在你的工具箱中配备缓存定位、管线和 SIMD。
- 通过使用适当的缓冲机制来提高 I/O 性能。
- 使用异步编程来并行运行代码和 I/O 操作，不浪费线程。
- 在紧急情况下，放弃缓存方案。

① 实际上，这种策略可以确保缓存数据在需要时始终可用，从而提高应用程序的性能。当然，在实际使用中，根据应用程序的需求和场景，可能还需要考虑其他缓存策略和过期时间设置。——译者注

第 8 章 可口的扩展

本章主要内容：

- 可扩展性 vs 性能。
- 渐进的可扩展性。
- 打破数据库规则。
- 更流畅的并行化。
- 单体的真相。

“这是最好的时代，这是最坏的时代，这是智慧的时代，这是愚昧的时代。”

——查尔斯·狄更斯（Charles Dickens）论可扩展性

鉴于我 1999 年在酸字典中做过的一些技术设计，我也算是在可扩展性方面有一些话语权。起初，网站的整个数据库是一个文本文件，写入时在文本文件上加了锁，让之后所有的访问行为都被冻结。其读取的效率也不高——检索一条记录的时间为 $O(N)$，因为这需要扫描整个数据库。这个技术设计太差了。

这并不是因为服务器的硬件让代码的效率这么差。代码的数据结构和并行化的设计都造成了迟缓。这就是可扩展性的要点。单纯的高性能并不能使一个系统具有可扩展性，你需要让所有方面的设计都得能够迎合越来越多的用户。

更重要的是，这并没有我发布网站的速度来得重要。要知道，我发布网站的时间只有几个小时。从长远来看，最初的技术决定并不重要，因为我能够慢慢随着进度填上以前埋下的技术坑。比如，当数据库暴露出太多问题的时候，我立马就对它进行了重构。

当我使用的技术不再合适的时候，我就把代码推翻重写。土耳其的一句谚语：“路到眼前必有车”，意思是“别为还没到来的事情烦恼”。

我在本书中的多个地方都建议大家三思而后行，这一点似乎跟“Que será, será”[①]相违背。这是因为没有一个单一的方案可以解决我们所有的问题，我们需要把所有用来解决问题的方法放在我们的工具箱里，根据手头的问题来使用正确的方法。

从系统的角度来看，提升可扩展性意味着投入更多的硬件来让系统变快。从编程的角度来看，可扩展的代码可以在面对日益增长的需求时保持网站的响应速度不变。显然，某些代码所能提供的负载是有上限的，而编写可扩展代码的目标就是尽可能地提升这个上限。

就像重构，提升可扩展性是通过一个个小而具体的步骤来实现更大目标的最佳方式。从零开始设计一个完全可扩展的系统是可能的，但实现这一目标所需的努力和时间以及你得到的回报都被“产品需要快速上线”这件事给掩盖了。

有些东西是没有弹性的。正如弗雷德·布鲁克斯在他那本了不起的《人月神话》一书中一针见血地指出：“无论有多少个女人，诞育生命都需要 9 个月”。布鲁克斯说的是给一个已经延误的项目分配更多的人可能只会增加延误，但它也适用于某些可扩展性的因素。例如，你不能让一个 CPU 核心在 1 秒内运行比其时钟频率更多的指令。是的，我是说过，我们可以通过使用 SIMD、分支预测来略微超频，但在单个 CPU 核心上可以实现的性能依然是存在上限的。

实现可扩展代码的第一步是剥离阻碍实现可扩展的不良代码。这样的代码会产生瓶颈，导致即使你增加了更多的硬件资源，代码运行仍然缓慢。删除一些这样的代码甚至让你觉得有点违反常态。先让我们来看看这些阻碍，以及我们如何剥离它们。

8.1　不要使用锁

在编程界里，锁定（locking）是一个让你能够写出线程安全代码的特性。线程安全（thread safe）的意思是一段代码即使被两个或多个线程同时调用，也能稳定地工作。构想一个负责为你的应用程序中创建的实体生成唯一标识符（unique identifier）的类，我们假设标识符是连续的数字标识符。这通常不是一个好主意，正如我们在第 6 章中所讨论的，因为增量标识符会泄露你的应用信息。你可不想暴露你在一天内收到多少订单，你有多少用户，等等。我们假设标识符连续递增有一个合乎情理的理由，例如，确保没有遗漏的项目。一个简单的实现会是这样的。

---

① “Que Será”，Será 是我父亲最喜欢的歌手多丽丝·戴（Doris Day）在 20 世纪 50 年代演唱的一首流行歌曲，在意大利语中的意思是“顺其自然”。这首歌的歌名用来形容周五代码“上线魔咒”再恰当不过了。周六开始我们的心态变成了 4 Non Blondes 的主打歌《怎么了？》（“What’s Up?”）到了周一的时候心态变为艾梅·曼（Aimee Mann）的《回退吧》（“Call It Quits”）。

```
class UniqueIdGenerator {
  private int value;
  public int GetNextValue() => ++value;
}
```

当你有多个线程使用这个类的同一个实例时，两个线程有可能会收到相同的值，或者是不符合顺序的值。这是因为表达式`++value`转化为CPU上的多个操作：一个是读`value`，一个是将值加一，一个是将增加的值存回字段，一个是返回结果。这在JIT[①]编译器的x86汇编输出中可以清楚地看到。

```
UniqueIdGenerator.GetNextValue()
    mov eax, [rcx+8]      <-- 将内存中的字段值移到EAX寄存器中（read）
    inc eax               <-- 增加EAX寄存器的值
    mov [rcx+8], eax      <-- 将增量值移回到字段中（store）
    ret                   <-- 返回EAX寄存器中的结果（return）
```

每一行都是一条CPU运行指令，一条接一条。如果你能把多个CPU核心同时运行相同的指令的过程具象化，你就能很容易地看到这个操作会导致类中的冲突，如图8.1所示。你可以看到，3个线程返回相同的值，即1，尽管该函数被调用了3次。

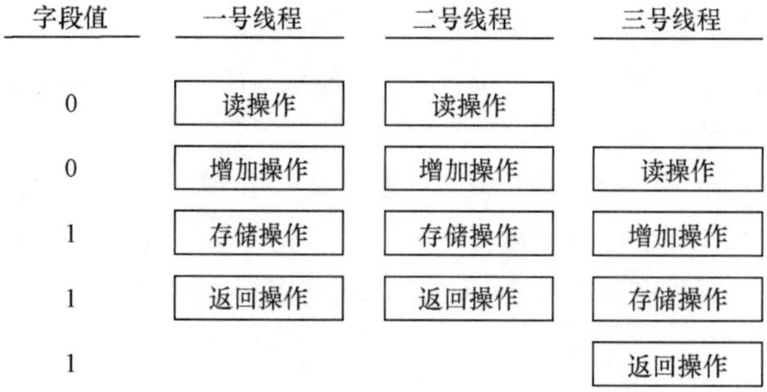

字段值	一号线程	二号线程	三号线程
0	读操作	读操作	
0	增加操作	增加操作	读操作
1	存储操作	存储操作	增加操作
1	返回操作	返回操作	存储操作
1			返回操作

图8.1　多个线程同时运行导致状态中断

之前使用EAX寄存器的代码并不是线程安全的。所有线程都试图自己去操作数据而排斥其他线程操作的情况叫作竞态条件（race condition）。CPU、编程语言和操作系统提供了各种功能，可以帮助你解决这个问题。它们通常通过组织其他CPU内核在同一时间对同一内存区域进行读取或写入，而这叫作锁定。

在下面的例子当中，最适合的方式是使用原子增量操作（atomic increment operation），直接增加内存区域存储的值，并阻止其他CPU在做这个操作时访问同一内存区域，所以就能做到没有线程读取相同的值或者直接错误地跳过值。它可能看起来像这样。

```
using System.Threading;
class UniqueIdGeneratorAtomic {
```

① JIT编译器将源代码或中间代码（称为字节码、IL、IR等）转换为它所运行的CPU架构的本地指令集，以使其运行得更快。

```
  private int value;
  public int GetNextValue() => Interlocked.Increment(ref value);
}
```

在这种情况下，锁定是由 CPU 本身实现的，当执行原子增量操作的时候，CPU 的行为会如图 8.2 所示的那样。CPU 的 lock 指令仅在紧随其后的指令的生命周期内，在该位置的并行核上执行，所以只要执行原子内存添加操作，锁就会自动释放。注意，返回指令并不返回字段的当前值，而是返回执行内存添加操作之后的结果。无论怎样，字段的值都是有顺序的。

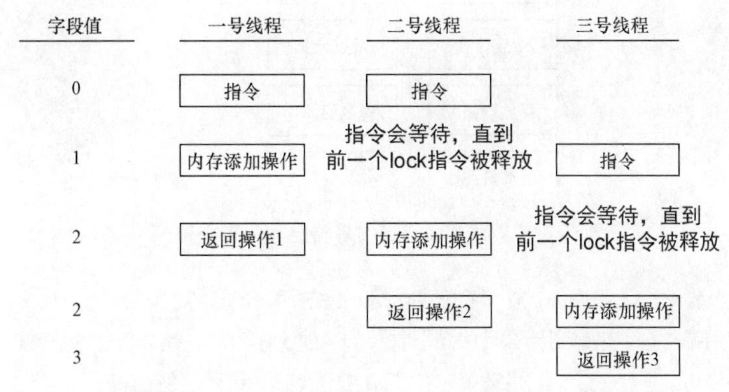

图 8.2　执行原子增量操作时，CPU 核心互相等待

在很多情况下，简单的原子增量操作并不足以使你的代码成为线程安全的。如果你需要同步更新两个不同的计数器，在不能用原子增量操作确保一致性的情况下，你可以使用 C#的 lock 语句，如清单 8.1 所示。简单起见，我们继续使用原来的计数器例子，但是锁可以被用来序列化同一进程中的任何状态变化。我们分配了一个新的假对象（dummy object）作为锁，因为.NET 使用对象的头来保留锁的信息。

清单 8.1　使用 C#的 lock 语句的线程安全计数器

```
class UniqueIdGeneratorLock {
  private int value;
  private object valueLock = new object();   ← 我们专门为了举例而实现的锁对象
  public int GetNextValue() {                ← 在我们完成操作之前，其他的线程都会等待
    lock (valueLock) {
      return ++value;    ← 退出代码范围会自动释放锁
    }
  }
}
```

为什么我们要分配一个新的对象？我们不能直接用 this 语句实现与使用锁一样的效果吗？这样我们还能少打几个字。不能，原因是，你的实例也可能被你的代码之外的一些代码锁定。这可能会导致不必要的延迟甚至死锁，因为你的代码可能在等待其他代码运行完成。

死锁

当等待另一个线程获得的资源时，就会产生死锁。死锁产生的概率还挺高的：一号线程获取资源 A 并等待资源 B 被释放，而二号线程获取资源 B 并等待资源 A 被释放，如图所示。

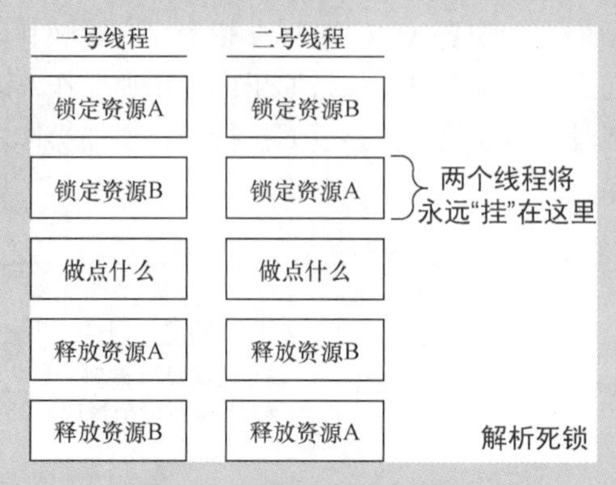

获取资源并等待释放另一个资源

结果就像一个无限循环，等待着一个永远不会被满足的条件。这就是为什么在代码注释里说清楚我们使用哪种锁，来达到什么目的是很重要的。建议你为你的锁准备一个单独的对象，这样你就可以追踪使用某些锁的代码，并确保它们不被其他代码共享，这是 `lock(this)` 所不能实现的。

那些你遇到的程序卡住的情况可能就是死锁导致的，与大多数人的看法不同，死锁并不能通过“用鼠标猛砸桌子”“对着显示器尖叫”，然后愤怒地结束进程来解决。

除了清楚地了解代码中的锁机制之外，没有其他解决死锁的“灵丹妙药”，但一个好的经验法则是总是先释放最近获得的锁，并尽快释放。有些编程语言的特性可能很容易就避免了锁的使用，比如 GO 编程语言的通道（channel），但是用这些特性仍然有可能出现死锁，只是可能性比较小。

我们自己实现的锁的代码会像图 8.3 所示的那样。正如你所看到的，它不像原子增量操作那样有效，但它仍然是完全线程安全的。

正如你所看到的，锁可能使其他线程停止并等待某一条件的出现。在提供一致性的同时，这可能是对可扩展性的最大挑战之一。让 CPU 空等就是在浪费时间，你应该努力让这个等待时间尽可能地短。那你又如何实现呢？

首先，确认一下你是否真的需要锁。我见到过自作聪明的程序员写的代码，本来无须用锁仍然可以运行得很好，但依然用了锁，不必要地等着某个条件得到满足。如果一个对象实例不会被其他线程操作，这意味着你可能根本不需要锁。我不是说你完全不需要，因为代码的副作用很难评估。即便是局部作用域中的对象也可以使用共享对象，这样的话就需要锁了。你需要清楚地了解你的意图和你的代码的副作用。不要因为锁能神奇地使其周围的代码变得线程安全就不管三七二十一地使用它。要了解锁是如何工作的，并明确说明你在做什么。

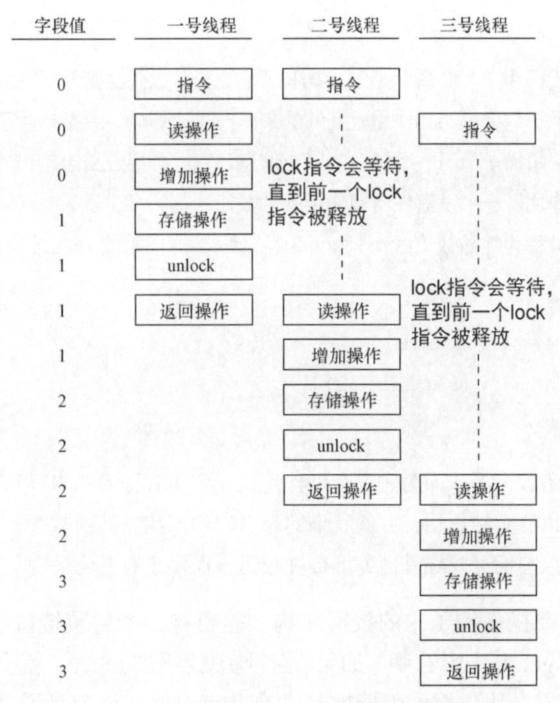

图 8.3 使用 C#的 lock 语句来避免竞态条件

其次，确定你使用的共享数据结构是否有无锁的替代方案。无锁结构可以被多个线程直接访问而不需要任何锁。这也说明，如果想要达到结构无锁，这个实现可能会有些复杂。无锁结构甚至可能会比有锁的结构慢，但它们的可扩展性会更好。使用无锁结构的一个常见场景是共享字典（shared dictionary），它在某些平台被称作图（map）。你可能需要一个由所有线程共享特定键和值的字典，而通常的处理方法就是使用锁。

那你想想，假如说你需要把 API 令牌保存在内存中，这样你就不必每次访问它们时还需要在数据库里验证它们的有效性。那你也就明白了，正确的处理方式应该是使用缓存。缓存数据结构时可以使用无锁的设计。但是当开发者试图去解决一个问题的时候，总是倾向于使用简单、直接、称手的工具，在这个例子中就是字典。

```
public Dictionary<string, Token> Tokens { get; } = new();
```

你注意到 C# 9.0 中很酷的 `new()`语法了吗？谢天谢地，在声明类成员时写两次类型的黑暗日子已经过去了。编译器现在可以根据其声明假设其类型。

总之，字典不是线程安全的，但线程安全只在有多个线程修改一个给定的数据结构时才应该考虑。这一点非常重要：如果你有一个在你应用启动之后进行初始化，且你永远不会再去改动它的数据结构，那你不需要通过其他方式将其锁定或者保证其线程安全，因为所有没有副作用的只读结构都是线程安全的。

副作用

除了让你在代码审查时会偶尔感到头痛和恶心之外，代码的副作用到底是什么？这个术语来自函数式编程。如果一个函数对其作用域之外的东西产生了影响，就是产生了副作用——不仅仅是变量或字段。例如，如果一个函数写了一条日志信息，它就会导致日志输出的不可回退的变化，这也被认为是一个副作用。一个没有任何副作用的函数无论运行多少次，其环境都不会有任何变化。没有副作用的函数被称为纯函数（pure function）。计算圆的面积并返回结果的函数就是一个纯函数。

```
class Circle {
  public static double Area(double radius) =>
Math.PI * Math.Pow(radius, 2);
}
```

它是一个纯函数，不只因为它没有副作用，还因为它访问的内存和函数也是纯的。否则，这些内存和函数也会有副作用，并使我们的函数变得不纯。纯函数有一个好处，它们是 100%线程安全的，所以它们可以跟其他纯函数并行运行而不会有任何问题。

因为我们需要操作例子中的数据结构，需要有一个封装接口来提供锁，如清单 8.2 所示。你可以在 get 方法中看到，如果在字典中找不到 token，就会通过从数据库中读取相关数据来重建它。从数据库中读取数据会花点时间，也就是说其他所有的请求都得等着这个读取操作完成才能够进行。

清单 8.2　基于锁的线程安全的字典

```
class ApiTokens {
  private Dictionary<string, Token> tokens { get; } = new();   <-- 这是字典的共享实例

  public void Set(string key, Token value) {
    lock (tokens) {
      tokens[key] = value;   <-- 这里仍然需要一个锁，因为它是一个多步骤的操作
    }
  }

  public Token Get(string key) {
    lock (tokens) {
      if (!tokens.TryGetValue(key, out Token value)) {
        value = getTokenFromDb(key);   <-- 这个调用可能会花点时间，因此阻塞了其他的调用者
        tokens[key] = value;
        return tokens[key];
      }
      return value;
    }
  }

  private Token getTokenFromDb(string key) {
    \\ 一个耗时的任务
  }
}
```

这个例子根本不具有可扩展性，所以最好采取一个无锁的替代方案。.NET 提供了两套不同的线程安全数据结构。其中一套的名字以 Concurrent 开头，使用了“短命”（short-lived）的锁。这套数据结构并不都是无锁的。虽然它们依然使用锁，但它们是被优化过的，锁的持续时间会很短，保证了其速度，而且它们可能比真正的无锁替代方案更简单。另一套替代方案是 Immutable*，其中原始数据从未改变，但每个修改操作都会创建一个带有修改内容的新数据副本。这听起来似乎很慢，但在有些情况下，它们可能比 Concurrent 更合适。

如果我们用 ConcurrentDictionary，我们的代码就变得有可扩展性了，如清单 8.3 所示。你现在可以看到代码里不再需要 lock 语句了，所以这个耗时的查询可以更好地与其他请求并行运行，并尽可能地减少阻塞。

清单 8.3 基于锁的线程安全的字典

```
class ApiTokensLockFree {
  private ConcurrentDictionary<string, Token> tokens { get; } = new();

  public void Set(string key, Token value) {
    tokens[key] = value;
  }

  public Token Get(string key) {
    if (!tokens.TryGetValue(key, out Token value)) {
      value = getTokenFromDb(key);  ◁—— 这里会并行运行！
      tokens[key] = value;
      return tokens[key];
    }
    return value;
  }

  private Token getTokenFromDb(string key) {
    \\ 一个耗时的任务
  }
}
```

上面代码的缺点是，多个请求可以并行地对同一个 token 进行 getTokenFromDb 这样代价高昂的操作。因为没有任何锁可以阻止这种情况发生。在最坏的情况下，对于相同的 token，你会白白地并行进行相同的耗时操作。但即便如此，其他任何请求都不会被阻塞，这可能是 token 优于其他情况的地方。不使用锁可能是值得的。

双重检查的锁

还有个简单的技术可以让你在某些情况下避免使用锁。例如，当多个线程请求一个对象时，要确保只创建一个实例是很困难的。如果两个线程同时提出相同的请求怎么办？假如，我们有一个缓存对象。如果我们不小心创建了两个不同的实例，代码的不同部分会有不同的缓存，造成不一致和浪费。为了避免这种情况，你要在锁里面保护你的初始化代码，如清单 8.4 所示。静态 Instance 属性在创建对象之前会处于锁状态，这就保障了不会出现同一个实例被创建两次的情况。

清单 8.4　确保只创建一个实例

```
class Cache {
  private static object instanceLock = new object();  ← 用来锁定的对象
  private static Cache instance;  ← 缓存实例值
  public static Cache Instance {
    get {
      lock(instanceLock) {  ← 如果有其他线程在这个代码块里运行，其他所有调用者都会在这等待
        if (instance is null) {
          instance = new Cache();  ← 对象被创建，也只被创建一次
        }
        return instance;
      }
    }
  }
}
```

这段代码运行得不错，但对 Instance 属性的每次访问都会导致它被锁定，这会产生不必要的等待时间。我们的目标就是减少锁定。你可以为实例的值添加二次检查（secondary check）：如果实例已经被初始化，那么在进行锁定之前返回它的值；如果实例还没被初始化，那么只进行锁定，详情请看清单 8.5 所示的添加二次检查的操作。它非常简单，却消除了代码中 99.9%的锁竞争（lock contention），增强了代码的可扩展性。我们仍然需要在锁状态中进行二次检查，因为有小概率会出现这种情况，即在我们获得锁之前，另一个线程可能已经初始化了实例的值并释放了该锁。

清单 8.5　双重检查锁

```
public static Cache Instance {
  get {
    if (instance is not null) {  ← 注意 C# 9.0 中基于模式匹配的“not null”检查
      return instance;  ← 返回实例而无须锁定任何内容
    }
    lock (instanceLock) {
      if (instance is null) {
        instance = new Cache();
      }
      return instance;
    }
  }
}
```

不是所有的数据结构都可以进行双重检查锁。例如，你不能对字典的成员进行双重检查，因为当字典被操作时，不可能在锁之外以线程安全的方式从字典中读取数据。

C#有了 LazyInitializer 这样的辅助类，已经让安全的单例对象初始化（safe singleton initialization）变得更加容易。你可以用更简单的方式编写同样的属性代码，如清单 8.6 所示。它已经在幕后实现了双重检查锁，为你省去了额外的工作。

清单 8.6 使用 LazyInitializer 的安全初始化

```
public static Cache Instance {
  get {
    return LazyInitializer.EnsureInitialized(ref instance);
  }
}
```

在其他情况下，双重检查锁是有好处的。比方说，若想检查一个列表当中最多只包含一定数量的项，你检查 Count 属性就可以了，这非常安全，因为你在检查确认过程中没有访问列表中的任意一项。对 Count 的操作属于简单的字段访问，而且基本上是线程安全的，除非你使用获取到的字段数据来迭代项目。清单 8.7 就给出了一个例子，这个例子是完全线程安全的。

清单 8.7 双重检查锁场景的替代方案

```
class LimitedList<T> {
  private List<T> items = new();

  public LimitedList(int limit) {
    Limit = limit;
  }

  public bool Add(T item) {
    if (items.Count >= Limit) {        <- 锁外的第一次检查
      return false;
    }
    lock (items) {
      if (items.Count >= Limit) {      <- 锁内的第二次检查
        return false;
      }
      items.Add(item);
      return true;
    }
  }

  public bool Remove(T item) {
    lock (items) {
      return items.Remove(item);
    }
  }

  public int Count => items.Count;
  public int Limit { get; }
}
```

你可能已经注意到，清单 8.7 中的代码并不包含 indexer 属性来用索引访问列表项。这是因为如果不在枚举（enumeration）之前完全锁定列表的话，就不可能在直接索引访问上提供线程安全的枚举。我们的类只在计算项数时有用，对访问各项没用。但是访问 Count 属性操作本身是相当安全的，所以我们可以在双重检查（double-checked）中使用它来获得更好的可扩展性。

8.2 拥抱不一致

数据库提供了大量的特性来避免不一致（inconsistency）：锁、事务、原子计数、事务日志、页面校验（page checksum）和快照等。这是因为它们就是为那些根本不应当检索到错误数据的系统而设计的，比如银行工作系统、核研究机构及相亲交友软件系统。

可靠与不可靠并不是黑白分明的。一些不可靠的场景在其他方面，比如性能和可扩展性方面有明显的优势。NoSQL 放弃了传统关系数据库系统的某些一致性功能，比如外键（foreign key）和事务，同时获得了性能、可扩展性和潜在的回报。

你并不需要因此就一股脑地使用 NoSQL 来获得它带来的好处。你可以在 MySQL 或 SQL Server 这样的传统数据库上获得类似的好处。

可怕的 NOLOCK

作为一个查询提示，`NOLOCK` 决定了读取它的 SQL 引擎可能是不一致的，会包含来自尚未提交的事务的数据。这让人不敢相信，但真的是这样吗？想一想吧！回想一下 Blabber，我们在第 4 章分析的那个微博平台。当你每次发帖子的时候，记录着帖子数量的表也会同步更新。如果你的帖子没有发出去，那么这个表中的数据也不应该增加。示例代码看起来就像清单 8.8 所示的样子。你可以在代码中看到，我们把所有的东西都包含在一个事务中，所以如果这个操作有任何一个环节出现问题，我们就不会得到不一致的帖子数量。

清单 8.8　两个表的故事

```
public void AddPost(PostContent content) {        把所有东西包含在一个事务里
  using (var transaction = db.BeginTransaction()) {
    db.InsertPost(content);  <-- 把帖子插入它自己的表里
    int postCount = db.GetPostCount(userId);  <-- 检索帖子数量
    postCount++;
    db.UpdatePostCount(userId, postCount);  <-- 更新帖子数量
  }
}
```

这段代码可能会让你想起前面提到的唯一 ID 生成器的例子；想想看线程是如何通过读取、增量和存储等操作并行工作的，以及我们不得不用锁来保证值的一致性。这里是一样的道理。正因为如此，我们牺牲了可扩展性。但是我们需要这样的一致性吗？我们可以用最终一致性（eventual consistency）解决这个问题吗？

最终一致性是指你依然能确保一致性，不过需要一些延迟。在这个例子中，你可以在自己设定的时间间隔内更新不正确的发帖数量。这个方案最棒的一点是：整个操作过程没有用到锁。用户很少会时时刻刻盯着他们的发帖数量，在用户还没注意到数字不对之前，整个修正过程就完成了。由此，你获得了可扩展性，因为你使用的锁越少，数据库上可以运行的并行请求就越多。

更新表的周期查询依然会在表中使用锁，但这种锁相对来说更加精细，可能位于代码的某一行，最坏情况下位于磁盘中的某一页面上。你可以通过双重检查锁来缓解这个问题：先运行一个只读查询，只查询哪些行需要更新，然后单独运行更新查询。这就可以确保数据库不会因为你只是对其执行了一个更新语句而对锁定的东西感到“压力大”。这个查询类似清单 8.9 所示的样子。起初，我们执行了一个 SELECT 查询来识别不匹配的数量，这里没有使用锁。然后，根据不匹配的记录更新帖子的数量。我们还可以对这些更新进行批处理，但单独运行它们可以保留更多的多粒度锁（granular lock），可能在行级别上（possibly the row level），因此它允许在同一个表上运行更多的查询，而不用浪费时间保持更长时间的锁定。这样做的缺点是，更新每一条单独的记录会花费更长的时间，但最终还是会结束的。

清单 8.9 定期运行代码以实现最终一致性

```
public void UpdateAllPostCounts() {
  var inconsistentCounts = db.GetMismatchedPostCounts();      ← 在运行这个查询的时候没有锁
  foreach (var entry in inconsistentCounts) {
    db.UpdatePostCount(entry.UserId, entry.ActualCount);      ← 在运行这个查询的时候，所影响的范围只有单独的一行
  }
}
```

SQL 中的 SELECT 查询在表里并不持有锁，但是它仍然会被另一个事务所阻塞。这就是 NOLOCK 作为查询提示（query hint）出现的原因。NOLOCK 查询提示可以让一个查询读取脏数据（dirty data），但作为回报，它不需要在意其他查询或事务持有的锁。这对你来说就很轻松了。例如，在 SQL Server 中，你可以使用 SELECT * FROM customers (NOLOCK) 而不是 SELECT * FROM customers，把 NOLOCK 运用到 customers 表中。

什么是脏数据？如果一个事务开始向数据库写入一些数据，但写入操作还没完成，这个阶段的数据就被认为是脏数据。这意味着一个带有 NOLOCK 查询提示的查询可以返回数据库中还不存在或者永远不会存在的记录。在多数场景下，这大概是你的应用可以接受的最大程度的不一致了。例如，在验证用户的时候不要使用 NOLOCK，因为这可能会引发安全问题，但对于显示帖子数量来说，这没问题！最坏的情况下，你会看到一个似乎瞬间存在的帖子，反正在下一次刷新的时候帖子就会消失。你可能在其他社交平台上已经见识到了这个情况。其他用户已经删除了他们发表的内容，但是这些帖子仍能在你的账号内看到，当你跟这些帖子产生互动的时候，不出意外，你通常都会得到错误提示。这是因为平台出于可扩展性的要求，能够容忍一定程度上的不一致。

你可以通过先运行一个看起来艰深难懂的 SQL 语句，如 SET TRANSACTION ISOLATION LEVEL READ_UNCOMMITTED，将 NOLOCK 应用于 SQL 连接。我想到平克·弗洛伊德（Pink Floyd）的一首歌，歌名[①]与这条 SQL 语句十分相似。不管怎么说，

① 经向原作者询问得知，歌名为“*Set the Controls for the Heart of the Sun*”。——译者注

这条 SQL 语句显得更有意义，也能更能传达出其用途。

既然你已经知道了后果，那么就不要害怕不一致。谨慎权衡后，你可以特意倾向于不一致，给更多的可扩展性留出余地。

8.3 不要缓存数据库连接

开启一个单独的数据库连接，并且把它在代码里共享是一个相当普遍的错误操作。在理想情况下这个操作也算合理：它避免了每次查询的连接和验证产生的开销，运行速度得到了提升。再者，到处写 open 和 close 命令也有点麻烦。但是，当你只有一个数据库连接时，你不能并行运行数据库查询。实际上你一次只能运行一个查询。从图 8.4 中就可以看出，这对可扩展性造成了很大的影响。

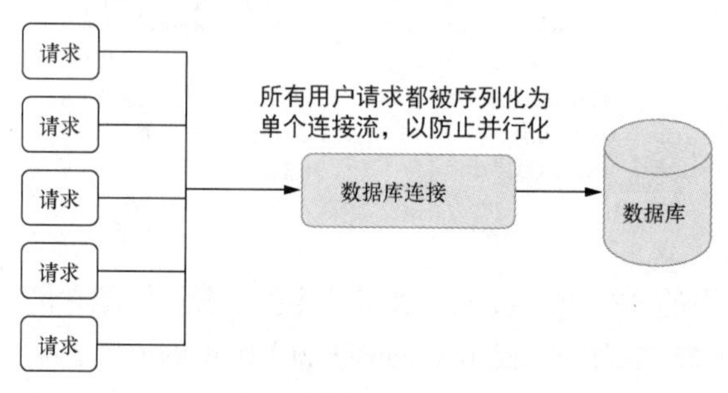

图 8.4 应用程序中共享单一连接所产生的瓶颈

还有其他原因足够说明单个连接不是一个好办法。在运行查询的时候，查询需要不同的事务范围（transaction scope），并且当你试图将单个连接同时用在多个查询时，它们之间会产生冲突。

我必须承认，我有时也会认为问题在于给每个需要连接的地方都建立一个连接，但实际上并不是这样的。你看，大多数客户端数据库连接库在你创建一个连接对象时，并不会真的建立一个连接。相反，它们会在维护着的那些已经建立的连接中，为你检索出一个连接。当你以为你用的是一个新建立的连接时，其实你用的只是从连接池检索出的一个已经建立的连接。以此类推，当你关闭这个连接时，实际上连接并没有被关闭。这个连接会被重新放进连接池中，并且该连接的状态会被重置，所以之前通过这个连接运行的查询遗留的任何操作都不会影响后续新的查询。

我都听到你在说："我知道怎么办了！我只为每个请求保持一个连接，当请求结束时关闭连接。"这样的话，请求并行地运行而不相互阻塞，像图 8.5 所示的那样。你可以看到，每个请求都得到一个单独的连接，它们也就可以并行运行。

这种方法的问题是，当有超过 5 个请求的时候，连接池又不得不让客户端等待连接池中有空闲的可用连接。这些请求在队列中等待，扼杀了扩展更多请求的能力，即便请求当时可能没有被使用，但除非显式关闭连接，否则连接池无法知道请求的连接是否正在被使用。这个情况你可以在图 8.6 中了解。

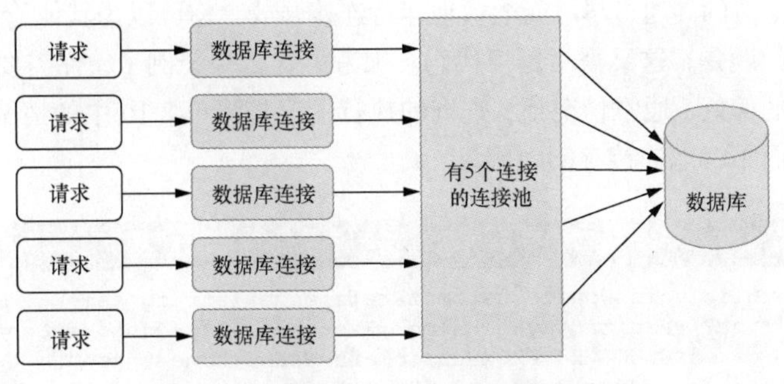

图 8.5 为每个 HTTP 请求保持单个连接

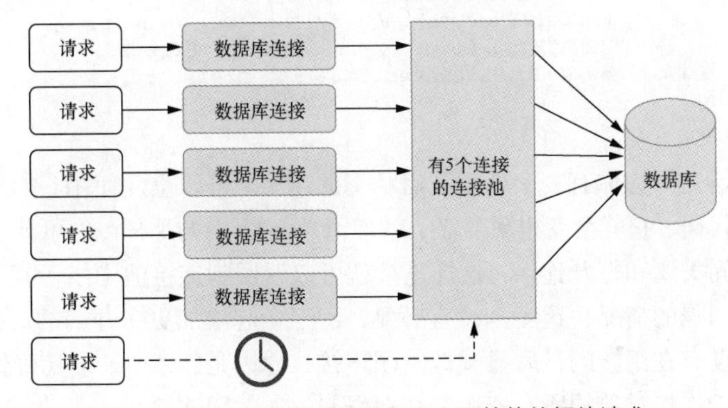

图 8.6 每个请求的连接对象阻止了其他的额外请求

其实有一个更好的方法，它会让代码的可扩展性尽可能地提高，即只在查询的有效期内保留连接。这个方法会让连接尽快回到连接池中，允许其他请求抓取可用的连接，从而提升代码的可扩展性。图 8.7 展示了它的工作原理。你可以看到连接池一次为不超过 3 个查询提供服务，为另一个或两个请求留出空间。

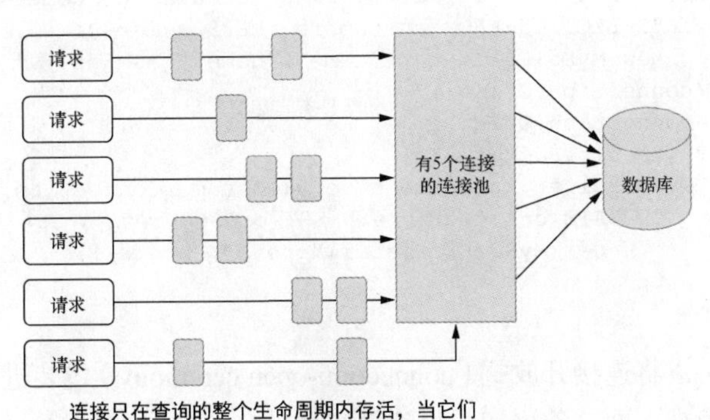

图 8.7 数据库的逐个查询连接

这样做的原因是，一个请求从来不仅仅运行一个查询。除了查询本身之外，通常还有一些事情在进行。这意味着当一些无关紧要的事情正在进行时，请求还占用着一个连接对象是浪费的。通过尽可能短暂地保持连接开放，你可以为其他请求留下最大数量的连接。

问题是，这又得写更多代码。来考虑这么一个例子，你需要根据客户的名字来更新他们的偏好。通常情况下，查询的执行情况与清单 8.10 中的情况差不多。你立即运行查询，而不考虑连接存活时间。

清单 8.10 一个典型的带有共享连接实例的查询执行过程

```
public void UpdateCustomerPreferences(string name, string prefs) {
  int? result = MySqlHelper.ExecuteScalar(customerConnection,      <-
      "SELECT id FROM customers WHERE name=@name",
      new MySqlParameter("name", name)) as int?;                   使用共享连接
  if (result.HasValue) {
    MySqlHelper.ExecuteNonQuery(customerConnection,                <-
        "UPDATE customer_prefs SET pref=@prefs",
        new MySqlParameter("prefs", prefs));
  }
}
```

这是因为你有一个处于开启状态的连接，可以重复使用。如果添加了连接开启和关闭的代码，它就会变得更复杂，就像清单 8.11 中的那样。你可能认为我们应该在两个查询之间关闭和打开连接，这样连接就可以返回到连接池中用于其他的请求，但是对于短时间间隔的情况，这完全没有必要，甚至会起增加更多开销的反作用。还要注意的是，我们没有在函数的最后显式地关闭连接，原因是 using 语句确保在退出函数时立即释放关于连接对象的所有资源，从而强制依次关闭连接。

清单 8.11 为每一个查询开启一个连接

```
public void UpdateCustomerPreferences(string name, string prefs) {
  using var connection = new MySqlConnection(connectionString);   <-
  connection.Open();                                               与数据库建立连接
  int? result = MySqlHelper.ExecuteScalar(customerConnection,
      "SELECT id FROM customers WHERE name=@name",
      new MySqlParameter("name", name)) as int?;
  //connection.Close();   |
  //connection.Open();    | 就是有点愚蠢
  if (result.HasValue) {
    MySqlHelper.ExecuteNonQuery(customerConnection,
      "UPDATE customer_prefs SET pref=@prefs",
          new MySqlParameter("prefs", prefs));
  }
}
```

你可以将连接开放式（connection-open ceremony）包装进帮助函数（helper function）中，避免把下面这条语句写得到处都是。

```
using var connection = ConnectionHelper.Open();
```

这可以让你少打几个字，但出错的概率增加了。你可能会忘记在调用前写上 using 语句，而编译器也可能忘记提醒你这一点。你也可能会忘了用这种方式来关闭连接。

以 ORM 的形式

幸运的是，现代对象关系映射（object relational mapping，ORM）工具以库的形式存在，可以通过提供一组完全不同的复杂抽象（比如 Entity Framework）来掩盖数据库的复杂性。你根本不用关心连接的开启与关闭，框架可以自动帮你去处理。它在必要时开启连接，并在用完后关闭连接。你可以在一个请求的整个生命周期中使用一个与 Entity Framework 共享的 DbContext 单个实例。但是，你可能不希望在整个应用里使用单个实例，因为 DbContext 并不是线程安全的。

类似清单 8.11 中的查询可以像清单 8.12 那样用 Entity Framework 编写。你可以用 LINQ 的语法来写同样的查询，我发现这种函数式的语法更容易阅读，而且更容易组合。

清单 8.12 使用 Entity Framework 的多个请求

```
public void UpdateCustomerPreferences(string name, string prefs) {
  int? result = context.Customers
    .Where(c => c.Name == name)
    .Select(c => c.Id)
    .Cast<int?>()
    .SingleOrDefault();                          <-
  if (result.HasValue) {
    var pref = context.CustomerPrefs
      .Where(p => p.CustomerId == result)
      .Single();                                 <-
    pref.Prefs = prefs;
    context.SaveChanges();                       <-
  }
}
```

连接会在这几行运行前开启，又会在这几行运行后自动关闭

当你真正了解到 connection 类、连接池和与数据库建立的实际网络连接时，你的应用程序会有更多的调整空间。

8.4 不要使用线程

可扩展性不仅仅关乎更多的并行化——它也关乎节约资源。你不能使用超过现有的全部内存的空间，也不能让 CPU 占用超过 100%。ASP.NET Core 使用线程池来保持一定数量的线程并行地服务于网络请求。这个做法与连接池很接近：拥有一组已经初始化的线程，可以避免每次创建线程产生的开销。线程池的线程数通常多于系统中的 CPU 核心数，因为线程经常等待一些事情的完成，主要是 I/O。这样，当某些线程在等待 I/O 完成

时，其他线程可以被同一个 CPU 核心给调度。你可以在图 8.8 中看到比 CPU 核心数更多的线程如何帮助你更好地利用 CPU 核心。CPU 可以利用一个线程等待某件事情完成的时间，通过为比可用的 CPU 核心数更多的线程服务，在同一核心上运行另一个线程。

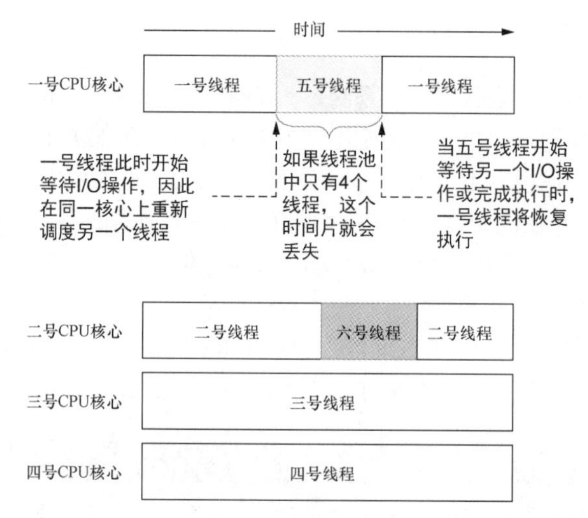

图 8.8 通过拥有超出 CPU 核心数的线程来优化 CPU 的使用

这比拥有与 CPU 核心相同数量的线程要好，但还不够好，不能充分利用你宝贵的 CPU 时间。操作系统给线程很短的时间来执行操作，然后把 CPU 核心让给其他线程使用，以确保每个线程都有机会在合理的时间内运行。这种技术被称为“抢占”（preemption），这也是过去单核 CPU 的多任务工作方式。操作系统将所有的线程都放在同一个核心上，造成多任务的假象。幸运的是，由于大多数线程都在等待 I/O，用户不会注意到线程轮流在他们的单核 CPU 上运行，除非他们运行那些密集使用 CPU 的应用程序。

由于操作系统安排线程的方式，在线程池中拥有比 CPU 核心数量更多的线程只是一种获得更多 CPU 利用率的粗糙方法，但事实上，这甚至会损害可扩展性。如果你有太多的线程，它们都获得较少的 CPU 时间，那么它们可能需要更长的时间来运行，从而拖慢你的网站和 API。

利用等待 I/O 的时间的一个更准确的方法是使用异步 I/O，正如我们在第 7 章讨论的那样。异步 I/O 是很明确的：无论你在哪里有一个 `wait` 关键字，都意味着线程将等待回调的结果。因此硬件正在处理 I/O 请求本身时，同一个线程可以被其他请求使用。正如你在图 8.9 中看到的，你可以通过这种方法在同一个线程上并行地运行多个请求。

异步 I/O 是非常有前途的。只要你使用的是一个支持异步调用的框架，将现有的代码升级到异步 I/O 代码也是很简单的。例如，在 ASP.NET Core 中，控制器动作（controller action）或 Razor Page 处理程序，既可以作为常规方法编写，也可以作为异步方法编写，因为框架围绕它们构建了必要的脚手架。

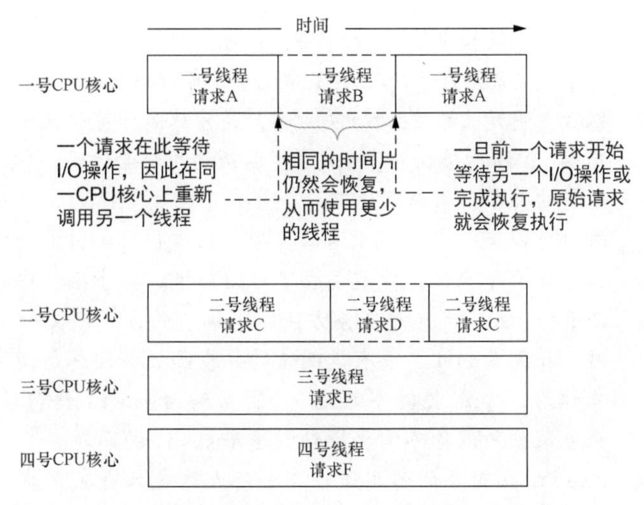

图 8.9 用更少的线程和异步 I/O 实现更好的并发性

你需要做的就是使用异步调用重写函数，并将其标记为 async。是的，你仍然需要确保你的代码能够正常工作并通过测试，但这一点也不难。

我们修改清单 8.12 中的例子，在清单 8.13 中将其转换为支持异步操作。你不需要回去看原来的代码，因为差异已经在清单 8.13 中用粗体字标出。看一下这些不同之处，之后我将对它们进行讲解。

清单 8.13 将阻塞代码转换成异步代码

```
public async Task UpdateCustomerPreferencesAsync(string name,
  string prefs) {
  int? result = await MySqlHelper.ExecuteScalarAsync(
    customerConnection,
    "SELECT id FROM customers WHERE name=@name",
    new MySqlParameter("name", name)) as int?;
  if (result.HasValue) {
    await MySqlHelper.ExecuteNonQueryAsync(customerConnection,
        "UPDATE customer_prefs SET pref=@prefs",
        new MySqlParameter("prefs", prefs));
  }
}
```

重要的是，你要知道它们的作用是什么，这样你才能有意识地正确使用它们。

- 异步函数实际上不需要用后缀 Async 来命名，但这个惯例可以帮你标识需要你等待的东西。你可能会想，“async 关键字就在那里！”但是这个关键字只影响函数实现，并不是函数名的一部分。你必须浏览源代码，找出一个异步函数是否真的是异步的。如果你不等待一个异步函数，它就会立即返回，而你可能错误地认为它已经运行完毕。当你需要为你的函数起特定的名字时，尽量坚持惯例，除非你真的不清楚，比如控制器动作的名字，因为它们也可以指定为 URL 路由。如果你想让同一个函数的两个重载版本拥有相同的名字，这也很有帮助，因为返回类型不被看作重载的区分标准。这就是为什么在.NET 中几乎所有的异步函数都用 Async 后缀来命名。

- 函数声明开头的 async 关键字只是意味着你可以在这个函数中使用 await。在后端，编译器接收异步语句，生成必要的处理代码，并将其转换为一系列的回调。
- 所有的异步函数必须返回一个 Task 或者 Task<T>。一个没有返回值的异步函数也可以有一个 void 返回类型，但这明显会引发一些问题。例如，异常处理语义发生了变化，你就失去了可组合性。异步函数中的可组合性让你可以使用 ContinueWith 等任务方法，以编程的方式定义一个函数完成后将发生的动作。正因为如此，没有返回值的异步函数应该总是使用 Task 来作为返回值。当你用 async 关键字定义一个函数时，return 语句后的值会自动用 Task<T> 来包装，所以你不需要操心创建 Task<T>的问题。
- await 关键字的作用是让下一行表达式只有在它前面的表达式运行完毕后才会被执行。如果你不把 await 放在多个异步调用前面，它们就会开始并行运行，这在某些情况下是允许的，但你需要确保等待它们完成，否则，任务可能会被打断。另外，并行操作容易出现错误，例如，你不能通过在 Entity Framework Core 中使用同一个 DbContext 来并行运行多个查询，因为 DbContext 本身并不是线程安全的。然而，你可以通过这种方式来并行化其他的 I/O，比如读取一个文件。思考一下这个例子：你想同时发出两个网络请求，但你又不想让它们互相等待。同时发出两个网络请求，并等待它们的完成，这做得到，如清单 8.14 所示。我们定义了一个函数，它接收一个 URL 列表，并为每个 URL 启动一个下载任务，而不等待前一个任务的完成，这样下载就在一个单线程上并行运行。我们可以使用 HttpClient 对象的一个实例，因为它是线程安全的。该函数等待所有任务的完成，并根据所有任务的结果建立一个最终的响应。

清单 8.14 在单线程上并行下载多个网页

```
using System;
using System.Collections.Generic;
using System.Linq;
using System.Net.Http;
using System.Threading.Tasks;                     用临时存储来追踪运行任务

namespace Connections {
  public static class ParallelWeb {                       结果类型
    public static async Task<Dictionary<Uri, string>>  <-
      DownloadAll(IEnumerable<Uri> uris) {
      var runningTasks = new Dictionary<Uri, Task<string>>();  <-
      var client = new HttpClient();  <-  一个实例就足够了
      foreach (var uri in uris) {
        var task = client.GetStringAsync(uri);  <-  开始执行任务，不用等它
        runningTasks.Add(uri, task);  <-  存储任务的地方
      }
      await Task.WhenAll(runningTasks.Values);  <-  等待所有任务完成
      return runningTasks.ToDictionary(kp => kp.Key,
```

```
        kp => kp.Value.Result);
    }
  }
}
```

根据完成任务的结果创建一个新的结果字典

8.4.1 异步代码的问题

当你把你的代码转换为异步代码时，有些事情你必须要清楚。你很容易认为“那就把所有代码改写成异步的吧”，然后带着这个想法“搞砸一切”。下面我们来看看这样做带来的一些隐患。

无 I/O，不异步

如果一个函数没有调用异步函数，它就不需要是异步的。异步编程只有在与 I/O 绑定操作一起使用时才有助于提升代码的可扩展性。在受 CPU 约束的操作上使用异步不会有助于提升代码的扩展性，因为这些操作需要单独的线程来运行，而 I/O 操作可以在一个线程上并行运行。当你试图在一个不运行其他异步操作的函数上使用 async 关键字时，编译器可能会警告你。如果你选择忽略这些警告，你得到的结果可能就是你多打了几个字，也许会因为在函数中添加了与异步相关的“脚手架”导致代码运行速度变慢。下面是一个非必要地使用 async 关键字的例子。

```
public async Task<int> Sum(int a, int b) {
  return a + b;
}
```

我知道有人是这么写的，因为我在业界见过。那些人没有任何理由地用 aysnc 定义函数。你得时刻保持清醒，明白你为什么想把某个函数改写成异步的。

不要把同步和异步混为一谈

要在同步环境下安全地调用一个异步函数是非常困难的。人们总是说：“只要调用 Task.Wait()，或者调用 Task.Result 就可以了。”不，不会的。那段代码会折磨你到做噩梦，它可能会在最意想不到的时候出现问题，最终，你会希望自己能睡个安稳觉，而不是做噩梦。

在同步代码中调用异步函数的最大问题是，由于异步函数中的其他函数依赖于调用者代码运行完成，它可能会导致死锁，异常处理也可能跟你想的不太一样，因为它将被包裹在一个单独的 AggregateException 里面。

尽量不要把异步代码混在同步上下文里面。这是一个复杂的设置，通常只在有框架的情况下才这么做。C# 7.1 增加了对异步 Main() 函数的支持，这意味着你可以立即开始运行异步代码，但你不能在同步 Web 动作中调用异步函数。你可以，并且也会在异步函数中使用同步代码，因为并非每个函数都适合异步。

8.4.2 异步多线程

在重度 I/O 代码上，异步 I/O 提供了比多线程更好的可扩展特性，因为它消耗的资源更少。但多线程和异步并不相互排斥，你可以两者兼得。你甚至可以使用异步编程结构来编写多线程代码。例如，你可以用异步的方式处理需要长期运行的 CPU 工作，就像这样。

```
await Task.Run(() => computeMeaningOfLifeUniverseAndEverything());
```

它仍然会在一个单独的线程中运行代码，但 await 机制简化了工作完成的同步。如果你用传统的线程写同样的代码，代码看起来会复杂一点。你需要一个同步原语（synchronization primitive），比如一个事件。

```
ManualResetEvent completionEvent = new(initialState: false);
```

注意到这个新东西了吗？

很长一段时间中，程序员不得不写 SomeLongTypeName something = new SomeLongTypeName();来对一个对象进行初始化。即使有 IDE 的帮助，输入相同的类型仍然是一件麻烦事。在 C#引入了 var 关键字后，这个问题得到了一些改善，但它对类的成员声明不起作用。

C# 9.0 极大提高了开发者的生活质量：如果类的类型是在 new 之前声明的，你就不必在 new 之后写类型。你可以直接这样写：SomeLongTypeNamesomething=new();。请对 C#团队说一声谢谢。

你声明的事件对象需要从同步点（point of synchronization）访问，这就产生了不必要的复杂性，实际的代码也变得更加复杂。

```
ThreadPool.QueueUserWorkItem(state => {
  computeMeaningOfLifeUniverseAndEverything();
  completionEvent.Set();
});
```

因此，异步编程可以使一些多线程代码更容易编写，但它既不能完全替代多线程编程，也不能提高代码的可扩展性。用异步语法编写的多线程代码仍然是普通的多线程代码，它不像异步代码那样节约资源。

8.5 尊重单体

在你的显示器上应该有一张纸条，只有当你凭着你参股的创业公司的股票获得财富自由后，你才会把它揭下来。纸上面应该写着“不要微服务”。

微服务背后的逻辑很简单：如果我们把代码分割成单独的自托管项目，那么将来将这些项目部署到独立的服务器会更容易，操作空间很大！这个逻辑暴露出的问题，就跟我讨论过的软件开发中的许多问题一样：这增加了复杂性。你把所有的共享代码都给分割开了吗？这些项目真的不共享任何东西吗？它们需要哪些依赖关系？当你更改数据库时，你连带着要更新多少个项目？你如何共享上下文，比如认证和授权？你如何确保安全？由于服务器之间的毫秒级延迟，会有额外的往返延迟，你如何保持兼容性？如果你先部署了一个项目，但另一个项目因为新的更改而中断部署了，你该怎么办？你有能力处理这种程度的复杂性吗？

我用单体（monolith）这个词作为微服务的反义词，在微服务中，你的软件组件都在一个项目中，或者至少分布在关系紧密的多个项目中，它们一起部署在同一个服务器上。因为这些组件是相互依赖的，你如何将其中的一些组件移到另一台服务器上，以使你的应用得到扩展？

在本章中，我们已经看到，即使只有单个 CPU 核心，我们也可以实现很好的可扩展性，更不用说在单个服务器上了。单体也能够扩展。在你发现自己必须拆分自己的应用程序之前，它都可以平稳地不间断正常工作。前面提到了，你所在的公司已经足够有钱到可以雇更多的人来完成一项壮举。认证（authentication）、协调（coordination）、同步（synchronization）在产品生命周期的早期可能会有点麻烦，不要让微服务使新项目复杂化。酸字典网站，已经运行超过 20 年，依然使用单体架构为约 4000 万用户提供服务。选择单体架构，也是你本地的代码原型下一步发展的自然结果。只有当使用微服务的优点盖过缺点时才考虑使用微服务。

本章总结

- 把可扩展性当作一个有多个步骤的节食计划来对待。一个个微小的改动，最终会帮助你得到一个更好的、可扩展性更高的系统。
- 可扩展性的最大障碍之一是锁。你不能时刻使用它，又不能始终没有它。要明白它对你来说有时是可有可无的。
- 优先选择无锁或并发的数据结构，而不是自己去造轮子，这能让你的代码更具可扩展性。
- 在安全的情况下，使用双重检查锁。
- 学会忍受不一致，以提高可扩展性。选择你的公司可以接受的不一致类型，并利用这个机会来写更多的可扩展代码。
- 虽然 ORM 通常被看作一件苦差事，但它可以通过采用你可能没有想到的优化来帮助你创建更具可扩展性的应用程序。
- 在所有需要高可扩展性的、与 I/O 相关的代码中使用异步 I/O，以节约可用线程并优化 CPU 的使用。
- 使用多线程来并行化 CPU 绑定的工作，但不要指望异步 I/O 的可扩展性优势，即使你使用多线程结合异步编程结构。
- 可能对微服务的设计讨论还没结束，单体架构就已经运行良久，“环游地球好几圈了”。

第9章　与bug共存

本章主要内容：

- 处理错误的最佳实践。
- 与 bug 共存。
- 有意的错误处理。
- 避免调试。
- 高阶小黄鸭调试法。

有关 bug 的文学作品中，描写得最深刻的应该是弗朗茨·卡夫卡（Franz Kafka）的《变形记》。它讲述了一个名叫格雷戈尔·萨姆萨（Gregor Samsa）的软件开发者，有一天醒来，发现 bug 竟是他自己。好吧，在故事里，他确实不是一个软件开发者。因为在 1915 年，有关编程的所有实践只有埃达·洛夫莱斯（Ada Lovelace）在卡夫卡的这本书写成前七十年就写成的几页代码。但格雷戈尔·萨姆萨的工作在当时的热门程度是仅次于软件开发的：他是一个旅行推销员。

Bug 是衡量软件质量的基准参考。因为软件开发者认为每一个错误都是对其软件工艺质量的玷污，所以他们通常要么以零错误为目标，要么主动否认有错误存在，嘴硬地声称软件在他们的计算机上“能正常运行”，或者说“这是一个 feature，而不是一个 bug”。

旅行推销员问题（Traveling Salesperson Problem，TSP）

旅行推销员问题是计算机科学中的一个基础主题，因为计算旅行推销员的最优路径是 NP 完全问题（NP-complete），这是一个非常反直觉的缩写，表示非确定性多项式时间完全问题

(nondeterministic polynomial-time complete)。由于这个缩写省略了许多单词，我曾长时间误以为它表示非多项式完全(non-polynomial complete)，对此感到非常困惑。

多项式时间(P)问题的解决速度比尝试穷举所有可能的组合要快，否则就会出现因子复杂度(是所有复杂度中第二糟糕的复杂度)。NP 是 P(多项式时间)问题的超集，只能用“蛮力”解决。与 NP 相比，多项式问题总是受欢迎的。NP，非确定性的多项式时间问题，没有一个已知的多项式算法能解决它，但是它的解决方案可以在多项式时间内被验证。在这个意义上，NP 完全意味着“我们几乎解决不了这个问题，但我们可以马上验证一个别人建议的解决方案”。[①]

因为程序本身的不可预测性，软件开发是一件无比复杂的事情。这就是图灵机的性质，所有计算机和大多数编程语言都基于这种理论结构。这一切归功于艾伦·图灵(Alan Turing)，这是他的作品。基于图灵机的编程语言是图灵完全的。图灵机允许我们在软件开发方面有无限的可能性，但不利用图灵机就无法验证软件开发的正确性。有些并不依赖图灵机的语言，比如 HTML、XML 或正则表达式，它们能做的事远远比那些图灵完全的语言少。由于图灵机的性质，错误是不可避免的。不可能有一个没有错误的程序。在你着手开发软件之前，接受这个事实将使你的工作更容易。

9.1 不要修复 bug

开发团队必须有一个筛选过程，来决定在任何大型项目中要修复哪些 bug。筛选(triaging)这个词起源于第一次世界大战期间，当时医务人员必须决定哪些病人需要治疗，哪些病人不需要治疗，以便将有限的资源分配给那些仍有机会存活的人。这是有效利用稀缺资源的唯一方法。筛选可以帮助你决定首先需要修复什么，或者是否应该修复它。

那你怎么去确定 bug 的优先级呢？除非只有你一个人负责所有的业务决策，否则你的团队需要有共同的标准来决定特定 bug 的优先级。在微软的 Windows 团队中，我们有一套复杂的标准来决定哪些 bug 需要修复，这些标准由多个工程部门评估。因此，我们每天都有会议来确定 bug 的优先级，并在一个叫作“作战室”的地方讨论一个 bug 是否值得修复。像 Windows 操作系统这样的庞然大物，这样做是可以理解的，但对于大多数软件项目来说，一般没这个必要。有一次，我不得不对一个 bug 进行优先级排序，因为伊斯坦布尔的一个官方婚姻中心的自动化系统在一次更新之后崩掉了，所有的结婚证都没法发放。我必须通过将无法结婚分解成适用性(applicability)、影响(impact)和严重性(severity)等有形指标来说明我的情况。顺便一提，“在伊斯坦布尔，一天有多少人结婚？”这个问题怎么听起来像是一个很不错的面试问题。

---

① 这段内容旨在用简单易懂的方式解释旅行推销员问题以及 NP 完全问题的概念。这里所说的“非确定性多项式时间”指的是解决这类问题所需的时间是多项式级别的，但我们尚无已知的多项式算法来解决它们。在现实生活中，这意味着解决 NP 完全问题通常需要花费大量时间和计算资源。——译者注

评估优先级的一个更简单的方法是先使用一个不相关的第二维度，即严重性。虽然我们的目标基本上是要有一个单一的优先级，但当两个不同的问题看起来有相同的优先级时，有一个第二维度可以使评估优先级更容易。我发现“优先级/严重性”维度很好用，在面向业务和面向技术之间取得了良好的平衡。优先级是指某个 bug 对业务的影响，而严重性是指它对客户的影响。例如，如果你的平台上的一个网页不能工作，这是一个高严重性的问题，因为客户不能使用它。但它的优先级可能完全不同，这取决于它是在首页还是只有少数客户访问的不起眼的页面。同样地，如果你的主页上的企业 logo 丢失了，这或许一点都不严重，然而这件事有最高的优先级。严重性维度为优先级的确定提供了一些参考，因为我们不可能拿出准确的指标来确定 bug 的优先级。

难道我们不能用单一的优先级维度来实现同样的细化程度吗？例如，与其各有 3 个优先级和严重性级别，不如有 6 个优先级或严重性级别，不就可以做同样的工作吗？问题是，你区分的级别越多，区分它们就越困难。通常，一个次要的参考维度可以帮助你在一个问题的重要性上有更准确的评估。

你应该有关于优先级和严重性的阈值，这样，任何低于这个值的 bug 都会被归类为不修复。例如，任何同时具有低优先级和低严重性的 bug 可以被归类为不修复，从你的计划表里去掉。优先级和严重性的实际含义如表 9.1 所示。

表 9.1 优先级和严重性的实际含义

优先级	严重性	实际含义
高	高	立即修复
高	低	老板希望这个问题得到解决
低	高	让实习生来解决这个问题
低	低	不去修复它。除非办公室里没有其他事情可做，否则永远不要修复它。在这种情况下，让实习生来修复它

寻找 bug 也会产生成本。在微软，我们的团队每天至少要花一个小时来评估 bug 的优先级。对你的团队来说，当务之急是避免关注那些永远不可能被修复的 bug。试着在遇到 bug 的时候就赶紧做是否要修复的决定，这既能为你节省时间，而且还能确保你保持合格的产品质量。

9.2 错误恐惧

不是每一个 bug 都是由你的代码中的错误引起的，也不是每一个错误都意味着你的代码中存在一个 bug。当你看到一个弹出的对话框中写着“未知的错误”时，bug 和错误之间的这种关系就最明显了。如果它是一个未知的错误，那你怎么能如此肯定它就是一个错误呢？也许它是一个未知的成功呢？

你会有这样的想法，根源还是认为在错误和 bug 之间有着一种原始关联。开发人员本能地把所有的错误当作 bug，并不约而同地、坚持不懈地把它们消灭。这种推理通常会产生未知的错误情况，因为有些东西已经出错了，而开发人员却不关心这是否真的是一个错误。这种理解使得开发人员以同样的方式对待各种错误，通常要么报告每一个错误，而不管用户是否需要看到它们，要么把它们全部隐藏起来，“埋”在服务器上的一个日志文件里，没有人会去读它们。

对于那些执着于以同样方式对待所有错误的人，我建议对这些错误用平常心看待，这些所谓的错误是很正常的事情。把它们称作错误或许是个错误，我们应该把它们称为不常见的情况，或者异常。哦，等等，我们已经有了异常！

9.2.1 有关异常的真相

异常可能是编程史上被误解最多的结构。我甚至都数不清有多少次看到有人简单地把他们的故障代码（failing code）放在一个 try 语句块里，然后加上一个空的 catch 语句块，就大功告成了（见清单 9.1）。这就像把一个着火房间的门给关上，并假设问题最终会自己解决。虽然这种做法并不能算错，但是它可能会让你付出很大的代价。

清单 9.1　解决生活中所有问题的方法

```
try {
  doSomethingMysterious();
}
catch {
  // 这样没什么不好
}
```

我也不怪程序员。正如亚伯拉罕 • 马斯洛（Abraham Maslow）在 1966 年所说：“如果你唯一的工具是一把锤子，你往往会把每个问题都看成钉子。”我相信在锤子刚刚被发明的时候，它肯定算得上是“次世代大发明”，每个人都试图在他们的解决方案里用到锤子。新石器时代的人可能用洞壁上的手印来“发文章”，说锤子多么具有革命性，可以消灭一切问题。他们却不知道未来会出现更好的工具，用它们甚至可以在面包上涂抹黄油。

我见过这样的情况：开发者为整个应用程序添加了一个通用的异常处理程序，但实际上这个程序的工作原理就是忽略所有的异常，也就防止所有的崩溃。那为什么我们一直有 bug 呢？如果像那样添加一个空的处理程序就是“万金油”的话，我们早就解决了所有 bug。

异常是解决未定义状态问题的一种新方法。在错误处理只用返回值的时代，那种做法有可能漏掉了对错误的处理，只假设它没问题，然后继续运行。之后程序会处于什么状态，程序员根本不清楚。这样一来，程序员也就不知道这种状态会有什么影响。不知道这种状态会有什么影响，也就不知道错误情况会有多严重。那些操作系统出现致命错误背后的原因就是这个。比如 UNIX 操作系统的“内核恐慌”或 Windows 操作系统臭名昭著的“死亡蓝屏”。这其实就是操作系统自己停止了，来防止继续运行可能会导致的问题。未知状态意味着你无法预测接下来会发生什么。不骗你，之后 CPU 可能突然莫名其妙，然后进入一个无限循环，或者硬盘驱动器可能会在每个扇区里写 0，又或者你的 Twitter 账户莫名其妙用一些大写字母发布了你绝对不想看到的一些观点。

错误代码与异常情况不同，因为在程序运行期间，如果异常情况没有得到处理，是可以检测出来的，而错误代码则不然。对于那些未处理的异常，采取的解决办法也比较简单、粗暴：终止程序。毕竟这些异常在设计的时候是没想到的。操作系统也是这样做的：如果应用程序出现无法处理的异常，操作系统就会终止该应用程序。它们不能对设备驱动或内核级组件做同样的事情，因为它们不能像用户模式进程那样运行在独立的内存空间中。这就是操作系统非得停止运行的原因。这在基于微内核的操作系统中问题不大，因为内核级组件的数量很少，甚至设备驱动也在用户空间中运行，对性能的影响也微乎其微，我们一般很难感受到。

对于异常，其实我们忽略的一件事就是它们是意外情况。它们不是用于通用流控制，你可以通过结果值结合流控制来实现它。异常是指在函数作用之外发生的事情，它不能再完成交给它实现的功能的情况。像`(a,b) => a/b`这样的函数可以保证正常除法运算的执行，但当 b 的值等于 0 的时候，这个函数就没法执行，因为 b 等于 0 这个情况既是意外也没有被定义。

假设你下载了桌面端应用更新包，将下载的副本存储在硬盘上，当用户下次启动你的应用时，启动新下载的副本。在软件包管理生态之外的自我更新应用程序中，这是一种常用做法。更新操作的流程差不多就和图 9.1 所示的一样。这个操作有些问题，因为它没有考虑到更新一半就中断的情况，但这正是问题的关键。

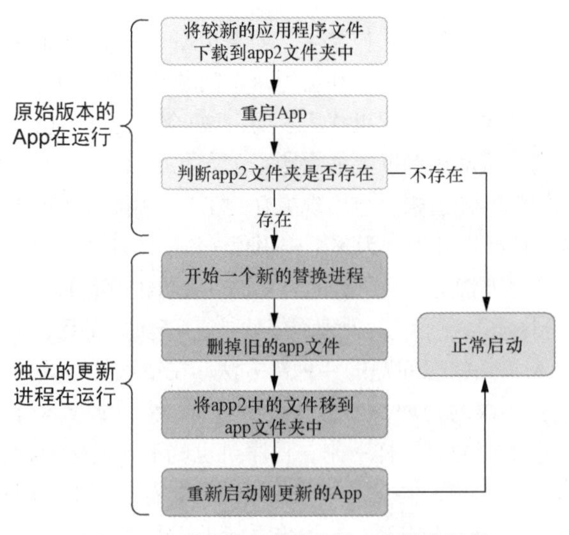

图 9.1 自我更新应用程序的一些基本逻辑

在这个更新操作里，如果在更新过程中的任何一点出现异常，你就会得到一个不完整的 app2 文件夹，这将导致 app 文件被替换成一个破碎的版本，造成一个无法恢复的灾难性状态。

在每一步，你都可能遇到异常，如果没有被处理，或者处理不当，那就会有程序崩溃的可能性。图 9.1 还暗示了你应该让流程设计在异常情况的处理上具有弹性操作空间。任何步骤的失败都可能使你的应用程序处于损坏的状态，再也无法恢复了。即使出现了异常，你也不应该让你的程序处在这么一个状态。

9.2.2 不要捕捉异常

许多人认为 try/catch 语句块是面对因异常而崩溃的代码时，省时省力的解决方法。忽略一个异常会使崩溃消失，但这是掩耳盗铃，治标不治本。

异常应该导致崩溃，因为这是在不引起进一步问题的情况下找出问题所在的最简单方法。不要害怕崩溃。担心那些导致崩溃不彻底的 bug，方便的栈跟踪（stack track）会帮助你准确地指出异常发生的地方。要害怕那些被空的 catch 语句块所掩盖的问题，它们潜伏在代码中，伪装成看起来好像正确的状态，在长时间的运行过程中积攒了不少问题，到最后导致明显的速度下降或一个突如其来的崩溃，比如 OutOfMemoryException。不必要的 catch 语句块可以防止一些崩溃，但它们可能会让你花费数小时来阅读日志。异常的设定是好的，因为它可以在问题变得一发不可收拾之前就捕获它。

异常处理的第一条规则是，不要捕捉异常。异常处理的第二条规则是 IndexOutOfRangeExceptionat。

只有一条规则时会怎么样呢？不要因为异常会导致崩溃就去捕捉异常。如果它是由一个不正确行为引起的，那就修复引起它的错误。如果它是由一种已知的可能性引起的，那么就在代码中为这种特定的情况加上明确的处理语句。

每当代码中的某个点有可能出现异常时，问问自己，“我对这个异常是否有具体的处理计划，还是我只想防止崩溃？”如果是后者，处理这个异常可能是不必要的，甚至可能是有害的，因为盲目地处理异常可能会掩盖你的代码中更深、更严重的问题。

考虑一下我在 9.2.1 节提到的自我更新应用程序。可以有一个函数，它将一系列的应用程序文件下载到一个文件夹中，像清单 9.2 中的一样。我们需要从我们的更新服务器下载两个文件，并且假设它们是最新的版本。显然，这种方法有很多问题，比如不使用中央注册表（central registry）来识别最新版本并下载该特定版本。如果我在开发者正在服务器里更新文件时开始下载更新，会发生什么？我会得到一半来自上一版本的文件和一半来自下一版本的文件，导致安装文件损坏。继续刚才那个场景，让我们假设开发者在更新前关闭 Web 服务器，更新文件，并在更新完成后重新打开 Web 服务器，以防止错误发生。

清单 9.2 下载多个文件的代码

```
private const string updateServerUriPrefix =
  "这里改成你要下载文件的网址";

private static readonly string[] updateFiles =
  new[] { "Exceptions.exe", "Exceptions.app.config" };   ◁── 所列的待下载文件

private static bool downloadFiles(string directory,
  IEnumerable<string> files) {
  foreach (var filename in updateFiles) {
    string path = Path.Combine(directory, filename);
    var uri = new Uri(updateServerUriPrefix + filename);
    if (!downloadFile(uri, path)) {
      return false;   ◁── 这里我们发现了下载和清理的问题
    }
  }
  return true;
}

private static bool downloadFile(Uri uri, string path) {
  using var client = new WebClient();
  client.DownloadFile(uri, path);   ◁── 下载一个单独的文件
  return true;
}
```

我们知道，`DownloadFile`会因为各种原因而抛出异常。实际上，微软对.NET函数的行为有很好的说明，包括它们可以抛出哪些异常。`WebClient`的`DownloadFile()`方法可以抛出3种异常。

- `ArgumentNullException`：当一个给定的参数为空时出现。
- `WebException`：当下载过程中发生意外情况时出现，比如网络连接中断。
- `NotSupportedException`：当同一个`WebClient`实例被多个线程调用时出现。表明该类本身并不是线程安全的。

为了防止你肯定不想看到的崩溃，开发者可能会把对`DownloadFile`的调用包装在一个`try/catch`语句块中（见清单9.3），这样下载就会继续。因为许多开发者并不关心要捕捉哪种类型的异常，他们只是用一个未定型的`catch`语句块来做。我们引入了一段结果代码，这样我们就可以检测是否发生了错误。

清单 9.3 通过创造更多的bug来防止崩溃

```
private static bool downloadFile(Uri uri, string path) {
  using var client = new WebClient();
  try {
    client.DownloadFile(uri, path);
    return true;
  }
  catch {
    return false;
  }
}
```

这种方法的问题是，你捕获了 3 种异常，其中有 2 种异常产生的原因是程序员的错误。ArgumentNullException 只发生在传递了一个无效的参数的时候，调用者要对此负责，这意味着在调用栈的某个地方有坏的数据或坏的输入验证。同样地，NotSupportedException 只在你滥用客户端的时候发生。这就是说，你隐藏了许多潜在的容易修复的 bug，这些 bug 可能会因为捕获了所有的异常而导致更严重的后果。如果我们没有返回值，一个简单的参数错误都会导致文件被跳过，我们甚至都不知道错误是否存在。你应该捕捉一个可能不是程序员错误的特定异常，像清单 9.4 所示的代码一样。我们只捕获 WebException，事实上，这本身就是我们的意图。因为你知道下载可能会在任何时候因为任何原因而失败，所以你想把这作为状态的一部分，毕竟你只有考虑到这种情况才能进行捕捉。我们让其他类型的异常导致软件崩溃，这种做法很愚蠢。我们应该在它导致更严重的问题之前就承担其后果。

清单 9.4 精确的异常处理

```
private static bool downloadFile(Uri uri, string path) {
  using var client = new WebClient();
  try {
    client.DownloadFile(uri, path);
    return true;
  }
  catch (WebException) {    <── 你不需要把它们都捕获
    return false;
  }
}
```

这就是为什么代码分析员建议你应该避免使用未定义的 catch 语句块，因为它们太宽泛了，导致很多不相关的异常被捕获。catchall 语句只应用在你想捕捉异常的时候，比如为了像日志这样的常见目的。

9.2.3 容异性

你的代码应该在不处理异常的情况下也能工作，即使是面临崩溃的时候也一样。你应该设计一个流程，即使在不断得到异常时也能正常工作，而且不应该进入不受控制的状态。你的设计应该能够容忍异常的发生。这样做的主要原因是，异常的出现是不可避免的。你可以在你的 Main() 方法中放一个 catchall try/catch 语句块，当新的更新导致重启时，你的应用程序还是会被意外终止。你不应该让异常破坏你的应用程序的状态。

你看，当 Visual Studio 崩溃时，你当时正在修改的文件并不会丢失。当你再次启动应用程序时，你会被提醒文件丢失，并提供一个选项来恢复丢失的文件。Visual Studio 的管理方法是在一个临时位置不断保留未保存文件的副本，并在文件真正被保存时删除副本。在启动时，它检查这些临时文件是否存在，并询问你是否要恢复它们。在设计代码的时候，你也应该考虑类似的功能。

在自我更新应用程序的例子中，你的进程应该允许异常发生，并在应用程序重新启动时恢复它们。自我更新应用程序的容异性设计看起来像图 9.2 所示的那样，其中我们不下载独立的文件，而是下载单一的原子包（atomic package），这样做可以防止我们得到不一致的文件。同样地，我们在用新文件来进行替换之前会备份原始的 app 文件。这样我们就可以在出错之后还有恢复的余地。

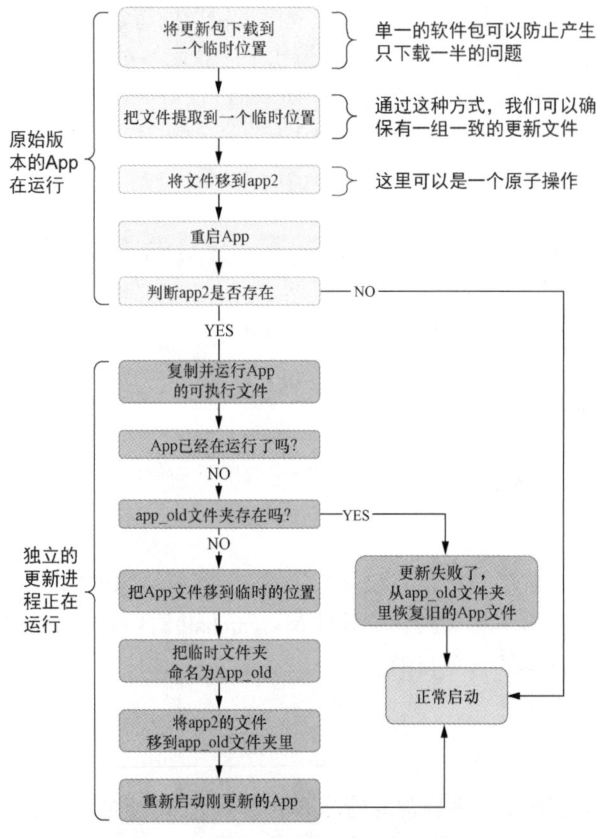

图 9.2 自我更新应用程序的更强容异性版本

在设备上安装更新需要花多长时间，就从侧面说明了软件更新有多复杂，我相信我们已经避免了很多失败案例的错误点，你可以用类似的设计来避免你的应用出现异常。

设计软件实现容异性从幂等性（idempotency）下手。如果一个函数或一个 URL 无论被调用多少次都返回相同的结果，那么它就是具有幂等性的。对于像 `sum()` 这样的较为纯粹的函数来说，这听起来很简单，但对于修改外部状态的函数来说，这就变得更加复杂了。一个例子是网上购物平台的结账过程，如果你不小心单击了两次提交订单按钮，你的信用卡会被扣款两次吗？肯定不应该吧。我知道有些网站试图通过给出“不要单击两次按钮!”这样的警告来解决这个问题，但正如你所知，那些在键盘上搞破坏的猫可是看不懂这些字的。

对于网络请求来说，幂等性通常被认为是一种简化的方式，比如“HTTP GET 请求应该具有幂等性，任何不具有幂等性的都应该是 POST 请求”。但是 GET 请求或许并不具有幂等性，比如有动态变化部分的内容。另外，POST 请求也可以是具有幂等性的，比如一个点赞操作。对一个内容，不管你点多少次赞都不能改变一个用户只能对一个内容点赞一次的设定。

这如何帮助程序具有容异性？当我们设计函数时，无论它被调用多少次，返回结果都一致，当它被意外中断时，一致性让我们因此获得好处。我们的代码变得可以安全地多次调用而不会造成任何问题。

你如何实现幂等性？在我们的例子中，你可以有一个唯一的订单处理号码，你可以在开始处理订单时在数据库中创建一条记录，并在开始处理前检查这条记录是否存在，如图 9.3 所示。

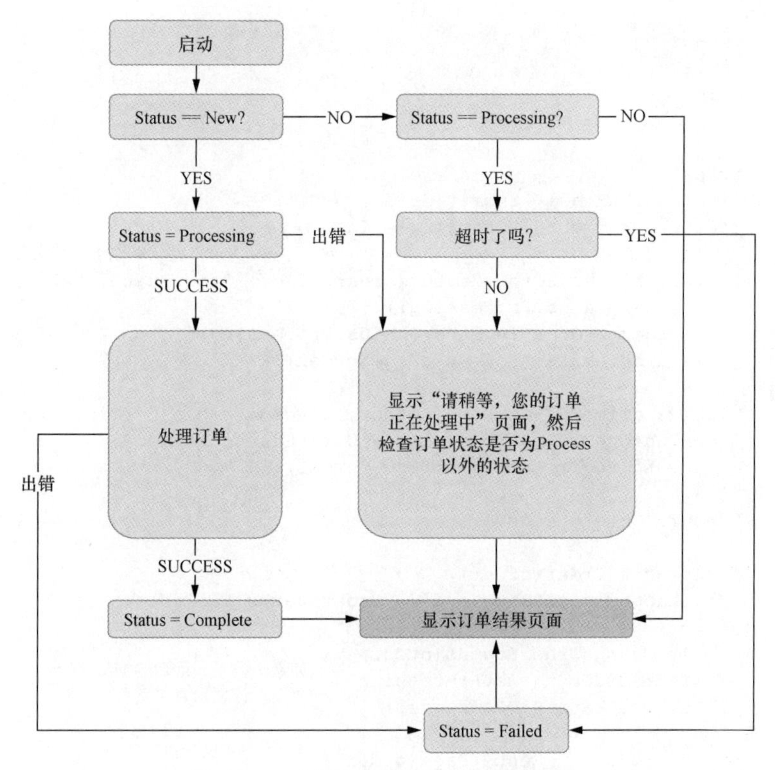

图 9.3 一个具有幂等性的提交订单例子

数据库的事务机制可以帮你避免程序进入异常状态，因为事务可以在程序因某个异常而中断端的时候进行回滚操作，但是，注意，在很多场景当中这个操作并不是必需的。

在图 9.3 中，我们定义了一个改变订单状态的操作，但是我们如何确保它是以原子方法进行的？如果在我们读到结果之前，结果已经被别人改了怎么办？方法是为数据库使用一个条件更新操作，确保状态与预期状态相同。它可能看起来像这样。

```
UPDATE orders SET status=@NewState WHERE id=@OrderID status=@CurrentState
```

UPDATE 会返回被修改的行数，所以如果状态在 UPDATE 操作中发生变化，操作本身就会失败，它将返回 0 作为被修改的行数。如果更新成功，它就会返回 1。你可以使用这个方法来原子化地更新记录的状态，就像图 9.3 所示的那样。

清单 9.5 所示的就是一个实现的例子。在整个订单处理过程中，我们定义了订单可能处于的每个单独的状态，并使我们的处理过程能够在不同的处理级别上处理这种情况。如果它已经被处理了，我们只显示仍在处理的页面，如果订单超时，就失效。

清单 9.5 具有幂等性的订单处理

```
public enum OrderStatus {
  New,
  Processing,
  Complete,
  Failed,
}

[HttpPost]
public IActionResult Submit(Guid orderId) {
  Order order = db.GetOrder(orderId);
                                                    尝试以原子方法来改变状态
  if (!db.TryChangeOrderStatus(order, from: OrderStatus.New,   ◁
    to: OrderStatus.Processing)) {
    if (order.Status != OrderStatus.Processing) {
      return redirectToResultPage(order);
    }                                                          检查是否超时
    if (DateTimeOffset.Now - order.LastUpdate > orderTimeout) {   ◁
      db.ChangeOrderStatus(order, OrderStatus.Failed);
      return redirectToResultPage(order);
    }
    return orderStatusView(order);   ◁   显示处理页面
  }
  if (!processOrder(order)) {
    db.ChangeOrderStatus(order, OrderStatus.Failed);
  } else {
    db.TryChangeOrderStatus(order,
      from: OrderStatus.Processing,      如果失败了，最后的结果
      to: OrderStatus.Complete);         页面应该显示真实费用
  }
  return redirectToResultPage(order);
}
```

尽管那是一个 HTTP POST 请求，但订单提交完全可以被多次调用，而不会有任何副作用，因此，它是具有幂等性的。如果你的网页应用崩溃了，你把应用重启，它仍然

可以从异常状态（比如处理状态）中恢复。订单处理可能比我刚刚说的要复杂，它可能涉及在某些情况下进行定期的清理订单状态的工作，但不妨碍它具有较高的容异性，即便代码里没有 catch。

9.2.4 没有事务的容异性

具有幂等性可能并不足以保证其具有容异性，但至少为其打下了一个很好的基础。因为它鼓励我们去思考我们的函数在不同的状态下会有怎样的表现。在我们之前的例子里，代码运行的步骤中就有发生异常的可能性，给原本设计好的流程留下异常状态，阻止同一步骤被再次执行。通常情况下，事务可以防止这种情况，因为它们会回滚所有的变化，而不会留下任何脏数据。但并不是每个存储都支持事务机制——比如说文件系统。

即使在没有事务的情况下，你还是有其他方法的。假设你创建了一个照片共享程序，人们可以上传相册并与他们的朋友分享。你的内容分发网络（content delivery network，CDN）可以为每个相册建立一个文件夹，其中有图像文件，你会在数据库中建立相册记录。把建立这些的操作整合到一个事务中是很不现实的，因为它们用到了多种技术。

创建相册的传统方法是先创建相册记录，再创建文件夹，最后根据这些信息将图片上传到文件夹中。但是，如果在这个过程中的任何地方出现了异常，你就会得到一个缺少一些图片的相册记录。这个问题几乎适用于所有种类的相互依赖的数据。

你有多种选择来避免这个问题。在我们的相册例子中，你可以先在一个临时位置创建图片文件夹，将文件夹移动到为相册创建的 UUID 处，在整个过程中最后一步操作才是创建相册记录。这样，用户就不会浏览那些缺少照片的相册。

另一个选择是，先创建相册记录，用一个状态值指定该记录是不活动的，然后添加剩下的数据。当添加操作完成后，你可以将相册记录的状态改为活动。这样，当异常情况打断上传过程时，你就不会得到重复的相册记录。

在这两种选择下，你可以使用定期清理程序擦除被废弃的记录，并从数据库中删除它们。用传统的方法，很难知道一个资源是有效的还是因中断而产生的残留物。

9.2.5 异常与错误

可以说，异常标志着错误（勉强可以这么说），但不是所有的错误都有资格成为异常。如果你预期调用者绝大多数时间都在处理异常，那么就别使用它。这不是一个例外情况。一个非常熟悉的例子是.NET 中的 Parsevers 和 TryParse，前者在有无效输入时抛出一个异常，而后者只是返回 false。

那个时候还只有 Parse。后来在.NET Framework 2.0，出现了 TryParse。因为无效输入在大多数情况下都是常见的，而且开发者也应该能够想到这个问题。这些情况的异常是一种开销，因为它们很耗费时间。耗费时间的原因是它们需要携带栈追踪，这要求得首先遍历栈收集栈跟踪信息。与简单地返回一个布尔值相比，这种做法就显得很“奢侈”了。这样也会让异常更难处理，因为你需要看所有的 try/catch 过程，而如果是一个返回值的话，只需要用 if 来检查就好了，详情可以参见清单 9.6 中的代码。你可以看到，使用 try/catch 的实现涉及更多的类型，实现也更加困难。毕竟开发者很容易忘记让异常处理程序针对 FormatException，代码也变得更难理解。

清单 9.6 两个 parse 的故事

```
public static int ParseDefault(string input,     ◁ 用 Parse 来实现
  int defaultValue) {
  try {
    return int.Parse(input);
  }
  catch (FormatException) {     ◁ 这里很容易忽略异常类型
    return defaultValue;
  }
}

public static int ParseDefault(string input,     ◁ 用 TryParse 来实现
  int defaultValue) {
  if (!int.TryParse(input, out int result)) {
    return defaultValue;
  }
  return result;
}
```

即便所有输入都是正确的，Parse 还是有用处的。只要你确认输入值的格式永不出问题，那无效输入值的出现就意味着程序有了 bug，你肯定希望这时程序停止并抛出异常。这在某种程度上是一种勇气，因为这样你就可以确定无效的输入值是一个 bug。对于程序，应崩则崩！

常规的错误值在大多数情况下都能很好地返回响应。没有返回值也没任何问题，只要你觉得返回值没任何用处。例如，如果你希望点赞操作总是成功的，那就可以不用有返回值。这个点赞操作函数的返回值就已经标志着操作成功。

你可以根据你预想的调用者对信息的需求程度来设置不同类型的错误结果。如果调用者只关心调用成功与否，而不关心细节，用一个布尔值（1 代表成功，0 则代表失败）是完全可以的。如果这个操作还存在第三种状态，或者你已经使用布尔值了，那么你就得尝试一下其他的方法了。

举个例子，在 Reddit 中有一个点赞功能，但只有在帖子内容的日期足够新的时候才可以进行这个操作。你不能对 6 个月没更新的帖子进行评论或者点赞，你也不能对已删除的帖子进行点赞。这意味着对一个帖子进行点赞，会有多种因素导致这个操作失败，而不同因素之间的差异你需要传达给用户。你不能只说“点赞失败：未知错误”，因为用户可能认为这是一个暂时的问题并继续尝试。你必须说，“这个帖子太旧了”或者“这个帖子已经被删除了”，这样用户就会了解到这个特定的平台动态并停止尝试点赞。一

个更好的用户体验是隐藏点赞按钮，这样用户就会立即知道他们不能在帖子上点赞，尽管 Reddit 坚持要显示它们。

在 Reddit 的案例中，你可以简单地使用一个 enum 来区分不同的失败模式。Reddit 点赞结果的一个可能的 enum 看起来像清单 9.7 所示的那样。这可能并不全面，但我们不需要考虑其他的可能性，因为我们还没有实现这些可能性的工作计划。例如，如果因为数据库的错误而点赞失败，那这肯定就是一个异常，而应该考虑把它作为一个结果值。它指向的是一个基础设施故障或一个 bug。

清单 9.7 Reddit 的点赞结果

```
public enum VotingResult {
  Success,
  ContentTooOld,
  ContentDeleted,
}
```

使用 enum 的好处是，当你使用 swtich 语句的时候，编译器会告诉你有未处理的情况。对于未处理的情况，你会得到一个编译器警告，因为它们没写完。C#编译器不能对 switch 语句做同样的事情，只能对 switch 表达式做同样的事情，因为它们是新添加到 C#语言中的，可以针对这些情况进行设计。一个用于点赞操作的详尽 enum 操作代码大概如清单 9.8 所示的那样。你可能会因为 switch 语句不够详尽而得到一个警告，因为在 C#设计之初，你可以给 enum 分配无效的值。

清单 9.8 详尽的 enum 处理

```
[HttpPost]
public IActionResult Upvote(Guid contentId) {
  var result = db.Upvote(contentId);
  return result switch {
    VotingResult.Success => success(),
    VotingResult.ContentTooOld
      => warning("内容太久了，你不能点赞"),
    VotingResult.ContentDeleted
      => warning("内容太久了，你不能点赞"),
  };
}
```

9.3 不要调试

调试（debugging）是一个古老的术语，它的出现甚至要早于编程。在 20 世纪 40 年代，格雷丝・霍珀（Grace Hopper）在一台出问题的 Mark II计算机的继电器中发现了一只真正的虫子（bug），从而使调试这个词开始流行起来。它最初在航空业中用于描述识别飞机故障的过程。现在它被硅谷更先进的做法所取代，即每当事后发现问题时就解雇 CEO。

现代人对调试的理解大多是用调试器运行程序，设置断点，一步一步地追踪代码，并检查程序的状态。使用调试器是非常方便的，但它们并不总是最好的工具。要找出产生问题的根本原因可能非常耗费时间。你不能考虑到一个程序的所有情况，然后挨个调试，你甚至可能无法接触到代码运行的环境。

9.3.1 printf()调试法

在程序中插入控制台输出行来查找问题是一种古老的做法。我们的开发人员后来有了“花哨”的调试器，它们有逐步调试的功能，但并不是识别问题根源的最有效率的工具。有时，更原始的方法可以更好地识别一个问题。printf()调试的名字来自C语言中的printf()函数。顾名思义，它代表格式化输出（print format）。它与Console.WriteLine()很相似，尽管格式化的语法不同。

连续检查应用程序的状态可能是最古老的调试程序的方法，它甚至早于计算机显示器的发明。早期的计算机前面板配备了状态灯，状态灯可以代表CPU寄存器的位状态，因此那个时候的程序员可以理解为什么有些东西工作不正常了。我还是比较幸运的，我出生的时候就已经有计算机显示器了。

printf()调试是一种类似的方式，可以显示运行中的程序的状态，所以程序员可以了解问题发生的地方。虽然说这个方式看起来没有那么高端，像是只有新手才会去用的手段，但是由于一些原因，它甚至可能要比逐步调试更有用。例如，程序员根据实际情况调整报告程序状态的频率。在逐步调试中，你只能在某些地方设置断点，但你不能真正跳过超过一行的内容。你要么需要一个复杂的断点设置，要么只需要呆呆地按F8键。这可能会变得相当耗时和无聊。

更重要的是，printf()或Console.WriteLine()会将状态信息输出到控制台，你可以通过历史记录来查看。你可以通过控制台的输出里的状态变化信息来了解程序的运行过程，让自己心里有个数。

这是你在逐步调试器里做不到的。

不是所有的程序都有可见的控制台输出、网络应用程序或服务。.NET为其提供了替代方案，主要是Debug.WriteLine()和Trace.WriteLine()这两个方法。Debug.WriteLine()用于将输出写入调试器输出控制台，在Visual Studio的调试器输出窗口中显示，而不是在应用程序自己的控制台输出。Debug.WriteLine()最大的好处是，对它的调用会从成品（release版本）的二进制文件中完全剥离，所以它不会影响发布代码的性能。

然而，这对调试生产代码来说是个问题。即使调试输出语句被保留在代码中，你也没有实际的方法来读取它们。Trace.WriteLine()在这个意义上是一个更好的工具，因为.NET跟踪的除了通常的输出外，还有运行时配置的监听器。你可以把跟踪的输出写进文本文件、事件日志、XML 文件，以及任何你能想到的安装了正确组件的东西。由于.NET 的魔力，你甚至可以在应用程序运行时重新配置跟踪。

配置跟踪比较简单，你可以在代码运行起来后将它开启。让我们考虑一个例子，有一个正在运行的 Web 应用,我们需要在它运行时启用跟踪,来确定某个问题的产生原因。

9.3.2 初识转储

逐步调试的一个替代方案是检查崩溃转储。虽然崩溃转储文件不一定是在崩溃后创建的，但崩溃转储文件是包含程序的内存空间快照内容的文件。它们在 UNIX 系统中也被称为核心转储（core dump）。你可以在 Windows 的任务管理器中右击一个进程名称，然后单击创建转储文件，手动创建崩溃转储文件，如图 9.4 所示。这是一个非侵入性（non-invasive）的操作，只会暂停进程直到操作完成，但之后会保持进程运行。

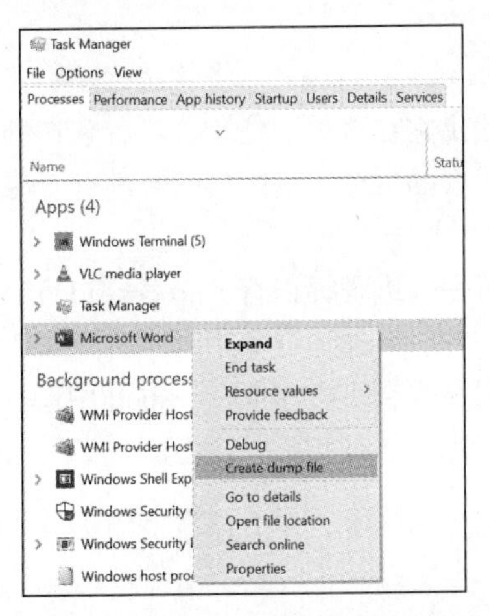

图 9.4 应用程序运行时手动生成崩溃转储文件

你可以在类 UNIX 的操作系统上执行同样稳定的核心转储,而不需要结束应用程序,虽然实际操作比 Windows 上的要稍微麻烦，它需要你安装 dotnet dump 工具。

```
dotnet tool install --global dotnet-dump
```

该工具对分析崩溃转储非常有用，所以即使在 Windows 上也要安装它。

在本章之后的例子里，用了 GitHub 上的 `InfiniteLoop` 的项目，它会持续消耗 CPU 资源。它可以在我们的 Web 应用或者在生产服务器中部署的服务上运行，在这些情况下的进程中发现问题对你来说是一个很好的锻炼，就像用一把教学锁磨炼你的开锁技能。直至开锁匠开口要钱前，你可能都认为自己不需要掌握开锁技能。整个应用程序的代码在清单 9.9 里。我们基本上是在一个循环中不断地运行一个乘法运算。我们使用在运行时中确定的随机值来防止编译器意外地优化我们的循环。

清单9.9 极度消耗CPU资源的InifiniteLoop程序

```
using System;

namespace InfiniteLoop {
  class Program {
    public static void Main(string[] args) {
      Console.WriteLine("这个App会无限循环下去");
      Console.WriteLine("它会消耗大量的CPU资源！");
      Console.WriteLine("请按Ctrl+C键来停止它");
      var rnd = new Random();
      infiniteLoopAggressive(rnd.NextDouble());
    }

    private static void infiniteLoopAggressive(double x) {
      while (true) {
        x *= 13;
      }
    }
  }
}
```

对 `InifiteLoop` 进行编译，将其运行在单独的窗口中。假设这是在生产环境中的服务，我们需要找出它在哪里卡住了，或者它在哪里消耗了这么多CPU资源。找到调用栈会对我们有很大的帮助，我们可以通过崩溃转储来做到这一点，而不用让任何东西真的崩溃。

每个进程都有一个进程标识符（process identifier，PID），这是一个数值，在所有运行的进程中是唯一的。在你运行应用程序后，找到相应进程的PID。你可以在Windows上使用任务管理器，或者直接在PowerShell中运行这个命令。

```
Get-Process InfiniteLoop | Select -ExpandProperty Id
```

或者，在UNIX系统上，你可以直接输入

```
pgrep InfiniteLoop
```

进程的PID就会被显示出来。你可以通过写出 `dotnet dump` 命令，使用该PID创建一个崩溃转储文件。

```
dotnet dump collect -p PID
```

如果你的PID是26190，输入以下命令。

```
dotnet dump collect -p 26190
```

该命令将显示崩溃转储文件的保存位置。

```
Writing full to C:\Users\ssg\Downloads\dump_20210613_223334.dmp
Complete
```

之后你可以分析 `dotnet dump` 对生成的崩溃转储文件的命令。

```
dotnet dump analyze .\dump_20210613_223334.dmp
Loading core dump: .\dump_20210613_223334.dmp ...
```

```
Ready to process analysis commands. Type 'help' to list available commands or
    'help [command]' to get detailed help on a command.
Type 'quit' or 'exit' to exit the session.
> _
```

你得用UNIX路径名的正斜线，而不是Windows路径名的反斜线。这种区别有一个有趣的故事，它归结为微软在MS-DOS的2.0版本而不是1.0版本中加入了目录这个文件系统。

analyze提示符接受许多命令，可以通过帮助来查看，但你只需要知道其中的几个命令就可以确定进程在做什么。一个是threads命令，它用于显示该进程下运行的所有线程。

```
 > threads
*0 0x2118 (8472)
 1 0x7348 (29512)
 2 0x5FF4 (24564)
 3 0x40F4 (16628)
 4 0x5DC4 (24004)
```

当前线程用星号标记，你可以用setthread命令改变当前线程，像这样。

```
 > setthread 1
 > threads
 0 0x2118 (8472)
*1 0x7348 (29512)
 2 0x5FF4 (24564)
 3 0x40F4 (16628)
 4 0x5DC4 (24004)
```

如你所见，激活的线程已经变了。但是dotnet dump命令只能分析托管线程（managed thread），不能分析本地线程。如果你打算查看一个非托管线程的调用栈，你会得到这么一个错误。

```
> clrstack
OS Thread Id: 0x7348 (1)
Unable to walk the managed stack. The current thread is likely not a
managed thread. You can run !threads to get a list of managed threads in
the process
Failed to start stack walk: 80070057
```

你需要一个像WinDbg、LDDB或GDB这样的本地调试器来做这种分析，它们的工作原理与分析崩溃转储相似。但我们现在并不关心非管理栈，而且，通常线程0属于我们的App。你可以切换回线程0并再次运行命令clrstack。

```
> setthread 0
> clrstack
OS Thread Id: 0x2118 (0)
        Child SP               IP Call Site
000000D850D7E678 00007FFB7E05B2EB
      InfiniteLoop.Program.infiniteLoopAggressive(Double)
      [C:\Users\ssg\src\book\CH09\InfiniteLoop\Program.cs @ 15]
000000D850D7E680 00007FFB7E055F49 InfiniteLoop.Program.Main(System.String[])
      [C:\Users\ssg\src\book\CH09\InfiniteLoop\Program.cs @ 10]
```

除了几个让人头大的长内存地址之外，调用栈是完全有用的。它显示了当我们得到转储时，这个线程一直在做什么，直到它所对应的行号（@后面的数字）。它从.NET上扩展名为.pdb 的调试文件中获取这些信息，并将内存地址与符号和行号相匹配。这就是为什么你必须将调试符号部署到生产服务器上，以备你精确地找出错误。

调试崩溃转储有很深的学问，涵盖许多情况，如识别内存泄漏和竞态条件。这个逻辑在所有操作系统、编程语言和调试工具中几乎是通用的。通过文件中存储的内存快照，你可以查看该文件的内容、调用栈和数据。把这看作一个起点，也是对传统的逐步调试的替代。

9.3.3 高阶小黄鸭调试法

正如我在本书开头简单提及的那样，小黄鸭调试法是一种通过把问题告诉坐在你桌子上的小黄鸭来解决问题的方法。这样做的原因是，当你把问题写成文字时，你会以一种更清晰的方式重构它，这样你就能神奇地找到解决问题的方法。

我使用 Stack Overflow 的草稿来做类似的事情。与其在 Stack Overflow 上提问，用我这个也许很傻的问题浪费大家的时间，我宁愿在网站上写下我的问题，而不发出来。那为什么是 Stack Overflow 呢？因为你会感受到这个平台中其他人给你的无形压力，让你在提出问题前反复追问自己一件非常重要的事：“我都尝试过哪些方法？”

问自己这个问题有多种好处，但最重要的一点是，它可以帮助你意识到你还没有尝试过所有可能的解决方案。仅仅思考这个问题就让我想到了许多我之前没有考虑到的可能性。

同样地，Stack Overflow 也要求你的问题具体，太宽泛的问题其实就是离题。这迫使你把问题的范围缩小，更加具体，帮助你以分析的方式来对问题进行解构。当你在网站上按照这种方法实际去做时，你会慢慢把它变成一种习惯，以后在你的潜意识里这就成了一件自然而然会去做的事。

本章总结

- 对 bug 进行优先级排序，以避免将资源浪费在修复不重要的 bug 上。
- 只有当你的行动是有意识、有计划的时候，才能捕捉到异常情况。不然，就不要去进行 bug 捕捉。
- 写有容异性的代码，它首先得有抵御崩溃的能力，而不是作为“马后炮”。
- 对于那些常见错误或者因为对代码期待过高而导致的错误，使用结果代码（result code）或者 enum，而不是使用异常。
- 使用框架提供的跟踪功能，比笨重的逐步调试能更快发现问题。
- 如果其他方法不可用，则使用崩溃转储分析来识别生产环境中运行代码的问题。
- 让你的草稿文件夹作为小黄鸭调试法的工具，问问你在写代码的过程中到底都做了什么。